高职高专机械类专业新形态教材

机 械 制 图

（微课视频版）

金璐玫　主编

机械工业出版社

本书根据现行的技术制图与机械制图国家标准，并结合教学团队多年教学改革实践经验编写而成。本书主要内容包括：制图基本知识及技能、投影基础、简单立体三视图、组合体视图、机件的表达方法、轴测图、标准件与常用件的规定画法、零件图、装配图等。

本书是校企深度合作开发的"互联网+"背景下的立体化教材，单元知识点全部附带微课视频讲解，全书包括 9 个模块，共 33 个单元 48 个微课视频。微课视频以标准普通话配音，融合 AR 技术、三维动画等多种信息化手段，化抽象为形象，化深奥为简单，短小精悍，可供反复观看学习和模仿。

本书配有电子课件，凡使用本书作教材的教师可登录机械工业出版社教育服务网（http://www.cmpedu.com），注册后免费下载。咨询电话：010-88379375。

本书可供高等职业院校、中等职业技术学校的机械类专业学生作为教材使用，还可供继续教育院校机械类专业使用，也可作为工程技术人员自学的参考书，还可用作制图员考证练习及参考资料。与本书配套的《机械制图习题集》同步出版，可供读者选用。

图书在版编目（CIP）数据

机械制图：微课视频版/金璐玫主编. —北京：机械工业出版社，2021.8（2024.6 重印）

高职高专机械类专业新形态教材

ISBN 978-7-111-68668-2

Ⅰ.①机… Ⅱ.①金… Ⅲ.①机械制图-高等职业教育-教材 Ⅳ.①TH126

中国版本图书馆 CIP 数据核字（2021）第 132672 号

机械工业出版社（北京市百万庄大街 22 号　邮政编码 100037）
策划编辑：王英杰　责任编辑：王英杰　安桂芳
责任校对：王明欣　封面设计：张　静
责任印制：郜　敏
北京富资园科技发展有限公司印刷
2024 年 6 月第 1 版第 3 次印刷
184mm×260mm·16 印张·392 千字
标准书号：ISBN 978-7-111-68668-2
定价：49.80 元

电话服务　　　　　　　　　网络服务
客服电话：010-88361066　　机　工　官　网：www.cmpbook.com
　　　　　010-88379833　　机　工　官　博：weibo.com/cmp1952
　　　　　010-68326294　　金　书　网：www.golden-book.com
封底无防伪标均为盗版　机工教育服务网：www.cmpedu.com

前 言

本书根据现行的技术制图与机械制图国家标准，并结合教学团队多年教学改革实践经验编写而成。在内容选择上，以培养技术应用型专门人才为目标，增加图片、图例、三维立体模型等，简化描述过程，努力做到通俗易懂，强化徒手绘制和阅读机械图样的基本能力训练，以及空间分析和空间想象力的训练的要求。

本书是"互联网+"背景下开发的立体化教材，单元知识点全部附带微课视频讲解。微课视频以标准普通话配音，融合 AR 技术、三维动画等多种的信息化手段，化抽象为形象，化深奥为简单，短小精悍，可供反复观看学习和模仿，以期达到一对一教学和自主分层学习的效果。本书由校企深度合作开发，辽宁轻工职业学院资深教师团队负责编写教材内容和视频微课脚本，杭州浙大旭日科技开发有限公司负责微课制作，"全国技术能手"、辽宁省"五一劳动奖"获得者、"沈阳市技术大王"段全成高级技师负责本书的技术指导和标准化审核。

全书包括 9 个模块共 33 个单元。主要内容包括：制图基本知识及技能、投影基础、简单立体三视图、组合体视图、机件的表达方法、轴测图、标准件与常用件的规定画法、零件图、装配图。其中带＊的内容可以作为选学内容。本书贯彻现行国家标准，内容循序渐进，重点突出，通俗易懂，符合学生的认知规律。

本书在每一模块后精心地为读者提供了古今中外机械专业领域的"大国工匠"小故事，帮助读者开阔视野，感受科技兴国、创新强国之余，培养专业认同感和严谨专注、精益求精的职业精神。

在本书编写过程中，参考了相关同类著作，特向有关作者表示感谢。限于经验和水平，书中难免会有疏漏和不足之处，敬请各位读者批评指正。

编　者

二维码清单

名　　称	图　形	名　　称	图　形	名　　称	图　形
01 机械制图的发展和意义		09 点的投影		17 组合体的尺寸标注	
02《机械制图》国家标准		10 直线的投影		18 组合体视图阅读	
03 基本线形、种类、画法及应用		11 平面的投影		19 机件表达的常用视图	
04 平面图形的尺寸标注		12 平面立体的投影		20 认识剖视图	
05 常用绘图工具使用		13 曲面立体的投影		21 剖视图的绘制	
06 几何作图基本方法		14 立体表面截交线		22 局部剖视图	
07 平面图形的画法		15 立体表面的相贯线		23 断面图	
08 投影法和三视图的形成		16 组合体分析和画法		24 机件的其他表达方式	

名　　称	图　形	名　　称	图　形	名　　称	图　形
25 认识轴测图		33 滚动轴承的画法		41 几何公差	
26 轴测图的绘制		34 零件图的表达方法		42 零件的测绘	
27 螺纹的画法与标注		35 零件图结构工艺分析		43 机械装配图的画法	
28 螺纹紧固件		36 零件图尺寸标注		44 绘制球阀装配图	
29 螺栓联接的画法		37 表面粗糙度		45 常见装配结构	
30 齿轮的画法		38 公差与偏差		46 机械装配图的绘制	
31 键联接与销联接		39 配合		47 装配图的阅读	
32 弹簧的画法		40 基准制及选用		48 由装配图拆画零件图	

目　录

前言

二维码清单

模块一　制图基本知识及技能 ……………… 1

单元一　国家标准关于制图的基本规定 ……… 1

单元二　平面图形的画法 …………………… 12

模块小结 ……………………………………… 24

思考题 ………………………………………… 24

专业小故事："天下服其巧"的古代机械
发明家 …………………………… 24

模块二　投影基础 ……………………………… 26

单元一　三面投影体系 ……………………… 26

单元二　点的投影 …………………………… 30

单元三　直线的投影 ………………………… 33

单元四　平面的投影 ………………………… 40

模块小结 ……………………………………… 44

思考题 ………………………………………… 44

专业小故事：世上一切计时仪器的鼻祖——
日晷 ……………………………… 44

模块三　简单立体三视图 …………………… 46

单元一　基本立体 …………………………… 46

单元二　截交线 ……………………………… 56

单元三　相贯线 ……………………………… 61

模块小结 ……………………………………… 68

思考题 ………………………………………… 68

专业小故事：为火箭焊接"心脏"的人 …… 68

模块四　组合体视图 ………………………… 70

单元一　组合体的画法 ……………………… 70

单元二　物体的尺寸标注 …………………… 75

单元三　组合体的读图方法 ………………… 82

模块小结 ……………………………………… 92

思考题 ………………………………………… 92

专业小故事：深海"蛟龙"守护者 ………… 92

模块五　机件的表达方法 …………………… 94

单元一　机件外部形状的常用视图 ………… 94

单元二　剖视图的画法及标注 ……………… 97

单元三　断面图的画法及标注 …………… 105

单元四　机件的其他表达方式 …………… 108

*单元五　第三角投影简介 ………………… 112

模块小结 …………………………………… 113

思考题 ……………………………………… 113

专业小故事：高铁上的中国精度，高铁首席
研磨师 ………………………… 113

*模块六　轴测图 …………………………… 115

单元一　轴测图的基本知识 ……………… 116

单元二　正等轴测图 ……………………… 117

单元三　斜二等轴测图 …………………… 119

模块小结 …………………………………… 121

思考题 ……………………………………… 121

专业小故事：给大飞机装上翅膀的钳工师傅 … 121

模块七　标准件与常用件的规定画法 …… 122

单元一　螺纹的规定画法和标注
（GB/T 4459.1—1995）……… 122

单元二　螺纹紧固件及联接画法
（GB/T 4459.1—1995）……… 128

单元三　齿轮的绘制和标注（GB/T
4459.2—2003）…………… 134

单元四　键联接和销联接的画法
（GB/T 4459.3—2000）…… 144

*单元五　弹簧的规定画法（GB/T
4459.4—2003）…………… 149

*单元六　滚动轴承的绘制和标注
（GB/T 4459.7—2017）…… 151

模块小结 …………………………………… 156

思考题 ……………………………………… 157

专业小故事：中国生铁铸造的先驱 ……… 157

模块八　零件图 ……………………… 159
　单元一　零件图的表达方法 ………… 159
　单元二　零件图的结构工艺分析 …… 164
　单元三　零件图的尺寸标注 ………… 169
　单元四　零件图的技术要求 ………… 174
　单元五　零件测绘 …………………… 193
　模块小结 ……………………………… 198
　思考题 ………………………………… 199
　专业小故事：只给你6个螺钉（德国）… 199

模块九　装配图 ……………………… 200
　单元一　绘制装配图的方法步骤 …… 200
　单元二　读装配图及拆画零件图 …… 214
　模块小结 ……………………………… 219
　思考题 ………………………………… 219

专业小故事："永不松动"的螺母（日本）… 220

附录 …………………………………… 221
　附录A　螺纹 ………………………… 221
　附录B　螺栓 ………………………… 225
　附录C　螺柱 ………………………… 226
　附录D　螺钉 ………………………… 228
　附录E　螺母 ………………………… 232
　附录F　垫圈 ………………………… 233
　附录G　键 …………………………… 234
　附录H　销 …………………………… 237
　附录I　轴承 ………………………… 238
　附录J　公差 ………………………… 241

参考文献 ……………………………… 246

模块一

制图基本知识及技能

学习目标：

　　掌握技术制图和机械制图国家标准中有关图幅、比例、字体、图线、尺寸标注等基本规定；掌握平面图形中的尺寸分析方法和线段分析方法；能严格执行技术制图和机械制图标准中对图幅、比例、字体、图线的基本规定；能合理正确地给平面图形标注尺寸；能正确分析尺寸线段并确定正确的作图步骤，能绘制常见的几何图形；树立标准意识；培养遵守国家标准的习惯；培养认真负责、一丝不苟、严谨专注的精神。

　　图形一直是人类表达和交流思想的重要工具。考古发现，早在 4600 年前就出现了可以称为工程图样的图形，即刻在古尔迪亚泥板上的一张神庙地图。在文艺复兴时期，出现将平面图和其他多面图画在同一画面上的设计图。后来，法国测量师古师塔夫·蒙日将各种表达方法总结归纳写出《画法几何》一书，它使工程设计有了统一的表达方法，便于技术交流和批量生产，在工业革命中起到重大作用。

机械制图的发展和意义

　　我国在 2000 年前就有用正投影法表达的图样，1977 年在河北省平山县出土的公元前 323 至公元前 309 年的战国中山王墓中，发现在青铜板上用金银线和文字制成的建筑平面图，该图用 1∶500 正投影法绘制并标注有尺寸，是世界上罕见的最早的工程图样。

　　现代工业生产中，各种机器、部件、设备都要通过工程图样来表达其设计意图，并依据图样进行生产制造。工程图样又如同信息语言，流畅于工程技术人员之间，交流着彼此的工程触觉，交流着最前沿的工程信息。

　　工程图样作为工程界的信息语言，有其严格的标准性。我国国家标准机械制图对图样的各种元素都做了统一的规定。我们首先必须树立起标准化的概念，并要严格遵守、认真执行国家标准。

单元一　国家标准关于制图的基本规定

　　我国国家标准代号为 GB，即"国标"两字汉语拼音的第一个字母。

《机械制图》国家标准

国家标准分强制性标准和推荐性标准，推荐性标准以 GB/T 表示，强制性标准以 GB 表示。根据《标准化法》规定，强制性标准必须执行，国家鼓励采用推荐性标准。

标准编号由三部分组成，即标准代号、标准顺序号和批准年号。如 GB/T 4459.7—2017《机械制图 滚动轴承表示法》，4459 表示标准顺序号，2017 表示标准发布的年份。

为了保持标准的完整性，且方便使用，把一项标准的若干独立部分用同一个标准顺序发布。每个部分的编号，用阿拉伯数字表示，放在标准顺序号之后，并以圆点分开，如 GB/T 1800.1—2020 和 GB/T 1800.2—2020。圆点后面的 1 和 2 分别代表一个标准里面两个独立部分。

一、图纸幅面和格式（GB/T 14689—2008）

1. 图纸幅面尺寸

图纸幅面是指由图纸宽度和长度组成的图面。绘制技术图样时，应优先采用表 1-1 中所规定的图纸基本幅面。

表 1-1　图纸幅面及图框尺寸　　　　　　　　　　　（单位：mm）

幅面代号	A0	A1	A2	A3	A4
$B \times L$	841×1189	594×841	420×594	297×420	210×297
e	20			10	
c	10			5	
a	25				

注：符号尺寸含义如图 1-1、图 1-2 所示。

必要时，允许使用加长幅面的图纸。其幅面尺寸由基本幅面的短边成整数倍增加后得到。具体可参考 GB/T 14689—2008 中的规定。

2. 图框格式

在图纸上必须用粗实线画出图框，其格式分为不留装订边和留有装订边两种，但同一产品的图样只能采用一种格式。不留装订边的图纸，其图框格式如图 1-1、图 1-2 所示，尺寸按表 1-1 的规定。留有装订边的图纸，其图框格式如图 1-3、图 1-4 所示，尺寸按表 1-1 的规定。

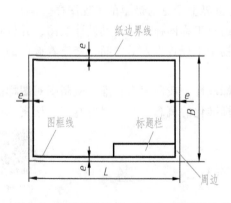

图 1-1　无装订边图纸（X 型）的图框格式

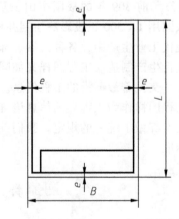

图 1-2　无装订边图纸（Y 型）的图框格式

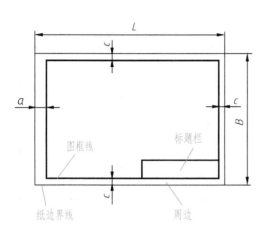

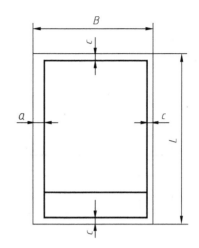

图 1-3　有装订边图纸（X 型）的图框格式　　　图 1-4　有装订边图纸（Y 型）的图框格式

3. 标题栏（GB/T 10609.1—2008）

每张图纸上都必须画出标题栏。标题栏的格式和尺寸按 GB/T 10609.1 的规定。标题栏的位置应位于图纸的右下角。若标题栏的长边置于水平方向并与图纸的长边平行时，则构成 X 型图纸，如图 1-1、图 1-3 所示。若标题栏的长边与图纸的长边垂直时，则构成 Y 型图纸，如图 1-2、图 1-4 所示。在此情况下，看图的方向与看标题栏的方向一致。为了利用预先印制的图纸，允许将 X 型图纸的短边置于水平位置使用，如图 1-5 所示，或将 Y 型图纸的长边置于水平位置使用，如图 1-6 所示。

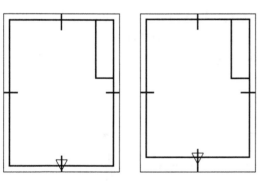

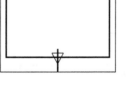

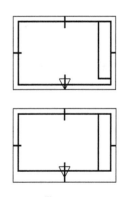

图 1-5　标题栏的方位（X 型图纸竖放时）　　　图 1-6　标题栏的方位（Y 型图纸横放时）

标题栏的重要性在于其填写的信息内容，详情如图 1-7 所示。标题栏的格式与尺寸必须严格按照国标的要求绘制，如图 1-7 所示。在本课程的制图作业中，可以采用简化标题栏，如图 1-8 所示。

4. 方向符号和剪切符合

（1）方向符号　对于使用预先印制的图纸时，为了明确绘图与看图时图纸的方向，应在图纸的下边对中符号处画出一个方向符号，如图 1-5、图 1-6 所示。方向符号是用细实线绘制的等边三角形，其大小和所处的位置如图 1-9 所示。

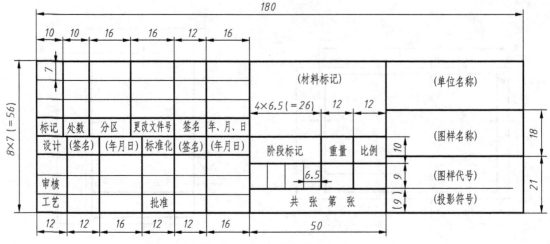

图 1-7　标题栏的格式与尺寸

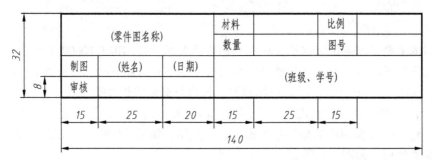

图 1-8　简化标题栏的格式与尺寸

（2）剪切符号　为使复制图样时便于自动切剪，可在图纸（如供复制用的底图）的四个角上分别绘出剪切符号。剪切符号可采用直角边边长为 10mm 的黑色等腰三角形，如图 1-10 所示，当使用这种符号对某些自动切纸机不适合时，也可以将剪切符号画成两条粗线段，线段的线宽为 2mm，线长为 10mm，如图 1-11 所示。

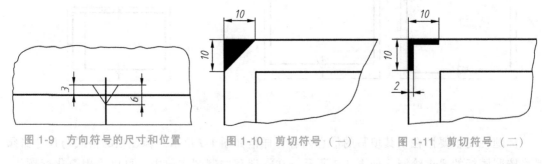

图 1-9　方向符号的尺寸和位置　　图 1-10　剪切符号（一）　　图 1-11　剪切符号（二）

5. 投影符号

第一角画法的投影识别符号，如图 1-12 所示。第三角画法的投影识别符号，如图 1-13 所示。投影符号中的线型用粗实线和细点画线绘制，其中粗实线的线宽不小于 0.5mm。投影符号一般放置在标题栏中图样名称及代号区的最下方。

目前，中国、俄罗斯、英国、德国、法国等国家优先采用第一角画法，而美国、日本、澳大利亚、加拿大等国家则优先采用第三角画法。

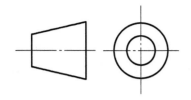

图 1-12 第一角画法的投影识别符号

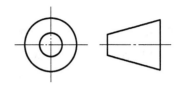

图 1-13 第三角画法的投影识别符号

二、比例 (GB/T 14690—1993)

比例是指图样中图形的线性尺寸与其实物相应要素的线性尺寸之比。一般可分为三种。

原值比例：比值为 1 的比例，即 1:1，如图 1-14a 所示。

放大比例：比值大于 1 的比例，如 2:1 等，如图 1-14c 所示。

缩小比例：比值小于 1 的比例，如 1:2 等，如图 1-14b 所示。

绘图时，优先选用 1:1 的比例，以便于从图中看出物体的真实大小。根据机件的具体情况，考虑合理利用图幅及图样应用场合等因素，可适当采用放大或缩小的比例，但其值应在表 1-2 所规定的优先选用系列中选取。必要时，也允许选取表 1-2 中的允许选用系列。

表 1-2 比例系列

种类	优先选用系列			允许选用系列				
原值比例		1:1						
放大比例	5:1	2:1		4:1	2.5:1			
	$5 \times 10^n:1$	$2 \times 10^n:1$	$1 \times 10^n:1$	$4 \times 10^n:1$	$2.5 \times 10^n:1$			
缩小比例	1:2	1:5	1:10	1:1.5	1:2.5	1:3	1:4	1:6
	$1:2 \times 10^n$	$1:5 \times 10^n$	$1:1 \times 10^n$	$1:1.5 \times 10^n$	$1:2.5 \times 10^n$	$1:3 \times 10^n$	$1:4 \times 10^n$	$1:6 \times 10^n$

注：n 为正整数。

不论采用何种比例绘图，图样中标注的线性尺寸数字均为实物的实际大小，如图 1-14 所示。

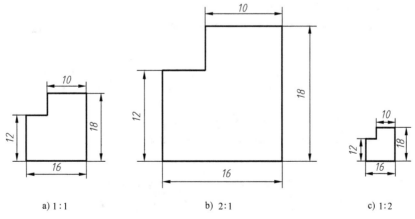

a) 1:1   b) 2:1   c) 1:2

图 1-14 以不同比例画出的图形

绘制同一机件的各个视图原则上采用相同的比例，并在标题栏的"比例"一栏内填写，如 1:1、1:500、20:1 等。必要时，可在视图名称的下方标注比例，如 $\dfrac{I}{2:1}$、$\dfrac{A}{1:100}$、$\dfrac{B-B}{2.5:1}$ 等。

三、字体（GB/T 14691—1993）

图样和有关技术文件中注写的汉字、字母和数字必须做到：字体工整、笔画清楚、间隔均匀、排列整齐。字体的号数即字体高度（用 h 表示），较常用的有 1.8mm、2.5mm、3.5mm、5mm、7mm、10mm、14mm、20mm。

汉字要写成长仿宋体，并采用国家正式公布的简化字。汉字的高度不应小于 3.5mm，其字宽一般为 $h/\sqrt{2}$。长仿宋体的书写要领：横平竖直、起落有锋、结构匀称、写满方格。图 1-15 所示为长仿宋体汉字示例。

10号字

横平竖直起落有锋结构匀称写满方格

7号字

书写汉字字体工整笔画清楚间隔均匀排列整齐

5号字

机械制图国家标准认真执行耐心细致技术要求尺寸公差配合性质

图 1-15　长仿宋体汉字示例

字母和数字各分 A 型和 B 型两种字体。A 型字体的笔画宽度 d 为字高 h 的 1/14，B 型字体的笔画宽度 d 为字高 h 的 1/10。同一图样只允许用一种字体。字母和数字可写成斜体和直体（正体）。斜体字字头向右倾斜，与水平基线成 75°，如图 1-16 所示。

大写斜体

ABCDEFGHIJKLMN
OPQRSTUVWXYZ

小写斜体

abcdefghijklmn
opqrstuvwxyz

斜体

1234567890

直体

1234567890

图 1-16　字母和数字书写示例

基本线型、
种类、画
法及应用

四、图线（GB/T 17450—1998 和 GB/T 4457.4—2002）

1. 线型和线宽

画图时，应采用国家标准规定的线型，见表1-3。

表1-3 线型及其应用

图线名称	线　　型	线宽	应 用 举 例
粗实线		d	可见轮廓线、可见棱边线、相贯线
细虚线		$d/2$	不可见轮廓线、不可见棱边线
细实线		$d/2$	尺寸线、尺寸界线、剖面线、过渡线
细点画线		$d/2$	轴线、对称中心线
波浪线		$d/2$	断裂处的边界线、视图与剖视图的分界线
双折线		$d/2$	断裂处的边界线、视图与剖视图的分界线
粗点画线		d	限定范围的表示线
粗虚线		d	允许表面处理的表示线
细双点画线		$d/2$	相邻辅助零件的轮廓线、可动零件的极限位置的轮廓线、轨迹线

所有线型的线宽 d 应按图样的类型和尺寸大小在下列数系中选择：0.13mm、0.18mm、0.25mm、0.35mm、0.5mm、0.7mm、1mm、1.4mm、2mm。目前，机械制图国家标准采用两种图线宽度，粗线和细线的线宽比例为2：1。表1-3中各线型中的短画、短间隔、点、长画等线素的长度宜分别符合 $6d$、$3d$、$\leq 0.5d$、$24d$ 的规定。

图1-17所示为图线应用示例，具体可参考 GB/T 4457.4—2002。

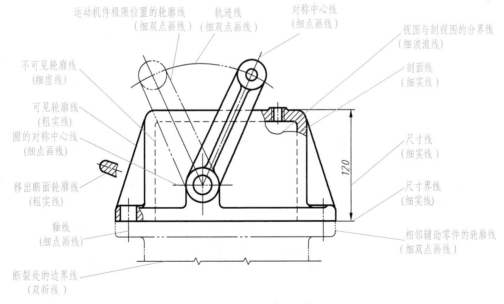

图1-17 图线应用示例

2. 图线的画法要点

1）线宽选择应根据图幅大小、所表达机件复杂程度、绘图比例和缩微复制要求等因素全面考虑。对于 A2、A3、A4 幅面，手工制图时粗线线宽可采用 0.7mm，计算机绘图时粗线线宽可采用 0.5mm 或 0.35mm。对于 A0、A1 幅面，手工制图时粗线线宽一般采用 1mm，计算机绘图时可采用 0.7mm 或 0.5mm。细线宽度按粗线宽度的 1/2 选用。

2）在同一图样中，同类图线的宽度应基本保持一致。细虚线、细点画线及细双点画线的线段长度间隔应大致相等，与图形比例无关。

3）两平行线之间的距离应不小于粗实线的两倍宽度，最小距离不小于 0.7mm。

4）绘制圆的中心线时，圆心应是细点画线的画线（即长画）交点，细点画线首末两端应是画线（即长画），且应超出轮廓线 2~5mm，如图 1-18a 所示。

6）在较小图形上绘制细点画线或细双点画线有困难时，可用细实线代替，如图 1-18b 所示。

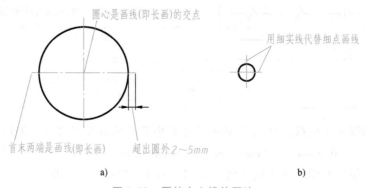

a)   b)

图 1-18　圆的中心线的画法

平面图形的尺寸标注

五、尺寸注法（GB/T 4458.4—2003、GB/T 16675.2—2012）

图样中的图形只能表达机件的形状，机件的大小和相对位置关系则必须通过图样中的尺寸来表达。尺寸是图样中的重要内容之一，是制造和检验机件的直接依据，尺寸的遗漏或错误将给生产带来困难和损失。所以尺寸标注必须严格遵守相关国家标准的规定。

1. 基本规则

1）机件的真实大小应以图样上所注的尺寸数值为依据，与图形的大小及绘图的准确度无关。

2）图样中的尺寸以 mm（毫米）为单位时，不需标注单位符号（或名称），如采用其他单位，则必须注明相应的单位符号。

3）机件的每一尺寸，一般只标注一次，并应标注在反映该结构最清晰的图形上。

4）标注尺寸的符号和缩写词，应符合表 1-4 的规定。

5）在保证不致引起误解和不产生理解多义性的前提下，力求简化标注。

2. 尺寸的基本组成

一个完整的尺寸一般由尺寸界线、尺寸线和尺寸数字组成，如图 1-19 所示。

表 1-4　常用的符号和缩写词

名称	符号或缩写词	名称	符号或缩写词	名称	符号或缩写词
直径	ϕ	正方形	□	深度	↧
半径	R	厚度	t	沉孔或锪平	⊔
球直径	$S\phi$	45°倒角	C	埋头孔	∨
球半径	SR	参考尺寸	( )	均布	EQS

（1）尺寸界线　尺寸界线表示尺寸的起止范围，用细实线绘制。尺寸界线一般自图形的轮廓线、轴线或对称中心线处引出，尽量画在图外。也可直接借用轮廓线、轴线或对称中心线为尺寸界线。

尺寸界线通常与尺寸线垂直，且要求超出尺寸线 2~3mm。必要时允许倾斜，但此时两尺寸界线仍应互相平行，且与尺寸线夹角应画成 60°。在光滑过渡处（如圆角）标注尺寸时，需用细实线将轮廓线延长，自其交点处引出尺寸界线。尺寸界线的画法如图 1-20 所示。

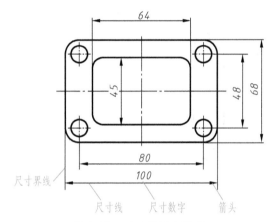

图 1-19　尺寸的基本组成

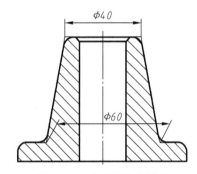

图 1-20　尺寸界线的画法

（2）尺寸线　尺寸线表示尺寸度量的方向及长短，必须用细实线单独绘制在尺寸界线之间。尺寸线不能借用图形中任何图线，一般也不得与其他图线重合或画在其延长线上。尺寸线不应互相交叉，并应避免与尺寸界线交叉。

箭头是机械图样中的尺寸线终端的一般形式。（注：国标规定的另一种尺寸线终端形式是斜线，主要用于建筑图样。同一图样上只能采用同一种尺寸线终端形式。）

国标规定箭头的长度≥6d，如图 1-21a 所示。图样中箭头尖端必须与尺寸界线接触，串列尺寸时注意箭头对齐。同一图样中箭头的大小应一致。图 1-21b 所示为箭头的常见错误画法。

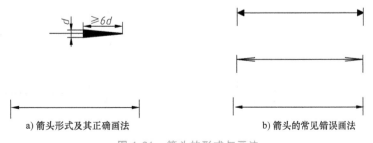

a）箭头形式及其正确画法　　　　　b）箭头的常见错误画法

图 1-21　箭头的形式与画法

图样中箭头尽量画在所注尺寸的区域之内，如图1-21a所示。当尺寸线太短而没有足够位置画箭头时，允许将箭头画在尺寸线外边，如图1-22a、b所示。标注连续小尺寸可用圆点代替箭头，如图1-22c所示。

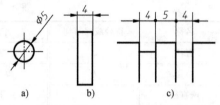

图1-22　小尺寸标注时箭头的位置和画法

（3）尺寸数字　尺寸数字表示机件的实际大小，采用标准字体书写，同一图样上尺寸数字字高要求一致。尺寸数字不允许被任何图线通过，否则，必须将该图线断开，如图1-23中的尺寸45。

3. 尺寸的基本标注方法

（1）线性尺寸　线性尺寸的尺寸线应与所注线段平行，其间隔不应小于5mm。多个互相平行的尺寸，从小到大依次向外排列，避免交叉，相互间隔尽量保持一致，一般为5～10mm，如图1-23所示。

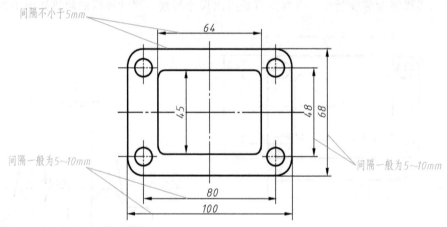

图1-23　线性尺寸的尺寸线画法

线性尺寸的数字通常注写在尺寸线的上方，如图1-23所示，也允许注写在尺寸线中断处，如图1-24c所示。尺寸数字的注写方向如图1-24a所示，水平方向的尺寸数字字头向上，垂直方向的尺寸数字字头向左，倾斜方向的尺寸数字字头保持向上趋势。应尽量避免在图示30°范围内标注尺寸，当无法避免时，可按图1-24b所示的形式标注。

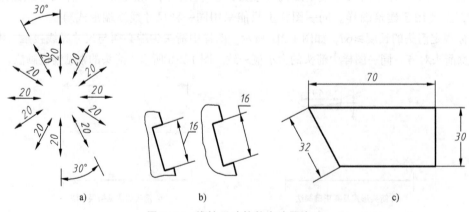

图1-24　线性尺寸的数字注写方法

（2）**圆和圆弧尺寸**　圆和大于半圆的圆弧，一般标注直径尺寸，在尺寸数字前面加注直径符号"ϕ"。标注时应以圆周为尺寸界线，尺寸线通过圆心，如图 1-25 所示。圆弧直径尺寸线应画至略超过圆心，只在尺寸线一端画箭头，箭头指向并止于圆弧，如图 1-25b 所示。

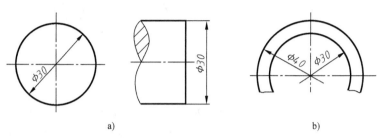

图 1-25　直径尺寸标注

小于或等于半圆的圆弧，一般标注半径尺寸，在尺寸数字前面加注半径符号"R"。标注时尺寸线应从圆心出发引向圆弧，并只画一个箭头，如图 1-26a、b 所示。

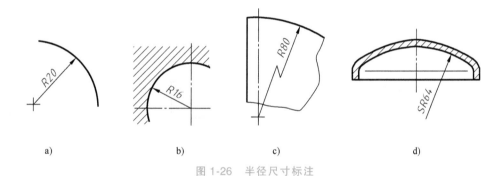

图 1-26　半径尺寸标注

当圆弧半径过大或在图纸范围内无法标出其圆心位置时，可按图 1-26c 的折线形式标注；当不需标出其圆心位置时，则只需画出靠近箭头的一段尺寸线，如图 1-26d 所示。

当圆弧半径过小或没有足够位置在尺寸界线之间画箭头或注写尺寸数字时，可按图 1-27 所示的方式进行标注。

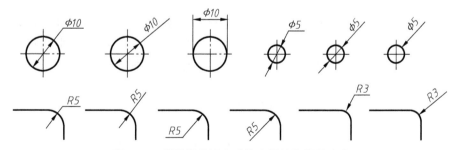

图 1-27　圆弧半径过小或没有足够位置的注法

（3）**角度尺寸**　角度尺寸的尺寸界线应沿径向引出，尺寸线画成以该角的顶点为圆心的圆弧，如图 1-28a 所示；角度数字一律水平书写，一般注写在尺寸线中断处的上方或外边，也可引出标注，如图 1-28b 所示。图 1-28c 为角度尺寸标注实例。

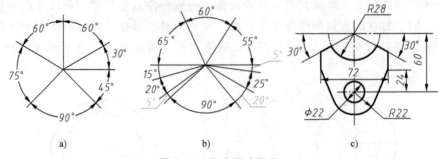

图 1-28　角度尺寸标注

（4）对称机件的尺寸　当对称机件的图形只画出一半或略大于一半时，尺寸线应略超过对称中心线或断裂处的边界线，此时仅在尺寸线的一端画出箭头，如图 1-29 所示。

（5）正方形结构的尺寸　标注断面为正方形结构的尺寸时，可在正方形边长尺寸数字前加注符号"□"（符号"□"是一种图形符号，表示正方形），如图 1-30 所示。

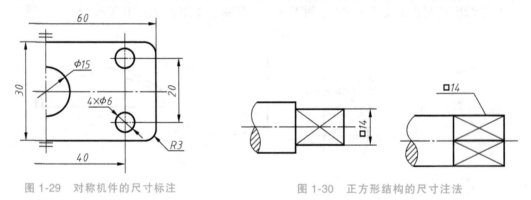

图 1-29　对称机件的尺寸标注　　　　　　图 1-30　正方形结构的尺寸注法

单元二　平面图形的画法

一、手工绘图常用绘图工具

绘制图样时，若要保证绘图的准确性和提高绘图的效率，必须正确使用各种绘图工具和仪器。常用的绘图工具有图板、丁字尺、三角板、圆规、分规、直线笔、曲线板等。制图用品包括铅笔、图纸、橡皮、胶带纸、铅笔刀等，在绘图前应把这些工具、仪器、用品准备齐全。

下面分别介绍各种工具及仪器的使用方法。

1. 图板与丁字尺

图板作为绘图时的垫板，要求其表面平坦且光滑。用作导边的左侧必须平直，以便丁字尺尺头能靠紧导边的左侧，推动丁字尺上下移动，沿尺身上边绘制水平线，再结合三角板，即可以绘制垂直线及各种角度的图线。图板也有五种图号，使用时应选择与图幅大小相一致的图板。绘图前先将图纸用胶带纸固定在图板上，用丁字尺校正图纸的平行度。图板与丁字尺的使用如图 1-31 所示。

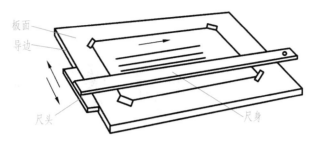

图 1-31 图板与丁字尺的使用

2. 三角板

一副三角板有两块，一块为 45°三角板，另一块为 30°-60°三角板。三角板和丁字尺配合使用，可以绘制垂直线和 30°、45°、60°以及 $n×15°$ 的各种斜线。此外，利用一副三角板还可以绘制出已知直线的平行线或垂直线，如图 1-32 所示。

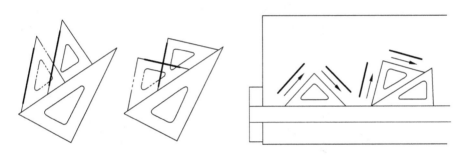

图 1-32 三角板的使用

3. 圆规与分规

圆规是用来绘制圆与圆弧的，定于圆心的一端为针尖，另一端为铅芯用于画圆弧。画图时，针尖脚与铅芯脚在垂直纸面的基础上，稍向前倾斜并旋转作图，如图 1-33 所示。

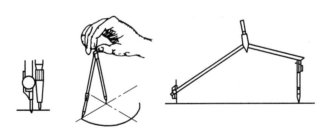

图 1-33 圆规的使用

分规的两端均为针尖，其功能不为绘图，而是用于截取尺寸，或者将某一尺寸均等分。作图时，先用分规截取所需尺寸，然后再量至图纸上。注意不要直接用直尺量取尺寸，以免读数的误差。分规的使用如图 1-34 所示。

4. 铅笔

绘图使用的铅笔，需要能够区分粗、细线型。通常铅芯有 B 和 H 之分，表示其软、硬程度，绘图时要根据不同的使用要求，准备 HB 或 B 型铅笔，用作绘制粗线型；准备 H 和 2H 型铅笔，用作绘制细线型。

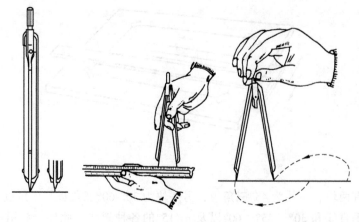

图 1-34　分规的使用

　　铅笔的削磨应有利于其所绘制的图线粗细，通常将 H 型铅笔削成锥形，用于画底稿时的细线型，而将 HB 和 B 型铅笔削成楔形，用于加深粗实线作为轮廓线时。铅笔的削磨类型如图 1-35 所示。

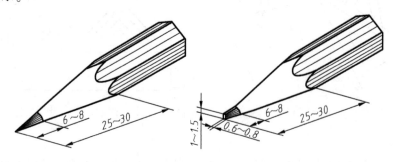

图 1-35　铅笔的削磨类型

5. 曲线板

　　曲线板用来绘制非圆曲线。已知曲线上的几个点，光滑连接成圆弧时，除了徒手连接，使用曲线板连接的效果更理想。绘图时找出曲线板上与所画曲线吻合的一段，沿曲线板画出曲线即可。如果曲线较长，或顺、逆时针不规则，需要分段绘制。但前后绘制的两段曲线之间应有一小段是重合的，只有如此绘制的曲线才能保证其圆滑性，如图 1-36 所示。

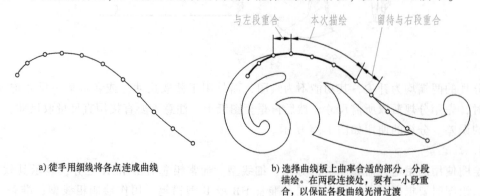

a) 徒手用细线将各点连成曲线

b) 选择曲线板上曲率合适的部分，分段描绘。在两段连接处，要有一小段重合，以保证各段曲线光滑过渡

图 1-36　曲线板的使用

二、绘图的一般方法和步骤

常用绘图
工具使用

为保证绘图质量，提高绘图速度，除了必须熟悉制图标准，正确使用绘图工具，还应掌握正确的绘图方法和步骤。手工仪器绘图的方法和步骤如下：

1. 画图前的准备工作

1）准备工具。画图前应准备好绘图工具、仪器及用品，并按线型要求削好铅笔备好铅芯。

2）准备工作环境。将图板放置在光线充足的地方，使光线从图板的左前方射入；将所需要的工具放置在便于画图之处；将图板、丁字尺、三角板擦拭干净，作图过程中应经常清洁，以免弄脏图纸，保持图面清洁。

2. 绘制底稿

1）选比例，定图幅。根据所画图形的要求，选取合适的画图比例和图纸幅面。

2）固定图纸。将选定的图纸用胶带纸固定在图板左下方。固定时，应用丁字尺校准摆正图纸，使其水平边与丁字尺工作边平行，图纸的右、下边与图板对应边的距离应大于一个丁字尺尺身宽度。

3）画图框及标题栏。按国标规定的幅面尺寸，先用细实线画出幅面线及图框和标题栏的底图。标题栏采用国家标准规定的格式。

4）布置图面。图样在图纸上布置的位置应尽量匀称，不宜偏置或过于集中于某一角。要考虑到为注写尺寸和有关文字说明等留有足够的位置。

5）绘制底稿图线。先由定位尺寸画好图形的所有基准线和定位线，再按定形尺寸画出主要轮廓线，然后画细节。画底稿线时要"轻细准"，宜选用稍硬的铅笔（H 或 2H），尽量画得轻、细，以便擦拭和修改。量取尺寸要精确，相同尺寸一次量取集中画出，以减少测量时间和确保画图准确度。

6）标注尺寸。应将尺寸界线、尺寸线和箭头画出，尺寸数字和符号可在加深后注写。尺寸标注力求正确、清晰，符合国家标准。对于较简单图形，该步骤也可不作底稿，全部在图线加深后一次性完成。

3. 铅笔加深

加深前要仔细核对底稿，修正错误，擦净多余的底稿线或污迹。加深时，应根据不同线型选择不同型号的铅笔，并保证线型符合国家标准的规定。

加深图线要注意"分先后"，一般顺序如下：

1）加深不同线型：先粗后细、先实后虚。

2）加深圆（弧）和直线：先圆后直。

3）加深同心圆或大小圆弧连接：先小后大。

4）加深直线：先水平后竖直再斜线。

5）加深水平线：先上后下。

6）加深竖直线：先左后右。

当图形、图框和标题栏的图线全部加深后，还需仔细检查有无错漏。

4. 填写标题栏

标题栏的重要性在于其填写的信息内容，如零件名称、签名、零件材料、作图比例等。练习用的标题栏可简化，如图 1-8 所示的格式，装配图的简化标题栏用图 1-37 所示的格式。

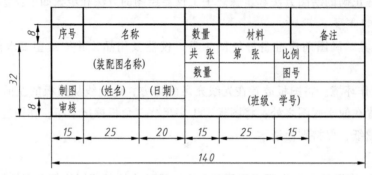

图 1-37　装配图的简化标题栏格式

三、几何图形画法

机件的轮廓多种多样，但它们的图样基本上都是由直线、圆、圆弧或其他曲线组合而成的。因此，熟练地掌握几何图形的基本作图方法，是绘制好机械图形的基础。

1. 平行线和垂直线

用两块三角板可以作已知直线的平行线或垂直线，具体方法如图 1-38 所示。

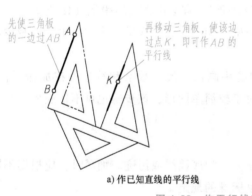

a) 作已知直线的平行线

b) 作已知直线的垂直线

图 1-38　作平行线和垂直线的方法

2. 等分直线段

等分直线段 AB 的作图方法如图 1-39 所示，步骤如下：

1）过端点 A 任作一直线 AC，用分规以任意相等的距离在 AC 上量取等分点 C_1、C_2、C_3。

2）连接 C_3 和 B 点，过 C_1、C_2 分别作线段 C_3B 的平行线 C_1B_1、C_2B_2，B_1、B_2 即为直线段 AB 的三等分点。

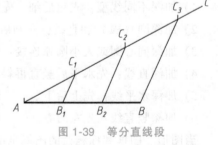

图 1-39　等分直线段

3. 斜度和锥度

一直线（或平面）对另一直线（或平面）的倾斜程度称为斜度。其大小用该两直线（或平面）间夹角的正切来表示，通常写成 $1:n$ 的形式。即斜度 $= \tan\alpha = H/L = 1:n$。标注斜度符号时，其符号的斜边的斜向应与斜度的方向一致。斜度的作图方法和标注方法如图 1-40 所示。

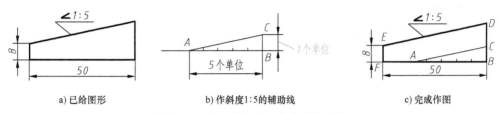

a) 已给图形　　　　b) 作斜度1:5的辅助线　　　　c) 完成作图

图 1-40　斜度的作图方法和标注方法

正圆锥底圆直径与其高度之比称为锥度。若是正圆锥台，则锥度为两底圆直径之差与其高度之比。通常也把锥度写成 $1:n$ 的形式。即锥度 $= 2\tan\alpha = (D-d)/L = 1:n$。标注锥度符号时，锥度符号的尖端应与圆锥的锥顶方向一致。锥度的作图方法和标注方法如图 1-41 所示。

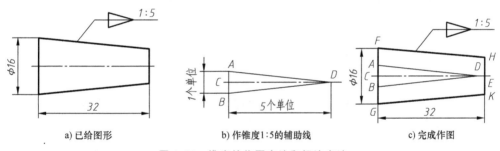

a) 已给图形　　　　b) 作锥度1:5的辅助线　　　　c) 完成作图

图 1-41　锥度的作图方法和标注方法

4. 等分圆周和作正多边形

用圆规可直接在圆周上取三、六等分点，将各等分点依次连线，即可分别作出圆的内接正三角形、正六边形，其作图方法如图 1-42 所示。用 30°-60° 三角板与丁字尺配合，可直接作出圆的外切正六边形（或正三角形），其作图方法如图 1-43 所示。

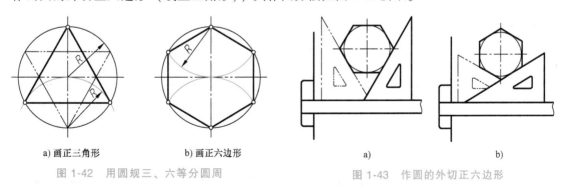

a) 画正三角形　　　b) 画正六边形　　　　　　　a)　　　　　　　　b)

图 1-42　用圆规三、六等分圆周　　　　图 1-43　作圆的外切正六边形

5. 圆弧连接

绘制图样时，常需要用圆弧光滑连接相邻线段。如图 1-44 所示的平面图形中就有 R16

圆弧连接两直线，$R12$ 圆弧连接一直线和一圆弧，$R35$ 圆弧连接两圆弧。这种用一圆弧光滑地连接相邻两线段的作图方法称为圆弧连接。圆弧连接的实质就是使连接圆弧与相邻线段相切，以达到光滑连接的目的。

作图步骤如下：

1）求连接圆弧的圆心。

2）找出连接点，即切点的位置。

3）在两连接点之间画出连接圆弧。

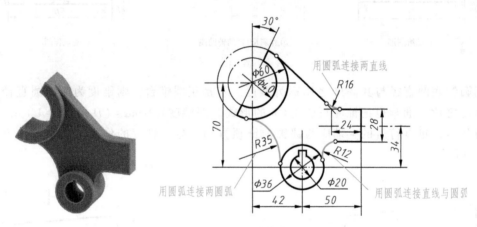

图 1-44　圆弧连接

（1）圆弧连接两直线　与已知直线相切的圆弧，其圆心的轨迹是一条与已知直线平行的直线，距离为半径 R。从圆心向已知直线作垂线，垂足就是切点。如图 1-45 所示是用半径为 R 的圆弧连接两直线 L_1、L_2 的作图方法，其作图步骤如下：

1）分别作与直线 L_1、L_2 相距为 R 的平行线，交点 O 即为连接弧的圆心，如图 1-45b 所示。

2）自圆心 O 分别向直线 L_1 和 L_2 作垂线，垂足 T_1 和 T_2 即为切点，如图 1-45c 所示。

3）以 O 为圆心、R 为半径画弧 T_1T_2，即为所求连接弧，如图 1-45d 所示。

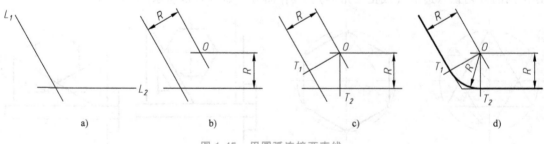

图 1-45　用圆弧连接两直线

（2）圆弧连接其他情况　与已知圆相切的圆，其圆心轨迹是已知圆的同心圆，轨迹圆半径为已知圆和切圆的半径和（外切）或差（内切），切点在两圆心连线或延长线上。圆弧连接其他情况的作图方法与步骤见表 1-5。

表 1-5　圆弧连接其他情况的作图方法与步骤

状况	已知条件	作图方法与步骤		
		1. 求连接圆弧圆心	2. 求连接点（切点）A、B	3. 画连接圆弧，并按图线标准加深
连接已知直线和圆弧				
外切连接已知两圆弧				
内切连接已知两圆弧				
分别外切和内切连接已知两圆弧				

平面图形的画法

四、平面图形画法

平面图形常由许多线段连接而成，这些线段之间的相对位置和连接关系靠给定的尺寸来确定。因此，画图时，只有通过分析尺寸的性质，才能明确各线段间的连接关系，从而确定该平面图形应从何处着手，以及按什么顺序作图。

下面以如图 1-46 所示交换齿轮架的平面图形为例进行分析。

1. 平面图形的尺寸分析

（1）尺寸基准　尺寸基准是标注尺寸的起点。平面图形的长度方向和高度方向都要确定一个尺寸基准。尺寸基准通常选用图形的对称中心线、底边、侧边、图中圆周或圆弧的中心线等。在如图 1-46 所示的平面图形中，下方 ϕ112、ϕ62 两个同心圆的圆心为定位基准，过圆心的水平中心线是高度方向的尺寸基准，过圆心的竖直中心线是长度方向的尺寸基准。

（2）定位尺寸和定形尺寸　定位尺寸用来确定几何元素的位置。例如，要确定上面键槽形中的 R12 小圆弧圆心的位置，那么就以下方同心圆的圆心为基准，往上量 108，这个同心圆的圆心就称为尺寸基准，108 就是定位尺寸。同理，R108、30°、90 都是定位尺寸。此外，如果要确定右侧腰形中的两个大圆弧的圆心位置，就是以同心圆圆心为基准、R108 为半径画圆弧，然后作两条 30°的射线，那么交点就是这两个圆弧的圆心。所以，每一个定位尺寸都要有基准。

定形尺寸用来确定几何元素的形状和大小。例如：φ112、φ62 可以确定两个圆的直径大小；R12、R30 等可以确定圆弧的半径大小。

（3）尺寸标注的基本要求　平面图形的尺寸标注要做到正确、完整、清晰。尺寸标注应符合国家标准的规定；标注的尺寸应完整，没有遗漏的尺寸；标注的尺寸要清晰、明显，并标注在便于读图的地方。

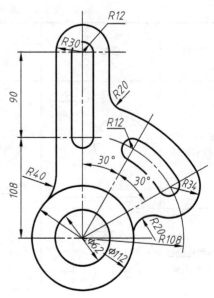

图 1-46　平面图形的尺寸与线段分析

2. 平面图形的线段分析

在绘制有连接作图的平面图形时，需要根据尺寸的条件进行线段分析。平面图形的圆弧连接处的线段，根据尺寸是否完整可分为三类：

（1）已知线段　指大小、形状和位置都已知的线段。例如 φ112、φ62 这两个同心圆，以圆心为基准，又已知直径，故它的位置是固定的，且形状、大小都已知，所以是已知线段。键槽形中的两个 R12 的圆弧，圆心位置和半径都已知，所以是已知线段。而这两个圆弧已知后，中间的两条直线也就已知了。同理，R30 这个圆弧，以及右侧的圆弧和线段，都是已知线段。

（2）中间线段　有定形尺寸，缺少一个定位尺寸，需要依靠两端相切或相接的条件才能画出的线段称为中间线段。如图 1-46 所示，连接 R30 和 R20 的直线，以及连接 R30 和 R40 的直线都是中间线段。另外，R34 的圆弧和连接 R34 和 R20 的圆弧也是中间线段（也称为中间弧）。

（3）连接线段　两个端点的位置都不知道。例如 R20 两个圆弧，它的两个端点都不知道，要通过几何关系求出来，所以是连接线段。

3. 平面图形的画法

1）首先对平面图形进行尺寸分析和线段分析，找出尺寸基准和圆弧连接的线段，拟订作图顺序。

2）选定比例，先打图框线和标题栏的底稿，确定基准位置，接着把其他确定圆心位置的基准线画出来。然后根据圆弧的直径和半径，把已知的线段画出来。

3）按规定线型对图线加深，画尺寸线和尺寸界线，写尺寸数字，再次校核修正。

绘制图 1-46 所示交换齿轮架平面图形的步骤如图 1-47 所示。

五、徒手画图的方法

正投影草图是不用绘图仪器，直接用铅笔徒手绘出的多面正投影图。在设计机器时，一

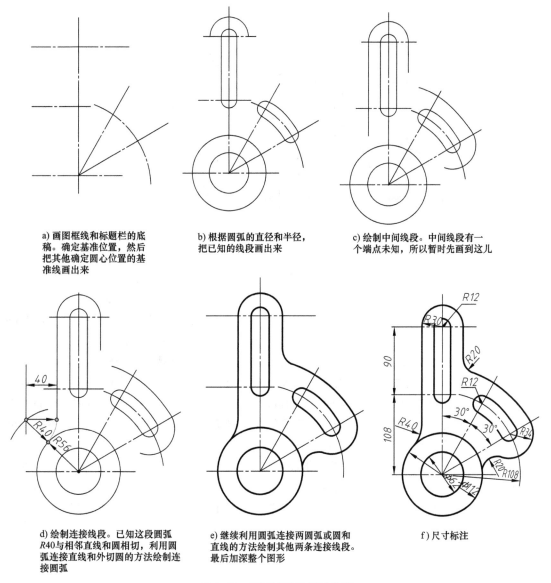

a) 画图框线和标题栏的底稿。确定基准位置，然后把其他确定圆心位置的基准线画出来

b) 根据圆弧的直径和半径，把已知的线段画出来

c) 绘制中间线段。中间线段有一个端点未知，所以暂时先画到这儿

d) 绘制连接线段。已知这段圆弧R40与相邻直线和圆相切，利用圆弧连接直线和外切圆的方法绘制连接圆弧

e) 继续利用圆弧连接两圆弧或圆和直线的方法绘制其他两条连接线段。最后加深整个图形

f) 尺寸标注

图 1-47　平面图形的画图步骤

般都是先徒手绘出草图，再用绘图仪器或计算机根据草图绘工作图。掌握了徒手绘图的技能将给工作带来很大的方便。徒手绘图是工程技术人员必备的一种绘图技能。对现有的零件实物进行测量、绘图和确定技术要求的过程，称为零件测绘。在仿造和修配机器或零部件以及进行技术改造时，常常需要进行零件测绘工作。

1. 徒手绘图的基本要求

徒手绘图用的铅笔一般为 HB 型铅芯的铅笔，铅芯头磨成锥形，铅芯头一般与图线等宽。初学者一般采用坐标纸来绘制，待熟练后便可直接在白纸上绘制。

2. 徒手绘图的技巧

物体的图形都可看作是由直线、圆弧组成的。徒手画图的图线要求如图 1-48 所示，要画好草图，需要经常地、有意识地练习，还必须掌握基本图线的徒手画法。

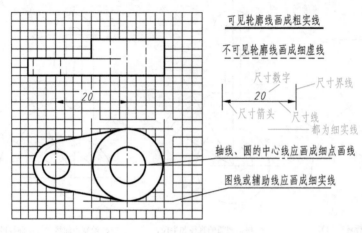

图 1-48 徒手画图的图线要求

由图 1-48 可知，可见轮廓线画成粗实线，一般线宽约 0.8 mm；不可见轮廓线画成细虚线，细虚线的画长约为 4mm，线宽约为 0.3mm，间隙约为 1mm，如此重复下去；尺寸由尺寸界线、尺寸线、尺寸数字组成，尺寸界线和尺寸线都应画成细实线，即线宽约为 0.3mm 的实线，尺寸界线应超过尺寸线 3mm，尺寸线上的箭头长应有 4mm、宽 0.8mm。尺寸数字应用细实线书写，注意尺寸数字不允许和任何图线相交，否则容易引起误解。画圆时一定要画中心线，中心线由两条相互垂直的细点画线组成。对称物体也要画细点画线表示假想对称面。细点画线的长画约为 24mm，中间间隔 1mm，再画长约 1mm 的短画，再间隔 1mm，再画长画，如此重复下去。作图的辅助线是细实线，为画大圆而作的构架线一般不必擦去，可一直保留。但注意不要太粗，一般应比画细实线时要轻一点。

（1）直线的徒手画法 画线时以小指靠着纸面。画短线时以手腕运笔，画长线时以手臂动作。眼睛注视线段终点，以眼睛的余光控制运笔方向，轻移手腕使笔尖沿要画线的方向做近似直线运动。画倾斜线时，通常将图纸斜放，或侧转身体，使要画的直线成顺手方向，其运笔方向如图 1-49 所示。

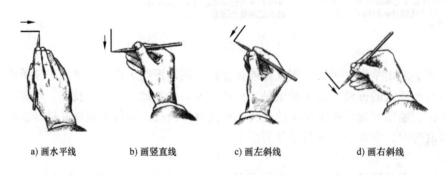

a) 画水平线　　　b) 画竖直线　　　c) 画左斜线　　　d) 画右斜线

图 1-49　直线的徒手画法

（2）常用角度的徒手画法 画 30°、45°、60° 等常用角度时，可按两直角边的近似比例关系，定出两端点后，连成直线，如图 1-50 所示。

（3）圆的徒手画法 画较小圆时，先在中心线上按半径目测定出四个象限点，然后徒

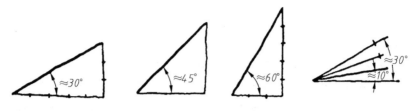

图 1-50　常用角度的徒手画法

手将各点连接成圆。画较大圆时，通过圆心加画两条约 45°斜线，按半径目测定出八点，连接成圆。圆的徒手画法如图 1-51 所示。

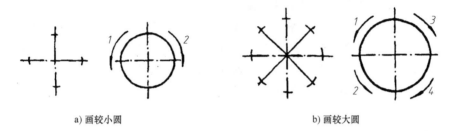

a) 画较小圆　　　　　　　　　　　　　　b) 画较大圆

图 1-51　圆的徒手画法

（4）圆角和圆弧连接的徒手画法　画圆角和圆弧连接时，根据圆角半径大小，在分角线上定出圆心位置，从圆心向分角线两边引垂线，定出切点位置，并在分角线上定出圆弧上的点，然后过这三点作圆弧，如图 1-52a 所示。直角的圆弧连接（1/4 圆弧）可利用圆弧与正方形相切的特点画出，如图 1-52b 所示。

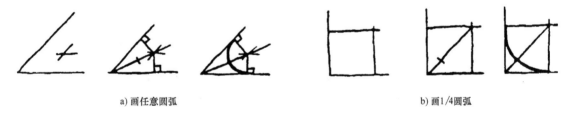

a) 画任意圆弧　　　　　　　　　　　　　　b) 画1/4圆弧

图 1-52　圆角和圆弧连接的徒手画法

（5）椭圆的徒手画法　画椭圆时，先画椭圆长短轴，定出长短轴顶点，再以此四顶点画辅助矩形，最后完成椭圆与矩形相切，如图 1-53a 所示。也可利用椭圆与菱形相切的特点画椭圆，如图 1-53b 所示。

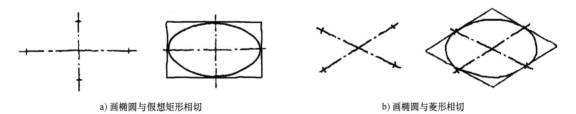

a) 画椭圆与假想矩形相切　　　　　　　　b) 画椭圆与菱形相切

图 1-53　椭圆的徒手画法

模 块 小 结

图样作为工程界交流的语言，其通用性和规范性要求正日益受到重视。国家标准关于制图的一般规定是在制图过程中都必须严格遵循的准则，目前即需要掌握其中包括图幅及格式、比例、字体、图线和尺寸标注等内容的重要规定。绘图的基本方法和步骤是在制图过程中都应该能正确且熟练应用的基本技巧，目前即可从第一张图纸起步，注意正确使用绘图工具和仪器，培养良好的绘图习惯，为今后的学习和工作打下良好基础。徒手画图是绘制机械图样的基本技能，在计算机绘图基本普及的今天，徒手画又被赋予了更新的意义，有意识的徒手画练习应在平时练习中即受到重视和强化。

本模块学习过程中需要通过绘制完整图样来理解和应用上述要求。平面图形的分析、绘制和标注尺寸是理解和综合应用上述要求的较好手段。通过仪器绘图或徒手画图的方式来练习不同平面图形的分析、绘制和标注尺寸的过程，将有助于提高自己的分析和绘图能力。在绘图过程中要注意图样的正确性和规范性要求。

思 考 题

1. 标准代号 GB、GB/T 之间有什么区别？
2. 在绘制图样中图形的角度时，其大小是否也按照绘图比例放大或缩小？
3. 各种图线中，细双点画线是用来表达什么内容的？
4. 图样上尺寸标注的基本规则有哪些？

专业小故事："天下服其巧"的古代机械发明家

马钧，字德衡，扶风（今陕西省兴平市）人，是三国时期机械制造方面著名的专家。马钧出身贫寒，从小口吃，不善言谈却精于巧思，勤于学习，善于思考，特别喜欢钻研机械方面的问题。一生有诸多发明创造，表现出他在机械制造方面的非凡才能。晋代学者傅玄说马钧是当时最有名的能工巧匠，南朝裴松之赞扬他"巧思绝世"。

第一，马钧改进了织绫机。当时大家使用的织绫机既笨重，操作又不方便，所以工作效率很低。他经过仔细观察研究和反复试验，终于把原来"五十综者五十蹑"和"六十综者六十蹑"的旧机，统一改造成十二蹑，大大简化了织机构造，并降低了操作难度，可提高功效四五倍。同时，织出的绫图案自然优美，质量也提高许多，深受人们的欢迎。

第二，马钧改进了翻车。有一次，他在洛阳城中发现一片空地，可辟为菜园，但因地势较高，难以引水灌溉，因此，他反复琢磨和试验，将以往的灌溉设施改进，"其巧百倍于常"，且使用非常省力，儿童也可转动，其最大特点是能将低处水抽至高处，大大增强了抗旱排涝能力。

第三，马钧成功复制了指南车。明帝时，马钧为驳"古无指南车"之说，奉明帝之命，带领一批工匠，经过多方努力，终于制成指南车。自此，"天下服其巧"，连过去嘲笑他的大臣也为之叹服。

第四，马钧发明了"发石车"。这是主要用于作战的攻城武器，其可连续抛石，抛石可达数百步远，大大提高了攻城威力。

第五，马钧制造了许多"百戏"玩具。这主要是为宫廷制造，其目的是娱乐。他所制木人可自动做出各种动作，其动力来自水力，故称"水转百戏"。

马钧发明的工具对社会生产力的发展起到了巨大的推进作用，但是面对自己所取得的成绩他从来不骄傲自满。当时有个地理学家叫裴秀，自以为自己才华横溢，瞧不起马钧，要找马钧辩论。马钧听说后，就经常避开他。裴秀更加得意了。著名学者傅玄很为马钧鸣不平，他对裴秀说："你的擅长是辩论，马先生擅长则是智巧。你用自己擅长的去攻击马先生，当然会占上风。要是你和马先生较量智巧，你也许不如人家！马先生非常谦虚，不愿和你纠缠，所以一直避开你，你还不知道吗？"裴秀这才没话说了。

模块二

投 影 基 础

学习目标：

　　建立投影法的概念，掌握正投影法的基本原理和投影特性；掌握三视图的形成及"三等规律"，能熟练运用正投影法绘制简单立体的三视图；掌握点、直线、平面在三投影面体系中的投影特性；能绘制点、线、面的投影；能在直线、平面上取点以及在平面上取直线；培养空间想象能力与空间思维能力；培养学生爱国情怀和爱岗敬业精神；培养认真负责、一丝不苟、严谨专注的精神。

　　机械图样的绘制和识读需要掌握机件立体的投影方法和规律。点、线、面是组成机件立体的基本几何元素，其投影方法和规律是绘制机械图样的基础。所谓投影法就是投影的一种方法。投影法只是某种"工具"，某种投影的"环境"。学习制图，其实就是学习三维立体的投影，这个投影是需要一定环境的，投影体系的建立为研究投影搭建了一个平台，有了这个平台，有了投影体系，投影的讨论才得以展开。投影方法有很多，都是围绕着投影的五个基本要素（即投射中心、投射线、物体、投影和投影面）研究三维立体与其投影之间的关系。

　　任何空间的立体，无论复杂的或简单的，都是由平面或曲面组成的，而平面或曲面是由直线或曲线组成的，线又是由点组成的。所以我们要掌握点、线、面的投影规律，并能运用点、线、面的投影规律分析立体表面上线面的投影特征。

单元一　三面投影体系

一、投影法的基本知识

1. 投影法概念

投影法和
三视图的
形成

物体在阳光或灯光的照射下，在地面或墙面上会产生影子，人们对这种自然现象加以抽象研究，总结出一种在平面上（二维）表达空间物体（三维）的方法，称为投影法，如图 2-1 所示。

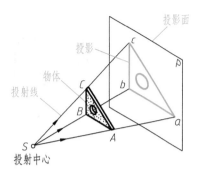

图 2-1　投影法（中心投影法）

所谓投影法就是投射线（如光线）通过物体向选定的面（如地面或墙面）投射，并在该面上得到物体图形的方法。根据投影法得到的图形称为投影图，简称投影，得到投影的面称为投影面。

2. 投影法分类

（1）中心投影法　投射线由一有限远点 S（该点称为投射中心）发出的投影法，称为中心投影法，如图 2-1 所示。在中心投影法中，改变物体与投影面间的距离，物体的投影大小将发生变化。

用中心投影法画出的图形称为透视图，其立体感强，符合人们的视觉习惯，常用于绘制建筑效果图；但透视图作图复杂，度量性差，不适合绘制机械图样。

（2）平行投影法　投射线相互平行的投影法（投影中心位于无限远处），称为平行投影法。在平行投影法中，由于所有的投射线都相互平行，改变物体与投影面间的距离，其投影的大小、形状都不发生变化，如图 2-2 和图 2-3 所示。

根据投射线与投影面垂直与否，平行投影法又分为两种：

1）正投影法：投射线与投影面相垂直的平行投影法。根据正投影法所得的图形称为正投影，如图 2-2 所示。

2）斜投影法：投射线与投影面相倾斜的平行投影法。根据斜投影法所得的图形称为斜投影，如图 2-3 所示。

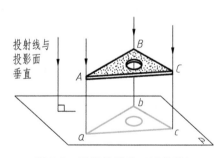

图 2-2　平行投影法（正投影）

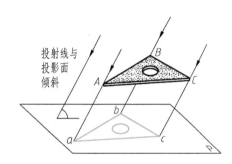

图 2-3　平行投影法（斜投影）

正投影因其度量性好，作图方便，在工程中得到了广泛的应用，机械工程图就是根据正投影理论绘制的。为了叙述简单起见，本书今后把"正投影"简称"投影"。

3. 正投影的基本性质

物体上的直线、平面相对于投影面的位置有三种情况：平行、垂直、倾斜（既不平行，也不垂直）。如图 2-4a 所示，被切去左上角的六面体向 H 面投影，其上的直线和平面，因相对于投影面的位置不同而呈现相应的投影特性。

（1）真实性　当物体上的平面图形（或棱线）与投影面平行时，其投影反映实形（或实长）。如图 2-4b 所示，物体上的平面三角形 ABC 平行于 H 面，其投影 abc 反映实形；物体上的直线 AB 平行于 H 面，其投影 ab 反映实长。这种投影性质称为真实性。正投影的真实性非常有利于在图形上进行度量。

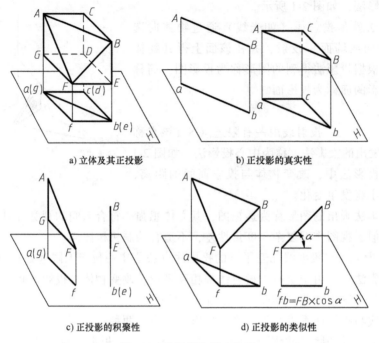

a) 立体及其正投影　　　　　　　　　b) 正投影的真实性

c) 正投影的积聚性　　　　　　　　　d) 正投影的类似性

图 2-4　正投影的基本性质

（2）积聚性　当物体上的平面图形（或棱线）与投影面垂直时，其投影积聚为一条线（或一个点）。如图 2-4c 所示，物体上的平面图形 AGF 垂直于 H 面，其投影 a(g)f 积聚为一条直线；物体上的直线 BE 垂直于 H 面，其投影 b(e) 积聚为一个点。这种投影性质称为积聚性。正投影的积聚性非常有利于图形绘制的简化。

（3）类似性　当物体上的平面图形（或棱线）与投影面倾斜时，其投影仍与原来形状类似，但平面图形变小了，直线段变短了。如图 2-4d 所示，物体上的平面图形 ABF 倾斜于 H 面，其投影 abf 面积缩小但边数不变；物体上的直线 BF 倾斜于 H 面，其投影 bf 为长度变短的直线段。这种投影性质称为类似性。正投影的类似性有利于看图时想象物体上几何图形的形状。

二、三视图的形成和投影规律

1. 三视图的形成

点的一个投影不能确定点在空间的准确位置，物体的一个投影也不能充分表达其形状大小，如图 2-5 所示。物体的形状是由长、宽、高三个方向的尺寸确定的，必须采用多面投影，结合多个方向投影结果才能唯一确定物体的形状。

三投影面体系是用于绘制机械图样的基本投影体系，由三个相互垂直的投影面组成，分别是正立投影面（正面 V）、水平投影面（水平面 H）和侧立投影面（侧面 W），如图 2-6 所示。三个投影面 V、H、W 相交的投影轴 OX、OY、OZ 分别可用于度量物体长、宽、高方向的尺寸大小。

将物体置于三投影面体系，用正投影法向三个投影面投影，如图 2-7a 所示，就可获得物体的三面投影图。为方便在图纸上画图和看图，需要将三面投影展开在同一平面上绘制。

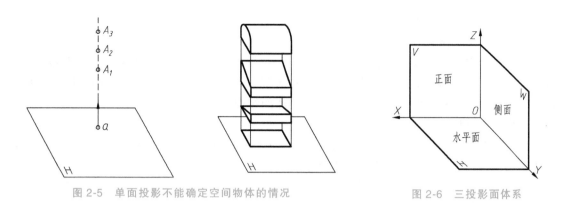

图 2-5　单面投影不能确定空间物体的情况　　　　　　　　图 2-6　三投影面体系

如图 2-7b 所示，规定正面投影不动，水平投影绕 OX 轴向下旋转 $90°$，侧面投影绕 OZ 轴向右旋转 $90°$。展开后的三面投影位于同一平面上，如图 2-7c 所示。

为画图方便，将投影面的边框去掉，即得到三视图，如图 2-7d 所示。物体在正面 V 上的投影称为主视图，在水平面 H 上的投影称为俯视图，在侧面 W 上的投影称为左视图。在机械图样中，三视图通常不画出投影面的边框和投影轴，不写视图的名称，要按视图的位置识别。

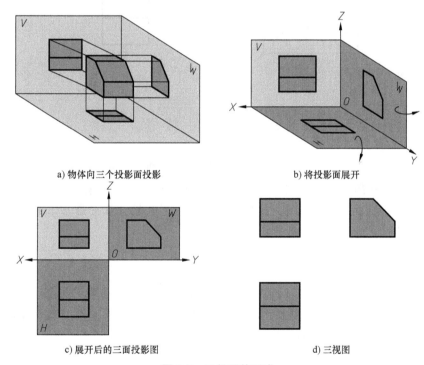

a) 物体向三个投影面投影　　　　　　　　b) 将投影面展开

c) 展开后的三面投影图　　　　　　　　d) 三视图

图 2-7　三视图的形成

2. 三视图的投影规律

物体的三个视图不是互相孤立的，而是在尺寸上彼此关联的。主视图反映了物体的高度和长度，俯视图反映了物体的长度和宽度，左视图反映了物体的高度和宽度。换句话说：物体的长度由主视图和俯视图同时反映出来，高度由主视图和左视图同时反映出来，宽度由俯视图和左视图同时反映出来。由此可得出物体三视图投影规律：

主视图与俯视图长对正；

主视图与左视图高平齐；

俯视图与左视图宽相等。

简称"长对正、高平齐、宽相等"。如图 2-8 所示，不只是物体整体符合上述投影规律，物体上的每一组成部分的三个投影也符合此投影规律。读图时，也必须以这些规律为依据，找出三个视图中相对应的部分，进而想象出物体的结构形状。

三视图不仅反映了物体的长、宽、高，同时也反映了物体的上、下、左、右、前、后六个方位的位置关系。由图 2-9 可以看出：主视图反映了物体的上、下、左、右方位；俯视图反映了物体的前、后、左、右方位；左视图反映了物体的上、下、前、后方位。

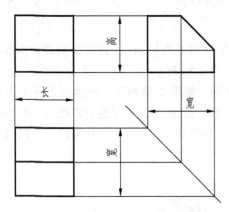

图 2-8　三视图的投影规律

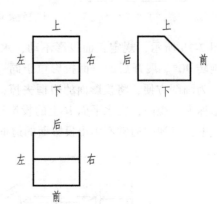

图 2-9　三视图中的六个方位

单元二　点　的　投　影

点的投影

点是构成空间立体最基本的几何元素。两点即可以连接成直线；一条直线与该线外的点可以组成一个平面；若干个平面又可以组合成完整的平面立体。所以要想学好机械制图，首先应从点的投影开始，掌握最基本的投影元素，即点的投影规则和投影特性。

一、点的单面投影

所谓点的投影，可以定义为：空间点在投射线的作用下，在投影面上留下的投影（点）。如图 2-10 所示，可以用作图的方法表示点的投影，即过点 A 作 H 面的垂线，该垂线与 H 面的交点 a 即为点 A 在 H 面上的投影，投影即称为投影图。

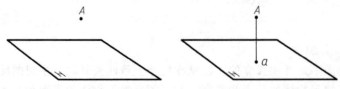

图 2-10　点在一个投影面上的投影

在投影图中已约定：所有的点的投影采用小写字母表示，而空间点用大写字母表示。由正投影法的投影特性可知，空间点 A 的位置确定后，其投影 a 的位置也就确定了。这是因为

Aa 的连线一定垂直于其投影面 H。

反之，根据投影面上的一个投影 a，是否可以确定其空间点 A 的位置？如图 2-11 所示，过投影点 a 作 H 面的垂线，空间点 A 必在此垂线上。但是 A 点距离 H 面的高度却是不确定的，因为 A 点在垂线位置上下移动时，其投影不变。因此，一个投影 a 不能确定其空间 A 点的三维坐标。

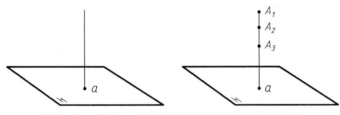

图 2-11　点的一个投影不能确定其空间的三维坐标

二、点的双面投影

如图 2-12 所示，空间点 A 位于由 V 面和 H 面组成的两面投影体系中。过点 A 分别作 V 面和 H 面的垂直线（投射线），与 V 面的垂足称为点 A 的正面投影，用小写字母 a' 表示，与 H 面的垂足称为点 A 的水平投影，用小写字母 a 表示。为了表示两个不同投影面的投影，分别用加撇的 a' 和不加撇的 a 加以区别。同时再一次地强调：空间点用大写字母表示，其投影用小写字母表示。

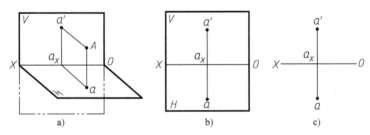

图 2-12　点在两面投影体系中的投影

如图 2-12a 所示的两面投影图中，V 面投影 $a'a_X$ 真实地反映出 A 点的高度（与 H 面的距离），而 H 面投影 aa_X 不反映实际距离（与 V 面的距离），这是由于读者的观察视线仅与 V 面垂直而与 H 面倾斜。因此，必须将 H 面展开成 V、H 共面的形式，如图 2-12b 所示，展开的投影图中，两面的投影距离 $a'a_X$ 和 aa_X 均反映实际距离。

从 V、H 两投影面的展开方式得知，OX 轴线上方的是正立投影面，OX 轴线下方的是水平投影面。因此，图中表示投影面范围的线框及投影面的提示符号 V、H 均显多余，将其省略更显简洁。于是图 2-12b 可简化成如图 2-12c 所示。

将正面投影 a' 与水平投影 a 相连接，由正投影法的投影特性可知：$a'a$ 的连线一定垂直于 OX 轴线，其交点为 a_X。

分析视图，可以得出：

V 面投影：$a'a_X$ 为点 A 到 H 面的距离，反映点 A 到 H 面的高度位置。

H 面投影：aa_X 为点 A 到 V 面的距离，反映点 A 到 V 面的宽度位置。

A 点的两个投影，仅表达出点 A 的二维空间，若要表达其三维空间，必须再增设一个投影面。

三、点在三面投影体系中的投影

如图 2-13 所示，在 V、H 两面的右边，增设一个侧立投影面（W 面），三个投影面相互垂直构成三面投影体系。空间点 A 位于其中，分别作 H、V、W 的三面投影，其三面投影为 a、a'、a"。如图 2-13 所示，投影 a 为点 A 在 H 面上的投影，称为点 A 的水平投影；投影 a' 为点 A 在 V 面上的投影，称为点 A 的正面投影；投影 a" 为点 A 在 W 面上的投影，称为点 A 的侧面投影。

为了获得正投影法的真实性，将三面投影展开，其展开过程如图 2-14 所示。将展开后的三面投影简化成如图 2-15 所示，分析视图得出点的投影规律如下：

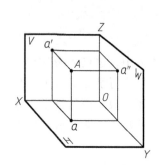
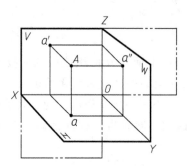
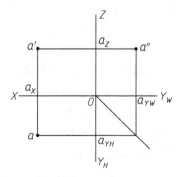

图 2-13　点的三面投影　　　　图 2-14　点的投影展开过程　　　　图 2-15　点的投影

特性一：$a'a \perp OX$，$a'a_Z = aa_{YH}$（V 面、H 面长度对正）

特性二：$a'a'' \perp OZ$，$a'a_X = a''a_{YW}$（V 面、W 面高度平齐）

特性三：$aa_{YH} \perp OY_H$，$a''a_{YW} \perp OY_W$，$aa_X = a''a_Z$（H 面、W 面宽度相等）

其中：a_X 为 $a'a$ 连线与 OX 轴的交点，a_Z 为 $a'a''$ 连线与 OZ 轴的交点。

根据正投影法的投影规则得出：

$aa_{YH} = a'a_Z = x = Aa''$（A 到 W 面的距离）

$aa_X = a''a_Z = y = Aa'$（A 到 V 面的距离）

$a'a_X = a''a_{YW} = z = Aa$（A 到 H 面的距离）

若已知空间某一个点的 x、y、z 坐标，即可以作出该点的三面投影图。反之，也可以通过测量点的三面投影距离，得到点的坐标值，得出点相对于坐标原点的空间位置。所以，点的投影也可用三维坐标的方式表达，如 $A(x, y, z)$。

四、两点的相对位置

根据两点的坐标之间的关系，可以判断空间两点的相对位置。空间两点的相对位置，在投影图中是由它们的坐标差确定的。V 面投影反映出两点的上下、左右关系，H 面投影反映出两点的左右、前后关系，W 面投影反映出两点的上下、前后关系，如图 2-16 所示。

规定 x 值大为左，小为右；y 值大为前，小为后；z 值大为上，小为下。如图 2-16 中的 A、B 两点，$x_A > x_B$，则点 A 在点 B 的左边，而点 B 在点 A 的右边；$y_A < y_B$，则点 A 在点 B 的

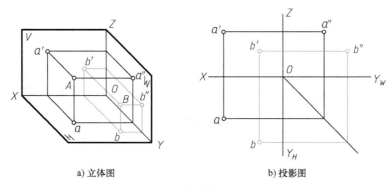

a) 立体图 b) 投影图

图 2-16 两点的相对位置

后面，而点 B 在点 A 的前面；$z_A > z_B$，则点 A 在点 B 的上方，而点 B 在点 A 的下方。因此，可以说成点 A 在点 B 的左、后、上方，或说成点 B 在点 A 的右、前、下方。

五、重影点及其可见性

当空间两点在某一投影面上的投影重合为一点时，称此两点为该投影面上的重影点。

如图 2-17a 所示，A、B 两点在 V 面上的投影 a'、b' 重合为一点，称 A、B 两点为 V 面上的重影点。分析视图得出：A、B 两点之所以在 V 面上发生投影点重影，是因为其两点的 z 坐标值（上下）相同，x 坐标值（左右）相同，唯一不同的是 y 坐标值（前后）。

当两点在某一个投影面上的投影重影时，需要判别其可见性，所谓可见性就是判断两个重影点的遮挡问题。如图 2-17a 所示，V 面上 a'、b' 重影属于前后遮挡的问题，需要分析 H 面上的 a、b 投影，得知 B 点在前，A 点在后。即 a' 被 b' 所遮挡，被遮挡的 a' 加符号（　），以示其为不可见，如图 2-17b 所示。

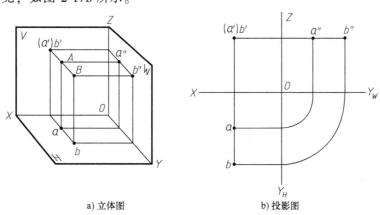

a) 立体图 b) 投影图

图 2-17 重影点

单元三 直线的投影

一、直线对一个投影面的投影特性

直线相对于一个投影面的位置如图 2-18 所示。

直线的
投影

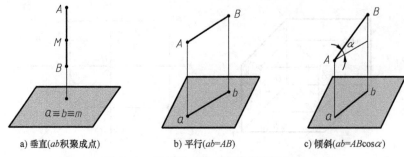

a) 垂直(ab积聚成点)　　　　b) 平行($ab=AB$)　　　　c) 倾斜($ab=AB\cos\alpha$)

图 2-18　直线相对于一个投影面的位置

分析直线相对于投影面的位置，直线的投影具有以下三种特性：

1）当直线 AB 与投影面垂直时，投影 ab 的投影特性：投影积聚成点，如图 2-18a 所示。

2）当直线 AB 与投影面平行时，投影 ab 的投影特性：投影反映空间直线 AB 的实长，如图 2-18b 所示。

3）当直线 AB 与投影面倾斜时，投影 ab 的投影特性：投影比空间直线短，如图 2-18c 所示。

二、直线在三面投影体系中的投影特性

在三投影面体系中，依据直线相对于投影面的位置不同，可将直线分为三类：投影面垂直线、投影面平行线和一般位置直线。

1. 投影面垂直线

垂直于一个投影面的直线称为投影面垂直线，它分为三种：垂直于 H 面的直线称为铅垂线，垂直于 V 面的直线称为正垂线，垂直于 W 面的直线称为侧垂线。它们的投影特性见表 2-1。

表 2-1　投影面垂直线的投影

类型	立体图	立体的投影图	直线的投影图	投影特性
正垂线				$a'(b')$积聚成一点 $ab /\!/ OY_H$，$a''b'' /\!/ OY_W$，ab、$a''b''$反映实长
铅垂线				$a(c)$积聚成一点 $a'c' /\!/ OZ$，$a''c'' /\!/ OZ$，$a'c'$、$a''c''$反映实长

（续）

类型	立体图	立体的投影图	直线的投影图	投影特性
侧垂线				$a''(d'')$ 积聚成一点 $a'd'\,//\,OX$，$ad\,//\,OX$，$a'd'$、ad 反映实长

对于投影面垂直线，画图时，一般先画积聚成点的那个投影。读图时，如果直线的投影中，有一投影积聚成点，则该直线一定是投影面垂直线，且垂直于其投影积聚成点的那个投影面。

2. 投影面平行线

平行于一个投影面而与另外两个投影面都倾斜的直线，称为投影面平行线。它也可分为三种：平行于 H 面，同时倾斜于 V、W 面的直线称为水平线；平行于 V 面，同时倾斜于 H、W 面的直线称为正平线；平行于 W 面，同时倾斜于 H、V 面的直线称为侧平线。它们的投影特性见表 2-2。

对于投影面平行线，画图时，应先画反映实际长度的那个投影（与投影轴倾斜的斜线）。读图时，如果直线的投影中，有一个投影与投影轴倾斜，另外两个投影与相应投影轴平行，则该直线一定是投影面平行线，且平行于其投影为倾斜线的那个投影面。

表 2-2　投影面平行线的投影

类型	立体图	立体的投影图	直线的投影图	投影特性
正平线				$ab\,//\,OX$，$a''b''\,//\,OZ$，ab、$a''b''$ 长度缩短 $a'b'$ 反映实长 α、γ 为实际角度，$\beta=0°$
水平线				$c'b'\,//\,OX$，$c''b''\,//\,OY_W$，$c'b'$、$c''b''$ 长度缩短 cb 反映实长 β、γ 为实际角度，$\alpha=0°$

（续）

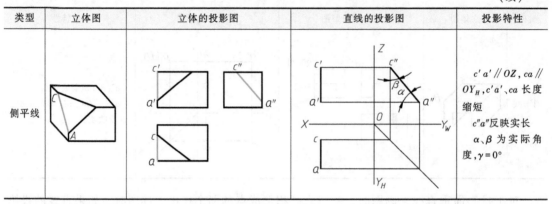

类型	立体图	立体的投影图	直线的投影图	投影特性
侧平线				$c'a' \parallel OZ$，$ca \parallel OY_H$，$c'a'$、ca 长度缩短 $c''a''$ 反映实长 α、β 为实际角度，$\gamma = 0°$

3. 一般位置直线

与三个投影面既不平行也不垂直的直线称为一般位置直线。如图 2-19 所示，一般位置直线的投影特性性如下：

1）一般位置直线的三面投影与三个投影轴之间均不平行也不垂直。

2）一般位置直线的任何一个投影均不反映该直线的实长，且小于实长。

3）一般位置直线的任何一个投影与投影轴的夹角，均不能真实反映空间直线与投影面的倾角。

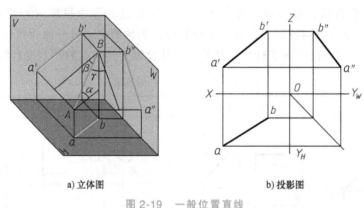

a) 立体图   b) 投影图

图 2-19   一般位置直线

三、直线上的点及分割线段成定比

（1）直线上的点   直线上的点的投影特性：若点在直线上，则点的投影必在直线的同面投影上。

如图 2-20 所示，若点 C 在直线 AB 上，则点 C 的投影必满足：c 在 ab 上，c' 在 $a'b'$ 上，c'' 在 $a''b''$ 上；反之，如果一个点的投影分别位于一直线的同面投影上，且符合点的投影特性，那么该点一定是直线上的点。

（2）直线上的点分割线段成定比   直线上的点的投影，必在直线的同面投影上，且分割线段成定比。

如图 2-20 所示，点 C 将直线 AB 分成 AC、CB 两段，该两线段的空间之比与其各投影面上的投影线段之比一定成定比。即 $AC : CB = ac : cb = a'c' : c'b' = a''c'' : c''b''$。简称"定比定律"。

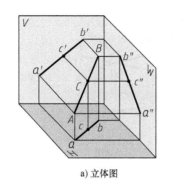
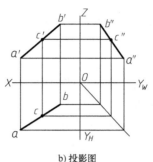

a) 立体图　　　　　　　　b) 投影图

图 2-20　直线上的点

如图 2-21 所示，判断点 C 是否在直线 AB 上。

分析：图 2-21a、b 中的 AB 直线为一般位置直线，只需将 C 点的两面投影连接，依据点在直线上的投影特性得出结论，如图 2-22a、b 所示。图 2-21c 中的 AB 直线为特殊位置直线（侧平线），仅凭 V、H 两面投影不能作为判断依据，需要作出 W 面的投影，才能得出结论，如图 2-22c 所示。

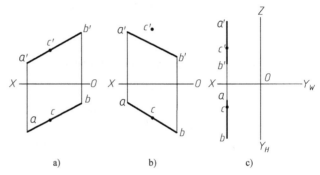

a)　　　　　　b)　　　　　　c)

图 2-21　判断点 C 是否在直线 AB 上

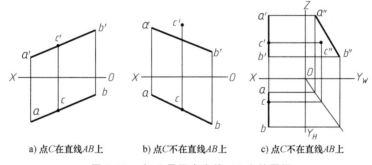

a) 点C在直线AB上　　b) 点C不在直线AB上　　c) 点C不在直线AB上

图 2-22　点 C 是否在直线 AB 上的图解

四、两直线的相对位置

空间两直线的相对位置有：平行、相交和交叉（异面）。

1. 两直线平行

两直线平行的投影特性：若空间两直线平行，则它们的同面投影也一定平行。既它们的正面投影、水平投影、侧面投影

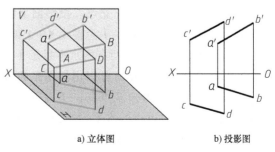

a) 立体图　　　　　　b) 投影图

图 2-23　两直线平行

一定都分别平行。

如图 2-23 所示，已知 *AB//CD*，则 *ab//cd*、*a'b'//c'd'*、*a"b"//c"d"*。

2. 两直线相交

若空间两直线相交，则它们的同面投影也必定相交，两直线的交点在各投影面上的投影一定满足点的投影规律。如图 2-24 所示，若直线 *AB* 与 *CD* 相交于点 *K*，则其水平投影 *ab* 与 *cd* 必交于

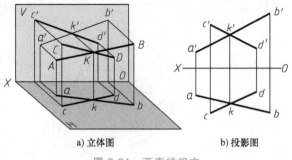

a) 立体图 b) 投影图

图 2-24 两直线相交

k，正面投影 *a'b'* 与 *c'd'* 必交于 *k'*。而 *kk'* 连线必满足点的投影规律，即 *kk'*⊥*OX* 轴。

判断两直线是否相交的关键在于交点。两直线之所以相交，表示两条直线共存一个公共点，该点为两条直线所共有。抓住这个共有点，对于解决直线的相交问题至关重要。

3. 两直线交叉

如图 2-25a 所示，直线 *AB* 与 *CD* 相交吗？

将图中看似"交点"的两面投影连接，该连线与 *OX* 轴不垂直，如图 2-25b 所示，"交点"不符合一个点的投影规律，所以得出的结论是：*AB* 与 *CD* 不相交。

如图 2-25a 所示，直线 *AB* 与 *CD* 平行吗？

由平行两直线的投影特性：若空间两直线平行，则它们的同面投影也一定平行。得出的结论是：两直线不平行。

由此可以断定：如图 2-25a 所示的直线 *AB* 与 *CD* 为空间两条既不平行又不相交的直线，称为两交叉直线，如图 2-25c 所示。

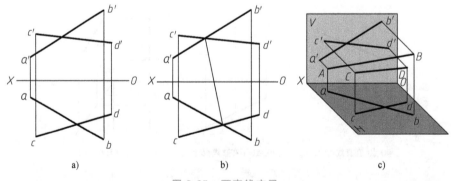

a) b) c)

图 2-25 两直线交叉

交叉两直线在空间不存在交点。投影面上的所谓"交点"，其实是两直线上的一对重影点的投影。如图 2-26a 所示，Ⅰ为直线 *AB* 上的点，Ⅱ为直线 *CD* 上的点，Ⅰ、Ⅱ两点为水平面上的重影点，即Ⅰ、Ⅱ两点的水平投影 1、2 重合。

交叉两直线上的重影点，可以用其帮助判断两直线的空间位置。例如，分析Ⅰ、Ⅱ两点的正面投影 1'、2'，得知Ⅰ点高，Ⅱ点低。由此得出水平投影面上，重影点的可见性为：1 可见，2 不可见，即Ⅱ点的水平投影被Ⅰ点的水平投影所遮挡。通常被遮挡的投影点必须加括号，表示其为不可见，如图 2-26b 所示。

同理Ⅲ、Ⅳ两点为正平面上的重影点，用其水平投影 3、4 分析得出：Ⅲ点在前，Ⅳ点

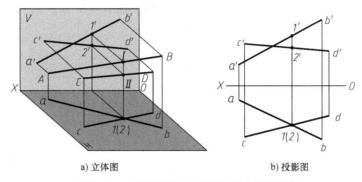

a) 立体图　　　　　　　　b) 投影图

图 2-26　交叉两直线水平面重影点的可见性

在后，故 IV 点的正面投影 4′ 加括号，如图 2-27 所示。

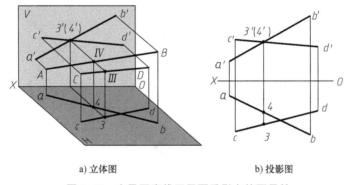

a) 立体图　　　　　　　　b) 投影图

图 2-27　交叉两直线正平面重影点的可见性

五、两直线相交成直角的直角投影原理

空间两直线相交成直角，是两直线相交的特例。讨论直角的投影原理，其实就是讨论组成直角的两条直角边相对于投影面的位置，即直角的投影是否反映真实形状，取决于两条直角边与投影面的相对位置：

1）如果垂直相交的两直线都不平行于某一个投影面，那么两直线在该投影面上的投影不反映直角。

2）如果垂直相交的两直线都平行于某一个投影面，那么两直线在该投影面上的投影反映直角。

3）如果垂直相交的两直线有一条直线平行于某一个投影面，那么两直线在该投影面上的投影仍反映直角。

反之亦然：

4）如果相交两直线在某一投影面上的投影反映直角，且有一条直线平行于该投影面，那么空间两直线的夹角必定是直角。

如图 2-28 所示，直线 AB 与 BC 相交成直角，即直线 AB 与 BC 为两直角边，两直角边中，有一条直角边 BC 是平行于水平投影面的（水平线），那么，在水平投影面上，两交线的投影一定反映直角。另一条直角边 AB 相对于投影面的位置已经不重要了，不管 AB 是什么位置的直线，投影都反映直角。

图 2-29 所示为四例两直线相交成直角的投影，由于两直线中至少有一条直线为投影面的平行线，因此它们在相应的投影面上的投影均为直角。

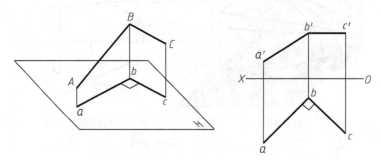

图 2-28　直角投影原理（一）

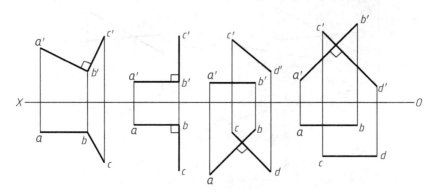

图 2-29　直角投影原理（二）

单元四　平面的投影

平面的
投影

一、平面的表示法

根据不在同一直线上的三点确定一平面的性质可知，平面可以用几何元素表示，如图 2-30 所示。

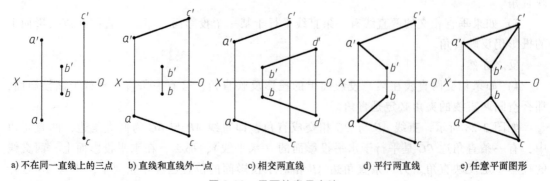

a) 不在同一直线上的三点　　b) 直线和直线外一点　　c) 相交两直线　　d) 平行两直线　　e) 任意平面图形

图 2-30　平面的表示方法

二、各种位置平面的投影

1. 平面对一个投影面的投影特性

要讨论平面的投影特性，首先要讨论平面相对于投影面的位置，因为平面的投影特性是由平面与投影面的相对位置决定的。

平面对一个投影面的相对位置可以分为三种：投影面平行面、投影面垂直面、投影面倾斜面。平面的投影特性由其相对投影面的位置决定。

（1）投影面平行面　即空间平面与投影面平行，此时投影面上的投影反映空间平面的实际形状，如图2-31a所示。

（2）投影面垂直面　即空间平面与投影面垂直，此时投影面上的投影积聚成直线，如图2-31b所示。

（3）投影面倾斜面　即空间平面与投影面倾斜，此时投影面上的投影既不反映实际形状，也无积聚性，但反映出类似性，如图2-31c所示。

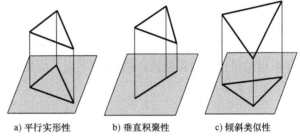

a) 平行实形性　　b) 垂直积聚性　　c) 倾斜类似性

图 2-31　平面对一个投影面的相对位置

2. 平面在三面投影体系中的投影特性

对于三面投影体系，空间平面与其相对位置也分为三类：投影面平行面、投影面垂直面和投影面倾斜面。前两类平面称为特殊位置平面，后一类平面称为一般位置平面。

（1）投影面平行面　平行于一个投影面（同时必然垂直于另外两个投影面）的平面称为投影面平行面。平行于 H 面的平面称为水平面，平行于 V 面的平面称为正平面，平行于 W 面的平面称为侧平面。它们的投影特性见表2-3。

表 2-3　投影面平行面的投影特性

类型	立体图	立体的投影图	平面的投影图	投影特性
正平面				正面投影反映实际形状 水平投影积聚成直线,平行于 OX 轴 侧面投影积聚成直线,平行于 OZ 轴
水平面				水平投影反映实际形状 正面投影积聚成直线,平行于 OX 轴 侧面投影积聚成直线,平行于 OY_W 轴

（续）

类型	立体图	立体的投影图	平面的投影图	投影特性
侧平面	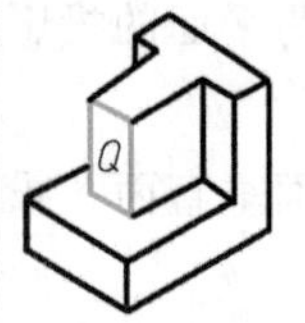	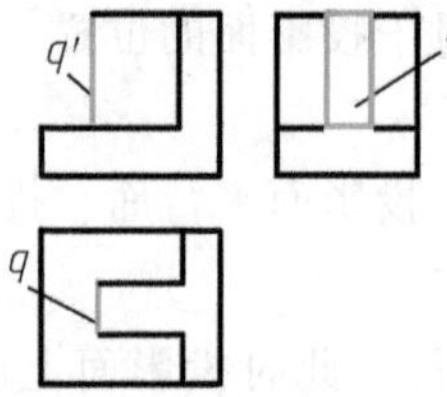 q' q'' q	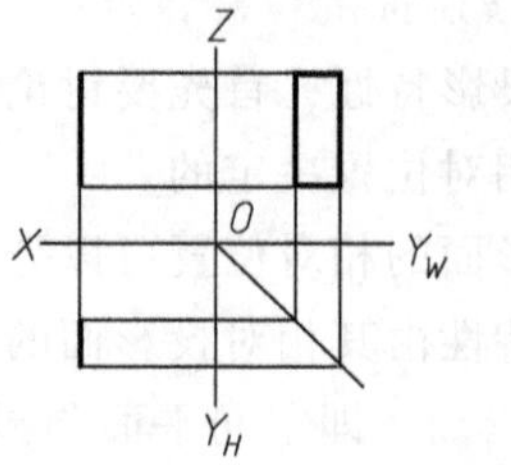	侧面投影反映实际形状 正面投影积聚成直线，平行于 OZ 轴 水平投影积聚成直线，平行于 OY_H 轴

（2）投影面垂直面　垂直于一个投影面，并且同时倾斜于另外两个投影面的平面称为投影面垂直面。垂直于 H 面，倾斜于 V 面和 W 面的平面称为铅垂面；垂直于 V 面，倾斜于 H 面和 W 面的平面称为正垂面；垂直于 W 面，倾斜于 H 面和 V 面的平面称为侧垂面。它们的投影特性见表 2-4。

表 2-4　投影面垂直面的投影特性

类型	立体图	立体的投影图	平面的投影图	投影特性
正垂面	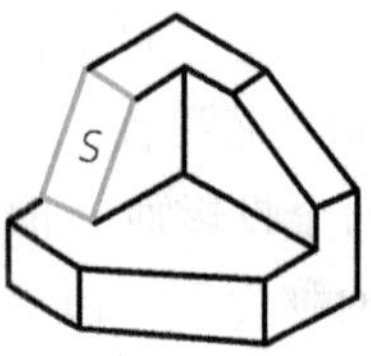 S	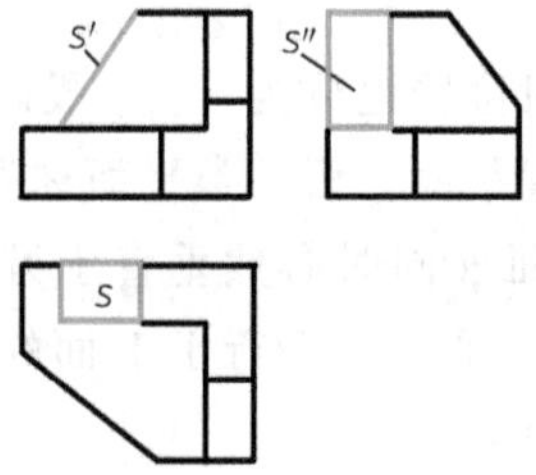 s' s'' s	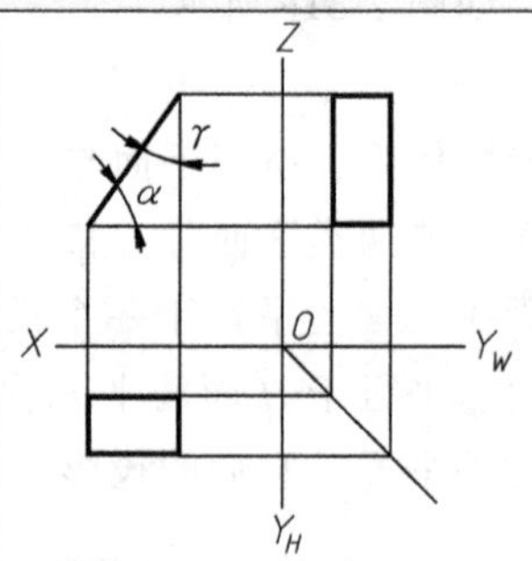	正面投影积聚成直线 水平投影和侧面投影为平面的类似形 α、γ 为实际角度，$\beta=90°$
铅垂面	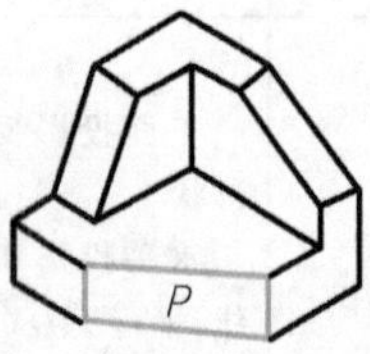 P	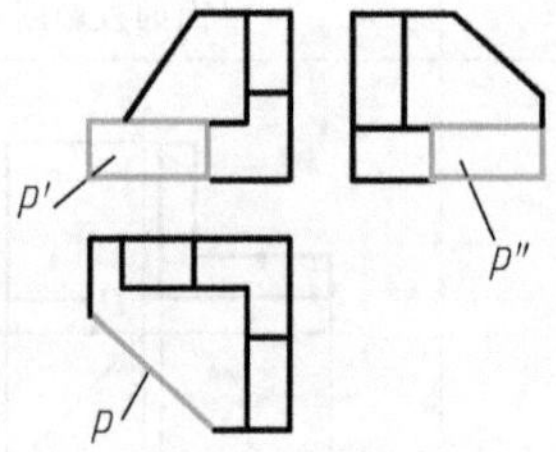 p' p'' p	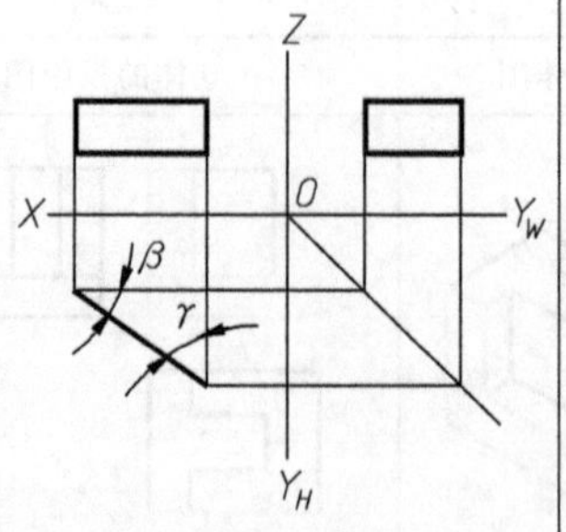	水平投影积聚成直线 正面投影和侧面投影为平面的类似形 β、γ 为实际角度，$\alpha=90°$
侧垂面	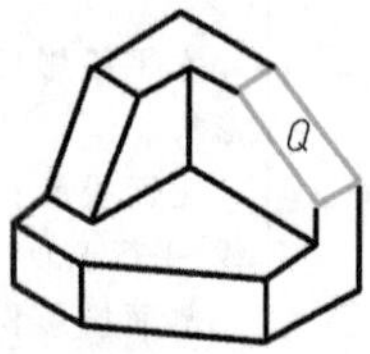 Q	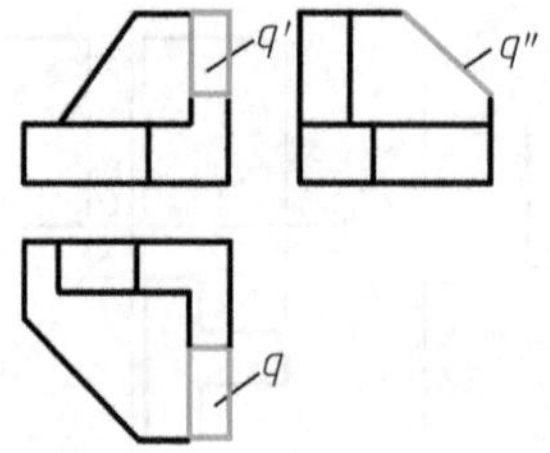 q' q'' q	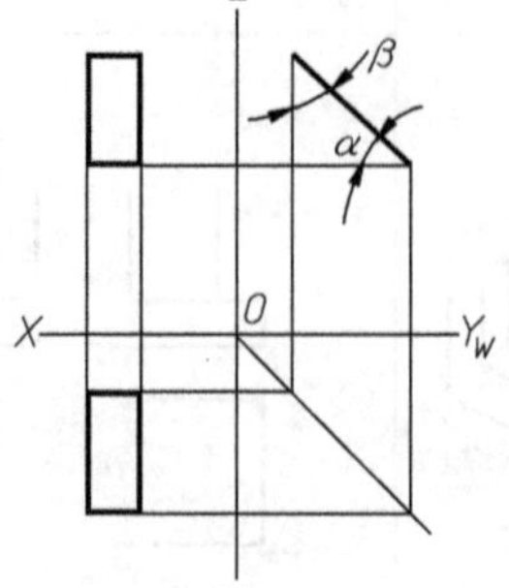	侧面投影积聚成直线 正面投影和水平投影为平面的类似形 α、β 为实际角度，$\gamma=90°$

（3）一般位置平面　与三个投影面都不平行也不垂直，与三个投影面均处于倾斜位置的平面称为一般位置平面，如图 2-32 所示。

一般位置平面的投影特性如下：

1）三个投影面上的投影都没有积聚性。

2）三个投影面上的投影都不反映实形。

3）三个投影面上的投影均不反映空间平面相对投影面的倾角。

4）三个投影面上的投影都是空间原图形的类似形。

三、直线与平面、平面与平面的相对位置

相对位置包括：直线与平面的平行、相交和垂直；平面与平面的平行、相交和垂直，其中垂直只是相交的特例。

1. 直线与平面平行

直线与平面是否平行的判断依据：若平面外的一直线平行于平面内的某一直线，则该直线与该平面平行。如图 2-33 所示，平面 P 及面外的一直线 AB，若是能在平面内找出一条直线与面外的直线 AB 平行（图中，面内直线 CD 与面外直线 AB 平行），则直线 AB 与平面 P 平行。

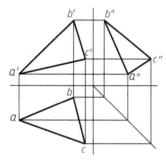

图 2-32　一般位置平面

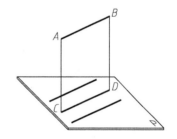

图 2-33　直线与平面的平行问题

2. 平面与平面平行

平面与平面是否平行的判断依据：

1）若一平面上的两相交直线分别平行于另一平面上的两相交直线，则这两平面相互平行。如图 2-34 所示，若 AB 与 DE 平行，AC 与 DF 平行，则由两组相交直线组成的两平面必平行。

2）若两投影面垂直面相互平行，则它们具有积聚性的那组投影必相互平行。如图 2-35 所示，平行线 AB、CD 组成的平面与△EFG 平行，由于它们都属于铅垂面，则水平面上积聚成直线的投影也必平行。

3. 直线与平面相交

当直线与平面相交时，一定会有交点存在，该交点是直线与平面的共有点，交点既在直线上又在平面上。分析直线与平面相交的步骤如下：

1）求出直线与平面的交点。

2）判别两者之间的相互遮挡关系，即判别可见性。

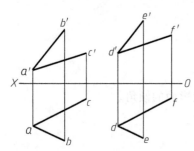

图 2-34 平面与平面平行

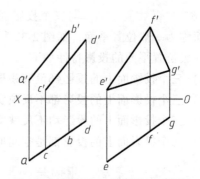

图 2-35 两特殊位置平面相互平行

4. 平面与平面相交

两平面相交其交线为直线，该交线是两平面的共有线，同时交线上的点都是两平面的共有点。分析两平面相交的步骤如下：

1）求出两平面的交线。求交线的方法是确定两平面的两个共有点。

2）判别两平面之间的相互遮挡关系，即判别可见性。

模 块 小 结

机械制图采用多面正投影法。正投影的基本特性（真实性、积聚性、类似性）及点、线、面的基本投影规律是绘制机械图样的重要基础。而具有一定难度机械图样的绘制和识读还需能正确判别点、线、面的空间相对位置关系。学生可以通过配套习题练习检查自己是否已能应用这些正投影的基本知识。

简单立体三视图的绘制是训练空间想象能力的有效手段，因此现阶段即需熟练掌握三视图的形成和投影规律。本模块的学习和训练中关于立体三视图绘制的任务，学生可根据自身情况在整门课程学习初期穿插进行，通过练习逐步积累绘图技巧和经验，提高自己的绘图和读图能力。画三视图时要严格遵循"三等规律"。使用手工仪器绘图时，用丁字尺保证"高平齐"关系，用三角板配合丁字尺保证"长对正"关系，用圆规或分规准确量取"宽相等"关系；徒手绘图练习中也要尽量目测估计其对应关系和宽度比例，做到不至于引起误解。

思 考 题

1. 为什么采用正投影方法绘制机械图样？
2. 为什么说掌握三视图画法是学习机械制图的基础？
3. 空间两直线的相对位置有几种情况？其三面投影各有什么区别？

专业小故事：世上一切计时仪器的鼻祖——日晷

日晷，本义是指太阳的影子。现代的"日晷"指的是人类古代利用太阳投射的影子来测定时刻的计时装置，又称"日规"。其原理就是利用太阳的投射影子的指标来测定并划分时刻，通常由晷针和晷面组成。利用日晷计时的方法是人类在天文计时领域的重大发明，这项发明被人类沿用达几千年之久。

公元前 2357—前 2258 年，朝代尧，日晷测时已达相当高的精度（记载文献：殷墟出土卜辞《尚书·尧典》）。

日晷通常由铜制的指针和石制的圆盘组成。铜制的指针称为"晷针"，垂直穿过圆盘中心，起着圭表中立竿的作用，因此晷针又叫"表"，石制的圆盘称为"晷面"，安放在石台上，呈南高北低，使晷面平行于赤道面，这样，晷针的上端正好指向北天极，下端正好指向南天极。在晷面的正反两面刻划出 12 个大格，每个大格代表两个小时。当太阳光照在日晷上时，晷针的影子就会投向晷面，太阳由东向西移动，投向晷面的晷针影子也慢慢地由西向东移动。于是，移动着的晷针影子好像是现代钟表的指针，晷面则是钟表的表面，以此来显示时刻。

日晷的外形和原理如图 2-36 所示。

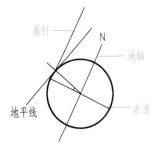

图 2-36　日晷的外形和原理

运作原理：

在一天中，被太阳照射到的物体投下的影子在不断地改变着：

第一是影子的长短在改变。早晨的影子最长，随着时间的推移，影子逐渐变短，一过中午它又重新变长。

第二是影子的方向在改变。在北半球，早晨的影子在西方，中午的影子在北方，傍晚的影子在东方。从原理上来说，根据影子的长度或方向都可以计时，但根据影子的方向来计时更方便一些，故通常都是以影子的方位计时。

早晨，影子投向盘面西端的卯时附近；当太阳达正南最高位置（上中天）时，针影位于正北（下）方，指示着当地的午时正时刻；午后，太阳西移，日影东斜，依次指向未、申、酉各个时辰。

模块三

简单立体三视图

学习目标：

　　掌握平面立体和曲面立体的投影特性及其视图的画法；能对棱柱、棱锥进行投影分析和三视图绘制；能对圆柱、圆锥、球进行投影分析和三视图绘制；掌握在平面立体和曲面立体表面上取点、线的作图方法；熟悉截交线的投影特性，掌握求作截交线的基本作图方法；熟悉相贯线的投影特性，掌握求作相贯线的基本作图方法；培养空间想象能力与空间思维能力；培养认真负责、一丝不苟、严谨专注的精神。

　　工程上所采用的立体，根据其功能的不同，在形体和结构上有着千差万别，但按照立体各组成部分的几何性质的不同，可分为平面立体与曲面立体两大类。

　　由平面围成的立体称为平面立体，如棱柱、棱锥等。部分或全部表面为曲面的立体则称为曲面立体，曲面立体根据其构成形式的不同，分为由回转曲面构成的回转体和含有非回转曲面的非回转体。由于回转体结构简单、制作方便，因此在工程上采用的曲面立体通常都是回转体，如圆柱体、圆锥体、圆球体、圆环体等。

　　这些棱柱、棱锥、圆柱体、圆锥体、圆球体、圆环体等单一立体，常被称为基本立体，简称基本体。它们是构成工程形体的基本要素，也是绘图、读图时进行形体分析的基本模块。

单元一　基　本　立　体

　　柱、锥、台、球等几何体是组成机件的基本立体，简称基本体，如图3-1所示。表面都是平面的基本体，称为平面立体，如棱柱、棱锥。表面是曲面或曲面与平面的基本体，称为曲面立体。曲面可分为规则曲面和不规则曲面两类。规则曲面可看作由一条线按一定的规律运动所形成，运动的线称为母线，而曲面上任一位置的母线称为素线。母线绕轴线旋转形成回转曲面，圆柱、圆锥、球、圆环是常见的回转体。

　　在对立体进行正投影时，可把人的视线假想成互相平行且垂直于投影面的一组投射线。

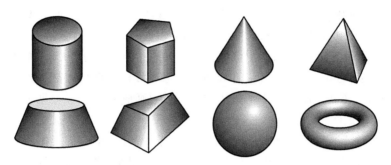

图 3-1　基本体

为了看图、画图方便，要尽量使立体的主要表面、棱线、素线处于与投影面平行或垂直的位置。

一、平面立体的投影

平面立体的表面由若干多边形组成。画平面立体的投影图，就是画其表面多边形的投影，即画其棱线和顶点的投影。若棱线可见，则将其投影画成粗实线；若棱线不可见，则将其投影画成细虚线。

平面立体
的投影

1. 棱柱

（1）棱柱的投影　图 3-2a 是一个正五棱柱的空间投影立体图。这个五棱柱的顶面和底面都是水平面，它们的边分别是四条水平线和一条侧垂线；棱面是四个铅垂面和一个正平面，棱线是五条铅垂线。

图 3-2b 是正五棱柱的三面投影图，下面对其投影图进行分析。

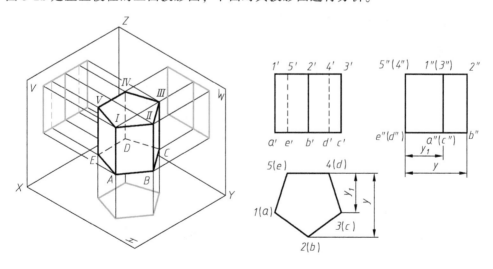

a) 正五棱柱的空间投影立体图　　　　　　　b) 正五棱柱的三面投影图

图 3-2　五棱柱的投影

五棱柱的水平投影：顶面的投影可见，底面的投影不可见，它们相互重合，反映实形。五个棱面的投影，分别积聚成直线，与顶面的边的投影重合。五条棱线的投影，分别积聚成点，与顶面边的交点的投影重合。

五棱柱的正面投影：顶面和底面分别积聚成直线。除了后棱面 $IV\,V\,ED$ 的正面投影 $4'5'e'd'$ 反映实形外，其他棱面的投影都仍是矩形，但面积缩小。前方的两个棱面 $I\,II\,BA$ 和 $II\,III\,CB$ 的正面投影 $1'2'b'a'$ 和 $2'3'c'b'$ 可见；而后方的三个棱面 $I\,V\,EA$、$III\,IV\,DC$、$IV\,V\,ED$ 的正面投影 $1'5'e'a'$、$3'4'd'c'$、$4'5'e'd'$ 不可见。五条棱线的正面投影都是铅垂线，且反映实长。可见棱线 $I\,A$、$II\,B$、$III\,C$ 的投影 $1'a'$、$2'b'$、$3'c'$ 画成实线；不可见棱线 $IV\,D$、$V\,E$ 的投影 $4'd'$、$5'e'$ 画成虚线。

五棱柱的侧面投影：顶面和底面分别积聚成直线。后棱面的侧面投影积聚成直线，其他棱面的投影都仍是矩形，但面积缩小。左方的两个棱面的侧面投影可见；而右方的两个棱面的侧面投影不可见，分别重合在左方两个棱面的可见投影上。五条棱线的侧面投影都是铅垂线，且反映实长。可见的棱线画成实线；而不可见的棱线重合于可见棱线的投影的粗实线上。

在上述的投影图中，省略了投影轴。在实际绘图时也是不画投影轴的。应该注意：虽然不画投影轴，但任何一点的正面投影和水平投影、正面投影和侧面投影仍分别在相应的投影连线上；而且，在几何形体的水平投影和侧面投影之间，也应保持相同的前后对应关系，一般可直接量取相等的距离作图。

（2）棱柱表面上点的投影

例 3-1　如图 3-3a 所示，已知正五棱柱表面上的点 F 和 G 的正面投影 f'、(g')，作出它们的水平投影和侧面投影。

解：因为点 F 和 G 在正五棱柱的表面上，根据 f' 可见、g' 不可见可知，点 F 在左前侧棱面上，点 G 在后棱面上。其作图思路主要是根据点在棱面上，若棱面的某投影积聚成一条直线，则点的同面投影在这条直线上。作图过程如图 3-3b 所示，其步骤如下：

1）由 f'、(g') 分别在这两个棱面的有积聚性的水平投影（直线）上作出 f、g。

2）由 (g') 在后棱面的有积聚性的侧面投影（直线）上作出 g''。

3）根据点的投影规律，由 f、f' 作出 f''。

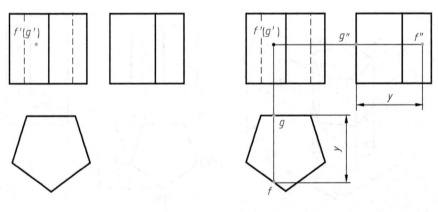

a) 原题　　　　　　　　　　　　　　　b) 作图步骤

图 3-3　棱柱表面上点的投影

2. 棱锥

（1）棱锥的投影　图 3-4a 是一个三棱锥的空间投影立体图。这个三棱锥的底面是水平面，后棱面是一个侧垂面，两个前棱面是一般位置平面。

图 3-4b 是三棱锥的三面投影图。下面对其投影图进行分析：

在水平投影中，三个棱面的投影可见，但均不反映实形。底面 ABC 的投影 abc 反映实形，但不可见，它与三个棱面的投影相互重合。

在正面投影中，底面积聚成平行于 OX 轴的直线。前方的两个棱面 SAC、SAB 的正面投影 s'a'c'、s'a'b' 可见；后棱面 SBC 的正面投影 s'b'c' 不可见。

在侧面投影中，底面积聚成平行于 OY 轴的直线。后棱面 SBC 积聚成斜直线。左前侧棱面 SAC 的侧面投影 s"a"c" 可见，右前侧棱面 SAB 的侧面投影 s"a"b" 不可见，它们相互重合，两棱面的投影均不反映实形。但左前侧棱面与右前侧棱面的交线（棱线）SA 是侧平线，故其侧面投影 s"a" 反映 SA 实长。

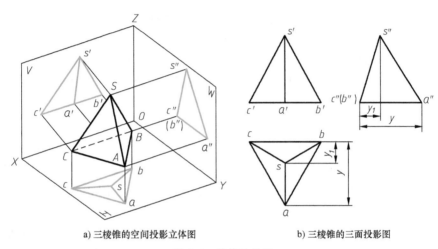

a) 三棱锥的空间投影立体图　　　b) 三棱锥的三面投影图

图 3-4　棱锥的投影

（2）棱锥表面上点的投影

例 3-2　如图 3-5a 所示，已知三棱锥表面上的点 M 的正面投影 m'，作出它的水平投影和侧面投影。

解：由于 m' 可见，故可断定点 M 在左前侧棱面上。其作图思路主要是根据点在棱面上，点一定在棱面上过该点的一条直线上，先在棱面上过该点作一条辅助线，求出辅助直线的投

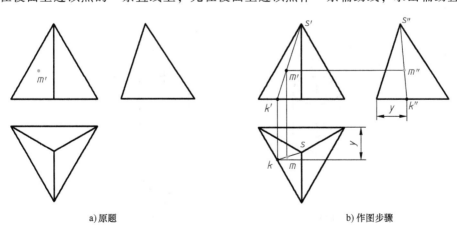

a) 原题　　　　　　　　　b) 作图步骤

图 3-5　棱锥表面上点的投影

影，再从辅助直线的投影上求出点的投影。作图过程如图 3-5b 所示，其步骤如下：

1）过点 s′ 与 m′ 作一直线与底面交于 k′ 点（k′ 点是棱面上的直线 SM 与底面 ABC 的边 AC 的交点 K 的正面投影）；过点 k′ 向下作垂线，与底面的水平投影的边相交于 k 点，过点 s 和 k 作一直线 sk（sk 是直线段 SK 的水平投影）；由 k 和 k′ 得 k″ 点，过 s″ 与 k″ 点作一直线 s″k″（s″k″ 是直线段 SK 的侧面投影）。这一步是求过 M 点的辅助直线段 SK 的投影。

2）过 m′ 点向下作垂线与直线 sk 相交，得交点 m，m 即为 M 点的水平投影。过 m′ 点作一水平线向右与 s″k″ 交于 m″，m″ 即为点 M 在侧面上的投影。这一步是从辅助直线 SM 的投影上求作点 M 的另两面投影。

二、曲面立体的投影

常见的曲面立体是回转体零件。回转体的侧面是光滑曲面，在向平行于轴线的投影面投射时，其上某条或某几条素线会把回转面分为两半，是可见面和不可见面的分界线，称其为**轮廓素线**。在平行于轴线的投影面上画回转体的投影时，对其回转表面只需画出其轮廓素线的投影，同时用点画线画出轴线的投影。

曲面立体的投影

1. 圆柱

圆柱体由圆柱面、顶面、底面所围成，圆柱面可看作直线绕与它平行的轴线旋转而成。

（1）圆柱的投影　图 3-6a 是一个圆柱的空间投影立体图，圆柱的轴线为铅垂线，圆柱面上的所有素线也都是铅垂线，圆柱的顶面和底面都是水平面。图 3-6b 是圆柱的三面投影图。下面对其投影图进行分析：

在水平投影中，圆柱面的水平投影有积聚性，积聚成一个圆，圆柱面上的点和线的水平投影都重合在这个圆上。由于圆柱的顶面和底面是水平面，它们的水平投影反映实形，也是这个圆。

在正面投影中，圆柱正面投影的左、右两轮廓线是圆柱面上最左、最右轮廓素线的投影。上面与下面两直线段是圆柱上、下底面的正面投影。最前、最后轮廓素线的正面投影与圆柱轴线的正面投影重合，但不能画出。

在侧面投影中，圆柱侧面投影的两侧轮廓线是圆柱面上最前和最后轮廓素线的投影。上面与下面两直线段是圆柱上、下底面的侧面投影。最左、最右两轮廓素线的侧面投影与圆柱

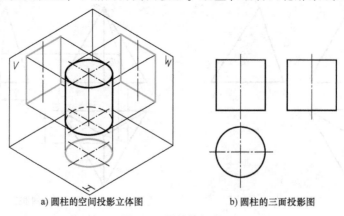

a）圆柱的空间投影立体图　　b）圆柱的三面投影图

图 3-6　圆柱的投影

轴线的侧面投影重合，但不能画出。

由于是回转体，画投影图时，要画出回转轴线的投影。

（2）圆柱面上点的投影

例 3-3　如图 3-7a 所示，已知圆柱面上两个点 A、B 的正面投影 a'、（b'），求作它们的水平投影和侧面投影。

解：由 a' 可见和 b' 不可见可知，点 A 在前半圆柱面上，而点 B 在后半圆柱面上。其作图思路主要是根据点在圆柱面上，而圆柱面的水平投影是圆，则点的水平投影在圆上。作图过程如图 3-7b 所示，其步骤如下：

1）由 a'（b'）向下作垂线，与圆柱面的水平投影相交，交点 a 和 b 分别为点 A、B 的水平投影。

2）由 a' 和 a、b' 和 b 分别作出 a"、b"。由于点 A、B 都在左半圆柱面上，故 a"、b" 都是可见的。

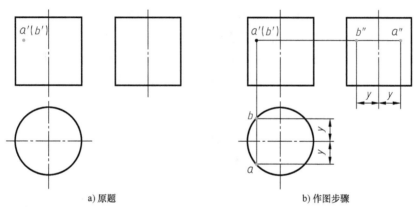

a) 原题　　　　　　　　　　　b) 作图步骤

图 3-7　圆柱面上点的投影

2. 圆锥

圆锥体由圆锥面、底面所围成，圆锥面可看作直线绕与它相交的轴线旋转而成。

（1）圆锥的投影　图 3-8a 是一个圆锥的空间投影立体图，圆锥的轴线为铅垂线，底面是水平面。图 3-8b 是圆锥的三面投影图。下面对其投影图进行分析：

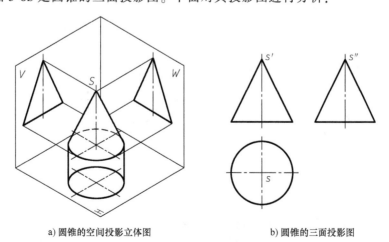

a) 圆锥的空间投影立体图　　　　　　b) 圆锥的三面投影图

图 3-8　圆锥的投影

在水平投影中，圆锥面的水平投影为一个圆；圆锥底面是水平面，它的水平投影反映实形，也是这个圆。对于圆，要用点画线画出其中心线。

在正面投影中，圆锥面正面投影的轮廓线是圆锥面上最左、最右轮廓素线的投影。最左、最右轮廓素线是正平线，其投影表达了锥面素线的实长。圆锥面上最前、最后轮廓素线的正面投影与圆锥轴线的正面投影重合，但不能画出。圆锥底面的正面投影积聚成直线。

在侧面投影中，圆锥面侧面投影的轮廓线是圆锥面上最前、最后轮廓素线的投影。最前、最后轮廓素线是侧平线，其投影表达了锥面素线的实长。圆锥面上最左、最右轮廓素线的侧面投影与圆锥轴线的侧面投影重合，但不能画出。圆锥底面的侧面投影积聚成直线。

由于是回转体，画投影图时，要画出回转轴线的投影。

（2）圆锥面上点的投影

例 3-4　如图 3-9 所示，已知圆锥面上点 A 的正面投影 a'，求作它的水平投影和侧面投影。

解：因为 a' 可见，所以点 A 位于前半圆锥面上。由于圆锥面的三个投影都没有积聚性，因此求作点 A 的另两面投影常采用**辅助素线法**或**辅助圆法**。辅助素线法是在圆锥面上通过 A 点作一条辅助素线，先求作辅助素线的投影，再从辅助素线的投影上作出点 A 的投影。辅助圆法是在圆锥面上通过 A 点作一垂直于轴线的圆，先求作辅助圆的投影，再从辅助圆的投影上作出点 A 的投影。

辅助素线法：作图过程如图 3-9a 所示，其步骤如下：

1）连接 s' 和 a'，延长 $s'a'$，与底圆的正面投影相交于 b'。根据 b' 在前半底圆的水平投影上作出 b，再由 b 在底圆的侧面投影上作出 b''。分别连接 s 和 b、s'' 和 b''。SB 就是过 A 点且在圆锥面上的一条辅助素线，sb、$s'b'$、$s''b''$ 是其三面投影。

2）由 a' 分别在 sb、$s''b''$ 上作出 a、a''。因为圆锥面的水平投影是可见的，所以 a 也可见；又因 A 在左半圆锥面上，所以 a'' 也可见。

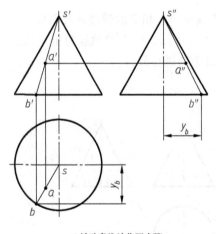
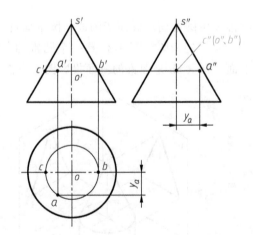

a) 辅助素线法作图步骤　　　　　　b) 辅助圆法作图步骤

图 3-9　圆锥面上点的投影

辅助圆法：作图过程如图 3-9b 所示，其步骤如下：

1）过 A 点作垂直于轴线的水平辅助圆，其正面投影为直线，其长度就是过 a' 的 $b'c'$；

其水平投影是以 $o'b'$（即 ob）为半径的圆，它反映辅助圆的实形；其侧面投影也是直线。

2）因为 a' 可见，所以点 A 应在前半圆锥面上，于是就可由 a' 在水平圆的前半圆的水平投影上作出 a。

3）由 a'、a 作出 a''。可见性的判断在辅助线法中已阐述，不再重复。

3. 圆球

圆球体是由球面围成的，球面可看作是圆以其直径为轴线旋转而成。

（1）圆球的投影 如图 3-10 所示，球体的三面投影都是与球直径相等的圆。

球的正面投影的轮廓线是球面上平行 V 面的轮廓素线圆的投影。

球的水平投影的轮廓线是球面上平行 H 面的轮廓素线圆的投影。

球的侧面投影的轮廓线是球面上平行 W 面的轮廓素线圆的投影。

（2）圆球表面上点的投影

例 3-5 如图 3-10 所示，已知球面上点 A 的正面投影 a'，求作它的水平投影和侧面投影。

解：根据 a' 可见及点 a' 的位置，可知点 A 位于左、前、上半圆球面上。求作点 A 的另两面投影常采用辅助圆法。辅助圆法是在圆球表面上通过点 A 作一平行于投影面的圆，先求作辅助圆的投影，再从辅助圆的投影上作出点 A 的投影。作图过程如图 3-10 所示，其步骤如下：

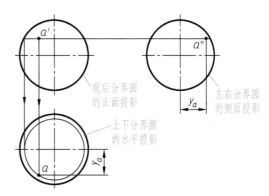

图 3-10 圆球表面上点的投影

1）过点 A 作一平行于水平投影面的辅助圆，辅助圆的正面投影就是球的正面投影（圆）内过 a' 的水平细实线；辅助圆的侧面投影就是球的侧面投影（圆）内的水平细实线；辅助圆的水平投影反映这个圆的实形，是球的水平投影（圆）内的细实线圆。

2）注意到点 A 位于前、上半圆球面上，由 a' 在水平投影的细实线圆的前半圆上作出 a。

3）注意到点 A 位于左、前半圆球面上，由 a'、a 作出 a''。a 和 a'' 都可见。

4. 圆环

圆环面是由一个圆绕圆平面上但不通过圆心的固定轴线回转形成的。

（1）圆环的投影 图 3-11 是一个圆环的投影图，圆环的轴线为铅垂线。

圆环正面投影中的两个圆是最左、最右轮廓素线圆的投影，虚线半圆表示内环面的轮廓素线圆，实线半圆为外环面的轮廓素线圆；上、下两横线是环面上最高轮廓素线圆和最低轮廓素线圆的投影。

圆环侧面投影中的两个圆是最前、

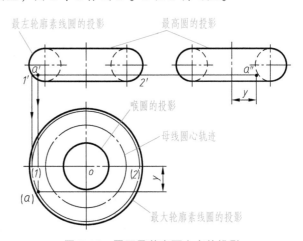

图 3-11 圆环及其表面上点的投影

最后轮廓素线圆的投影；其他与正面投影相同。

圆环水平投影中的两个同心圆是最大轮廓素线圆和喉圆的投影。点画线圆是母线圆心轨迹。

（2）圆环面上点的投影

例 3-6　如图 3-11 所示，已知圆环面上点 A 的正面投影 a'，求作它的水平投影和侧面投影。

解：根据已知 a'，判断出点 A 位于左边下半外环面上，它的水平投影是不可见的，侧面投影可见。求作圆环面上点的另两面投影一般采用**辅助圆法**，过点 A 在圆环面上作一垂直于圆环轴线的辅助圆，先作出辅助圆的投影，再从辅助圆的投影上求出点的投影。作图过程如图 3-11 所示，其步骤如下：

1）过 a' 作圆环轴线的垂线，与环面轮廓线交于 $1'$、$2'$。$1'2'$ 是过点 A 在圆环面所作垂直于圆环轴线的辅助圆的正面投影。

2）以 $1'2'$ 为直径，以 o 为圆心画圆，该圆就是辅助圆的水平投影，在圆周上作出 a。

3）由 a'、a 作出 a''。

对于圆环面上的点，如果已知其正面（或侧面）投影不可见，则其另两面的投影不确定，这时要把另两面所有可能的投影都求作出来，这是因为圆环面上的点可能在内圆环面上或后外圆环面（右外圆环面）上。如图 3-12 所示，如果已知 (b')，则与 (b') 相对应的另两面投影可能是 b_1、(b_1'')，也可能是 b_2、(b_2'') 或 b_3、(b_3'')。

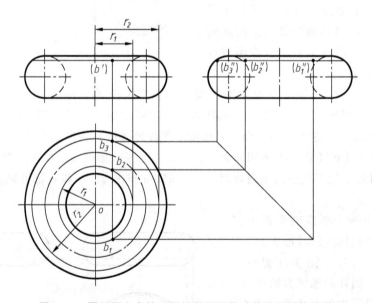

图 3-12　圆环面上点的正面投影不可见时其另两面的投影

三、立体的形成

掌握立体的形成方式，有助于以后复杂零件的结构分析和零件设计的构型。

（1）拉伸形成立体　将平面轮廓沿着与轮廓垂直的方向拉伸生成立体，如图 3-13a 所示。拉伸时每一横截面还可以改变大小，如图 3-13b 所示。

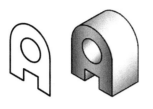
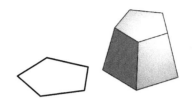

a) 横截面不改变大小形成立体　　　　　　　　　b) 横截面改变大小形成立体

图 3-13　拉伸形成立体

（2）旋转形成立体　将一平面轮廓绕着一条指定的轴线旋转形成立体。旋转时可绕轮廓的自身边旋转，如图 3-14a 所示；也可绕轮廓外的非自身边旋转，如图 3-14b 所示。

a) 绕自身边旋转　　　　　　　　b) 绕非自身边旋转

图 3-14　旋转形成立体

（3）放样形成立体　不在同一平面上的两个或多个轮廓之间进行连接过渡，生成表面光滑、形状复杂的立体。图 3-15a 是两个轮廓生成的放样立体，图 3-15b 是多个轮廓生成的放样立体。

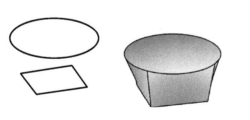

a) 由两个轮廓生成的放样立体　　　　　　　　b) 由多个轮廓生成的放样立体

图 3-15　放样形成立体

（4）扫掠形成立体　将轮廓沿着一条路径移动，其轮廓移动的轨迹构成立体，如图 3-16 所示。

（5）切割形成立体　对简单立体进行挖切或切割后形成新的有槽、坑或空腔等结构的立体，称为**切割体**。图 3-17c 就是对长方体（图 3-17a）进行切割（图 3-17b）后形成的。

图 3-16　扫掠形成立体

（6）组合形成立体　由若干个用各种方式形成的简单立体按一定位置关系像搭积木一样

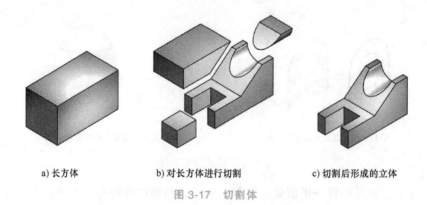

a) 长方体　　　　　b) 对长方体进行切割　　　　　c) 切割后形成的立体

图 3-17　切割体

叠加形成的立体，称为**组合体**。图 3-18b 就是由图 3-18a 中的三个较简单立体组合而成的。**组合体**的结构相对比较复杂，实际中一些较复杂的机件常常可理解为组合体。

（7）由公共部分形成立体　由若干简单立体的公共部分形成立体。图 3-19c 就是由图 3-19a 中的两个立体重叠在一起（图 3-19b），取其公共部分而形成的。

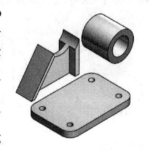

a) 组合体分解图　　　　　b) 组合在一起

图 3-18　组合体

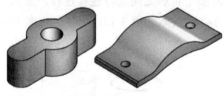

a) 原两个立体　　　　　b) 重叠在一起　　　　　c) 取公共部分形成的立体

图 3-19　由公共部分形成立体

单元二　截　交　线

立体被平面截断后形成的形体称为**截断体**。该平面称为**截平面**。截平面与立体表面的交线称为**截交线**。截交线所围成的封闭平面称为**截断面**，如图 3-20 所示。

截交线具有如下基本性质：

1）截交线是截平面与立体表面的共有线，因此，求截交线就是求截平面与立体表面的共有点。

2）由于立体表面是封闭的，故截交线一定是封闭的平面曲（折）线。

3）截交线的形状由立体表面形状和截平面与立体的相对

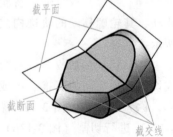

图 3-20　截交线

位置决定。

一、平面立体的截交线

平面立体的截交线是封闭的平面多边形，此多边形的各个边为截平面与平面立体表面的交线，多边形的各个顶点为截平面与平面立体上某些棱线、边线的交点，所以求平面立体截交线的实质就是求截平面与平面立体表面的交线，即求截平面与平面立体上某些棱线、边线的交点。

1. 平面与棱锥相交

例3-7 如图3-21a、b所示，求正垂面截切三棱锥的投影。

解：截平面（截断面）为正垂面，其正面投影具有积聚性，故截交线的正面投影重合于截断面的积聚投影上，而其水平投影与侧面投影需求出，即求棱线与截平面的交点的相应投影。作图步骤如下：

1）求交点。如图3-21c所示，截平面与三条棱线交点的正面投影为$1'$、$2'$、$3'$，在相应棱线上求得水平投影点1、2、3和侧面投影点$1''$、$2''$、$3''$。

2）连线。依次连接水平投影点1、2、3和侧面投影点$1''$、$2''$、$3''$。在连每一条线之前，要判别其可见性。若该段截交线所在的表面可见，则两点连线为粗实线；若该段截交线所在的表面不可见，则两点连线为细虚线。12、23、31及$1''2''$、$2''3''$、$3''1''$均为粗实线。

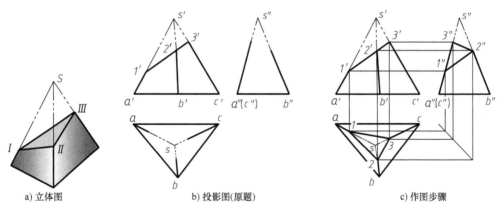

a) 立体图　　　　　b) 投影图(原题)　　　　　c) 作图步骤

图3-21 三棱锥的截交线画法

2. 平面与棱柱相交

例3-8 如图3-22a、b所示，求作切口六棱柱的侧面投影。

解：由图3-22a、b可知，该六棱柱被侧平面和正垂面联合截切。截交线AB、BC、AI与两个截平面的交线IC围成一个截断面ABCIA；CD、DE、EF、FG、GH、HI与IC围成一个截断面CDEFGHIC。截断面ABCIA为矩形，其正面和水平投影积聚，侧面投影反映实形；截断面CDEFGHIC为七边形，正面投影积聚，水平和侧面投影是七边形的类似形。作图步骤如下：

1）先画出完整的六棱柱侧面投影。

2）求各截交线端点的侧面投影。截交线的端点或者在棱柱的棱线上，如D、E、F、G、H；或者在棱柱的表面上，如A、B、C、I。根据六棱柱各表面在水平面上的投影具有积聚性，以及截断面的投影积聚性，先确定截交线各端点的水平投影$a(i)$、$b(c)$、d、e、f、g、h和正面投影$b'(a')$、$c'(i')$、$d'(h')$、$e'(g')$、f'，再按投影关系，确定相应的侧面投影

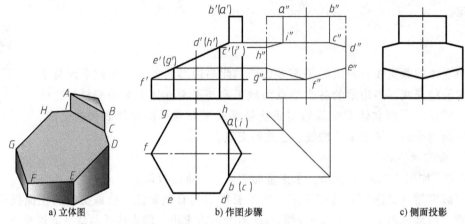

图 3-22　切口六棱柱的侧面投影画法

a''、b''、c''、d''、e''、f''、g''、h''、i''，如图 3-22b 所示。

3）连线。依次连接 $a''b''$、$b''c''$、$c''d''$、$d''e''$、$e''f''$、$f''g''$、$g''h''$、$h''i''$、$i''a''$，注意还要连接交线 $i''c''$。

4）整理全图。删掉被截去的棱线和轮廓，补充不可见棱线，完成全图，如图 3-22c 所示。

二、回转体的截交线

平面与回转体相交，截交线一般为封闭的平面曲线，特殊情况为平面多边形。截交线上的每一点都是立体表面与截平面的共有点，因此，求作这种截交线的一般方法是：作出截交线上一系列点的投影，再依次光滑连接成曲线。显然，若能确定截交线的形状，对准确作图是有利的。

1. 圆柱的截交线

根据截平面与圆柱轴线的相对位置，其截交线有三种情况，见表 3-1。

表 3-1　平面与圆柱的截交线

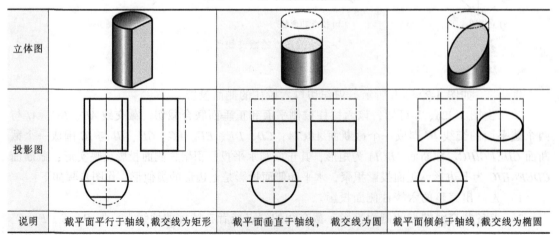

立体图			
投影图			
说明	截平面平行于轴线，截交线为矩形	截平面垂直于轴线，截交线为圆	截平面倾斜于轴线，截交线为椭圆

例 3-9　如图 3-23a 所示，已知圆柱被正垂面所截切，求作截交线的投影。

解：该截交线是椭圆。因为截平面为正垂面，故截交线的正面投影积聚为直线，与截平面的正面投影重合；截交线的侧面投影积聚在圆柱面的侧面投影上为圆；只需求出它的水平投影。截交线椭圆的投影一般仍是椭圆。作图步骤（图 3-23b）如下：

1）求作特殊点，即求截交线的最前、最后、最左、最右、最上、最下的点。应先求椭圆长短轴的端点。长轴端点 A、B 是在圆柱面的前后可见与不可见的分界线——最上、最下轮廓素线上，又分别是截交线的最右、最高点和最左、最低点，a'、b' 位于截平面投影与圆柱最上、最下轮廓素线投影的交点处。按照立体表面取点法，作出水平投影 a、b。短轴端点 C、D 位于圆柱面的最前、最后轮廓素线上，c'、（d'）位于圆柱正面投影的轴线上，由 c'、（d'）作出 c、d。

2）求作若干一般位置点。在特殊点之间适当取一些一般点，如 G、E、F、H，以使截交线作图准确。具体作法是：由 g'、e'、（h'）、（f'）得到 g''、e''、h''、f''，然后得 g、e、h、f。

3）依次光滑连接各点即得所求，如图 3-23c 所示。

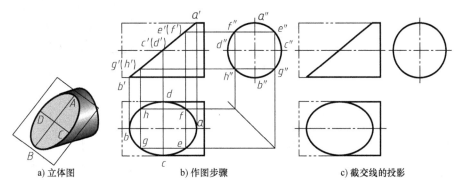

a) 立体图   b) 作图步骤   c) 截交线的投影

图 3-23 正垂面截切圆柱的截交线的投影画法

2. 圆锥的截交线

根据截平面与圆锥的相对位置不同，其截交线有五种不同形状，见表 3-2。

表 3-2 平面与圆锥的截交线

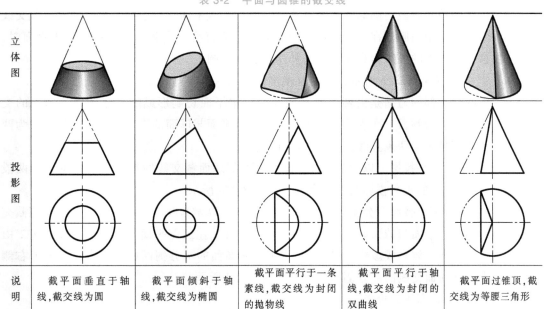

立体图				
投影图				
说明	截平面垂直于轴线，截交线为圆	截平面倾斜于轴线，截交线为椭圆	截平面平行于一条素线，截交线为封闭的抛物线	截平面平行于轴线，截交线为封闭的双曲线	截平面过锥顶，截交线为等腰三角形

例 3-10　如图 3-24a 所示，求圆锥被侧平面截切的侧面投影。

解：圆锥被平行其轴线的侧平面截切，截交线为双曲线。它的正面投影和水平投影积聚为直线，侧面投影仍为双曲线。作图步骤如下：

1）求作特殊点。双曲线的顶点也即截交线之最高点 1′；截平面与锥底圆的交点 2、3 是最低点，也是截交线之最前、最后两点。由 1′ 作出 1 和 1″；由 2、3 作出 2″、3″。如图 3-24b 所示。

2）求作一般位置点。通过作辅助纬圆（线）作出一般点，如图 3-24c 中的 5″、6″。

3）光滑连线。取得足够的一般点后，依次光滑连接，即得双曲线的侧面投影。

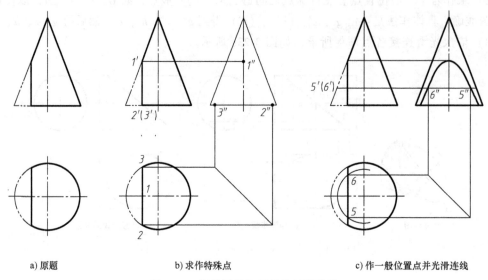

a）原题　　　　　　　b）求作特殊点　　　　　　　c）作一般位置点并光滑连线

图 3-24　侧平面截切圆锥的侧面投影

3. 圆球的截交线

任何位置的截平面截切圆球时，截交线都是圆。当截平面平行于某一投影面时，截交线在该投影面上的投影为圆，在另外两投影面上的投影为直线；当截平面为投影面垂直面时，截交线在该投影面上的投影为直线，而另外两投影为椭圆。

例 3-11　如图 3-25a、b 所示，补全开槽半圆球的水平和侧面投影。

解：半圆球顶部的通槽是由两个侧平面和一个水平面切割形成的。侧平面与球面的交线，在侧面投影中为圆弧，在水平投影中为直线；水平面与球面的交线，在水平投影中为两段圆弧，在侧面投影为两段直线。作图步骤如下：

1）作通槽的水平投影。以 $a'b'$ 为直径画水平面与球面截交线的水平投影（前、后两段圆弧）；两个侧平面的水平投影为两条直线，如图 3-25c 所示。

2）作通槽的侧面投影。分别以 $c'd'$ 和 $e'f'$ 为半径，以 o'' 为圆心，画两侧平面与球面截交线的侧面投影。水平面与球面截交线的侧面投影为 3″4″，左边侧平面与水平面的交线 1″2″ 由于被左半球面遮住，故画成虚线。1″2″ 也表示水平截断面的部分侧面积聚投影，也表示右侧截断面与水平截断面交线的部分侧面投影，如图 3-25d 所示。

3）完成其余轮廓线的投影。

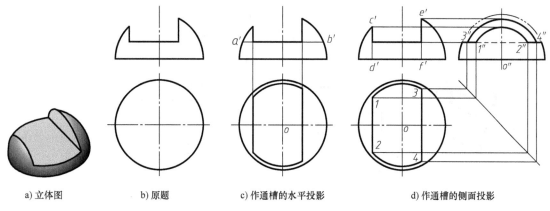

a) 立体图　　　　　　b) 原题　　　　　c) 作通槽的水平投影　　　　d) 作通槽的侧面投影

图 3-25　开槽半圆球的投影

单元三　相　贯　线

两立体相交后形成的形体称为**相贯体**。相贯两立体表面的交线称为**相贯线**，如图 3-26 所示。相贯线有如下性质：

1）相贯线一般是封闭的空间折线或曲线，并随相交两立体表面的形状、大小及相互位置不同而形状各异。

2）相贯线是两立体表面的分界线、共有线，是两立体表面共有点的集合。求相贯线，也就是求两相交立体表面的共有点。

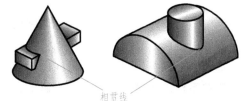

a) 平面立体与曲面立体的相贯线　　b) 两曲面立体的相贯线

图 3-26　相贯线

一、平面立体与回转体的相贯线

立体表面的相贯线

平面立体与回转体的相贯线由若干平面曲线或直线组成，每一平面曲线或直线可以认为是平面立体相应的棱面与回转体的截交线。所以求平面立体与回转体的相贯线，可归结为求截交线问题。

例 3-12　如图 3-27a、b 所示，求四棱柱与圆柱的相贯线。

解：由图 3-27b 可知，四棱柱位于轴线为侧垂线的圆柱正上方。两立体表面有四段交线。棱柱前后侧面与圆柱的交线为直线；棱柱左右侧面与圆柱的交线为圆弧。利用棱柱四个侧面的水平投影具有积聚性，可以确定相贯线的水平投影；利用圆柱面侧面投影的积聚性以及相贯线是两立体表面共有线、分界线的性质，可以确定相贯线的侧面投影。只要根据投影关系求出相贯线的正面投影即可。作图步骤如下：

1）确定各段交线的水平投影 ab、dc、bc、ad 和侧面投影 $a''(b'')$、$d''(c'')$、$(b''c'')$、$a''d''$。

2）求交线正面投影。如图 3-27c 所示。

需要注意的是：因为四棱柱位于圆柱正上方，所以相贯线前后对称，相贯线的正面投影为前半部分与后半部分重合。

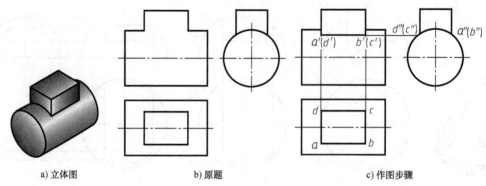

a) 立体图　　　　　　　　b) 原题　　　　　　　　c) 作图步骤

图 3-27　四棱柱位于圆柱的正上方的相贯线

二、回转体的相贯线

两回转体相交，相贯线一般为封闭的空间曲线，特殊情况为平面曲线。求回转体相贯线的一般步骤是：首先找出两相贯立体表面的一系列共有点，然后光滑连接各点。下面介绍几种常见回转体的相贯线求法。

1. 圆柱与圆柱正交

（1）表面取点法求作相贯线　两圆柱正交，且圆柱轴线为投影面垂直线时，在该投影面上，圆柱面投影是有积聚性的，相贯线在该投影面上的投影，就落在圆柱面有积聚性的投影上。因此，可以首先确定出相贯线的两面投影，在这些相贯线的已知投影上取一些点，再利用投影关系作出相贯线的第三面投影上相应的点，这就是表面取点法。

例 3-13　如图 3-28a、b 所示，求作两正交圆柱的相贯线。

解：由图 3-28b 可见，大、小圆柱的轴线分别垂直于侧立投影面和水平投影面，大圆柱的侧面投影积聚为圆，小圆柱的水平投影积聚为圆。那么相贯线的侧面投影为圆弧（与大圆柱的部分积聚投影重合），相贯线的水平投影为圆（与小圆柱的水平积聚投影重合）。相贯线的正面投影，可用已知点、线的两个投影求另外一个投影的方法来求得。作图步骤（图 3-28c）如下：

1）求作特殊点，即求相贯线上的最前、最后、最左、最右、最上、最下等点。在水平投影的小圆周上直接确定出相贯线上最左、最右点的投影 1、3 和最前、最后点的投影 2、

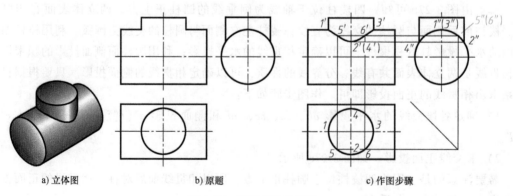

a) 立体图　　　　　　　　b) 原题　　　　　　　　c) 作图步骤

图 3-28　圆柱与圆柱正交

4；对应在侧面投影中为 1″、（3″）和 2″、4″，也是相贯线上的最高、最低点的侧面投影；按投影关系可得出它们的正面投影 1′、3′和 2′、（4′）。因为相贯两圆柱体前后对称，故最前、最后两点的正面投影重合。

2）求作一般位置点。依连线光滑准确的需要，作出相贯线上若干个中间点的投影。如在水平投影上取 5、6 点，其侧面投影为 5″、（6″），再求出其正面投影 5′和 6′。

3）依次光滑连接 1′、5′、2′（4′）、6′、3′各点，即得相贯线的正面投影。

（2）**两圆柱轴线垂直相交时相贯线投影的近似画法** 当轴线垂直相交的两个圆柱的直径相差较大且不要求精确地画出相贯线时，允许近似地以圆弧来代替，此时该圆弧的圆心必须在小圆柱的轴线上，而圆弧半径应等于大圆柱的半径，如图 3-29 所示。

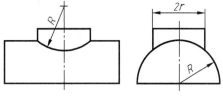

图 3-29 轴线正交圆柱体的相贯线投影的近似画法

（3）**相贯线的形状与弯曲方向** 两正交圆柱的相贯线，随着两圆柱直径大小的相对变化，其相贯线的形状、弯曲方向也起变化。如图 3-30 所示，圆柱 D 同时与竖直方向的 A、B、C 三个圆柱正交，它们的直径关系为：A 小于 D，B 等于 D，C 大于 D。由立体图和投影图中可以看出相贯线的情况，即当两个直径不等的圆柱正交时，相贯线在同时平行于两圆柱轴线的投影面上的投影，其弯曲趋势总是"勾"向小圆柱，凸向大圆柱轴线；而两个直径相等的圆柱正交时，相贯线为平面曲线——椭圆，在同时平行于两圆柱轴线的投影面上，此相贯线的投影为直线。

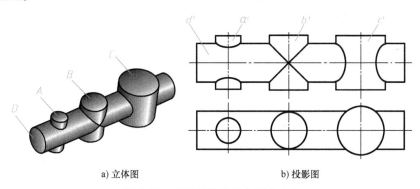

a) 立体图　　　　　　　　　b) 投影图

图 3-30 相贯线的形状与弯曲方向

（4）**相贯线的四种形式** 相贯线的四种形式如图 3-31 所示。

2. 两圆柱垂直偏交

两圆柱轴线垂直交叉且均为某投影面平行线时，相贯线的投影也可用表面取点法求得。

例 3-14 如图 3-32a 所示，求作两圆柱偏交的相贯线。

解：由图 3-32a 可见，两圆柱轴线分别垂直于水平投影面及侧立投影面，因此，相贯线的水平投影与小圆柱面的水平投影重合为一圆，相贯线的侧面投影与大圆柱的侧面投影重合为一段圆弧，只需求出相贯线的正面投影即可。作图步骤（图 3-22b）如下：

1）求特殊位置点。正面投影最前点 1′和最后点（6′）、最左点 2′和最右点 3′可根据侧面投影 1″、6″、2″、（3″）求出。正面投影的最高点（4′）和（5′）可根据水平投影 4、5 和

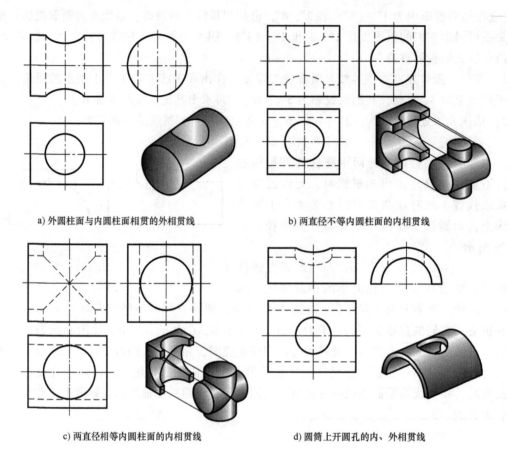

a) 外圆柱面与内圆柱面相贯的外相贯线　　　　b) 两直径不等内圆柱面的内相贯线

c) 两直径相等内圆柱面的内相贯线　　　　d) 圆筒上开圆孔的内、外相贯线

图 3-31　相贯线的四种形式

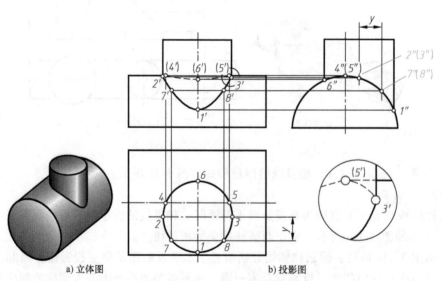

a) 立体图　　　　　　　　　b) 投影图

图 3-32　两圆柱偏交的相贯线

侧面投影 4″、5″求出。

2）求一般位置点。在相贯线的水平投影和侧面投影上定出点 7、8 和 7″、（8″），再按

点的投影规律求出正面投影 7′、8′。

3）判断可见性，通过各点光滑连线。判断可见性：只有当交线同时位于两个立体的可见表面上，其投影才是可见的。2′ 和 3′ 是相贯线正面投影可见与不可见的分界点。将 2′、7′、1′、8′、3′ 连成粗实线，3′、（5′）、（6′）、（4′）、2′ 连成细虚线即为相贯线的正面投影。

偏交两圆柱的相贯线形状和投影会随着两圆柱的相对位置变化而变化，为简化作图，在不至于引起误解时，相贯线可以用如图 3-33 所示的简化画法，可用圆弧、直线来代替非圆曲线。

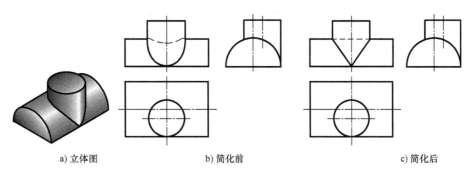

a) 立体图   b) 简化前   c) 简化后

图 3-33　两偏交圆柱相贯线的简化画法

3. 圆柱与圆锥正交

作圆柱与圆锥正交的相贯线的投影，通常要用**辅助平面法**作出一系列点的投影。辅助平面法的原理是基于三面共点原理。如图 3-34 所示，圆柱与圆锥台正交，作一水平面 P，平面 P 与圆锥的截交线（圆）和平面 P 与圆柱面的截交线（两平行直线）相交，交点 II、IV、VI、VIII 既是圆锥面上的点，也是圆柱面上的点，又是平面 P 上的点（三面共点），即是相贯线上的点。用来截切两相交立体的平面 P，称为辅助平面。

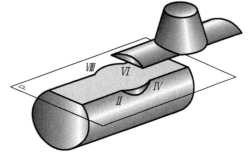

图 3-34　三面共点

为了方便、准确地求得共有点，辅助平面的选择原则是：辅助平面与两立体表面的交线的投影，为简单易画的图形（直线或圆）。通常大多选用投影面平行面为辅助平面。

例 3-15　如图 3-35a、b 所示，圆锥台与圆柱正交，求作相贯线的投影。

解：由于两轴线垂直相交，相贯线是一条前后、左右对称的封闭空间曲线，其侧面投影为圆弧，重合在圆柱的侧面投影上，需作出的是其水平投影和正面投影。作图步骤如下：

1）求作特殊点。根据侧面投影 1″、3″、（5″）、7″可作出正面投影 1′、3′、5′、（7′）和水平投影 1、3、5、7，如图 3-35c 所示。其中 I、V 点是相贯线上的最左、最右（也是最高）点，III、VII 点是相贯线上的最前、最后（也是最低）点。

2）求作一般位置点。在最高点和最低点之间作辅助平面 P（水平面），它与圆锥面的交线为圆，与圆柱面的交线为两平行直线，它们的交点 II、IV、VI、VIII 即为相贯线上的点。先作出交线圆的水平投影，再由 2″（4″）、8″（6″）作出 2、4、6、8，进而作出 2′（8′）和 4′（6′），如图 3-35d 所示。

3）判别可见性，光滑连线。相贯线前后对称，前半相贯线的正面投影可见；相贯线的水平投影都可见。依次光滑连接各点的同面投影，即得相贯线的投影，如图 3-35e 所示。

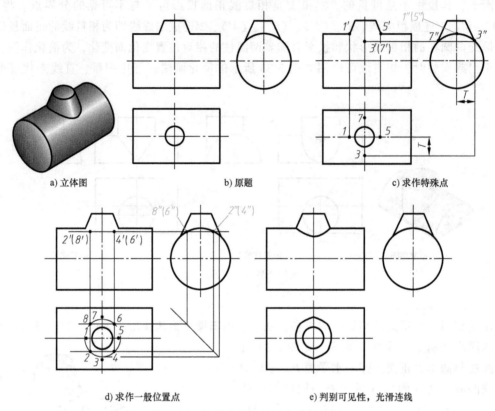

a) 立体图　　　　　　　b) 原题　　　　　　　c) 求作特殊点

d) 求作一般位置点　　　　e) 判别可见性，光滑连线

图 3-35　圆锥台与圆柱正交的相贯线

圆柱与圆锥正交时相贯线的变化情况如图 3-36 所示。

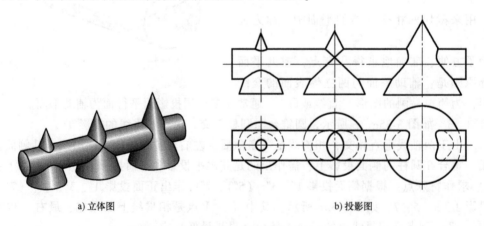

a) 立体图　　　　　　　b) 投影图

图 3-36　圆柱与圆锥正交时相贯线的变化情况

4. 相贯线的特殊情况

在一般情况下，两回转体相交，相贯线为空间曲线，但在下列特殊情况下，相贯线为平面曲线。

1）两个同轴回转体的相贯线为垂直于轴线的圆，在轴线所平行的投影面上，相贯线的投影为直线；在轴线所垂直的投影面上，相贯线的投影为圆，如图 3-37 所示。

2）当两个外切于同一球面的回转体相交时，其相贯线为两个椭圆。此时，若两回转体的轴线都平行于某一投影面，则两个椭圆在该投影面上的投影为相交两直线，如图 3-38 所示。

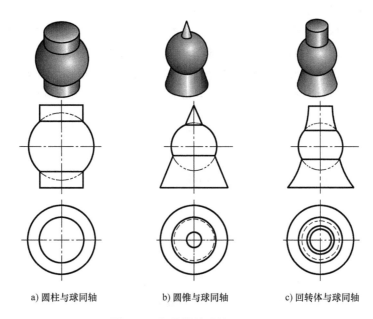

a) 圆柱与球同轴　　　　　b) 圆锥与球同轴　　　　　c) 回转体与球同轴

图 3-37　相贯线特殊情况 （一）

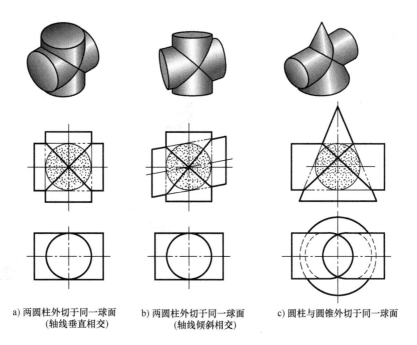

a) 两圆柱外切于同一球面　　b) 两圆柱外切于同一球面　　c) 圆柱与圆锥外切于同一球面
　（轴线垂直相交）　　　　　（轴线倾斜相交）

图 3-38　相贯线特殊情况 （二）

模块小结

本模块主要介绍基本几何体的三视图。通常立体分为平面立体与曲面立体。通过学习不仅需要掌握完整的基本几何体的投影以及立体表面各种位置点的三面投影，还应掌握立体之间相交产生的交线投影画法。

平面切割平面立体而产生的交线是平面多边形，投影作图时需要注意交线的转折点投影以及其可见性；平面切割曲面立体以及曲面立体间相交而形成的交线为平面曲线或空间曲线，作图方法有描点法、辅助线或辅助面法，作图时先求出特殊位置（即极限位置）点的投影。由于相贯线是形体相交自然形成的，今后投影作图中可以采取简化画法。

思 考 题

1. 立体表面截交线和相贯线是如何形成的？各有什么特点？
2. 利用辅助平面法绘制截交线或相贯线投影图时应注意哪些问题？

专业小故事：为火箭焊接"心脏"的人

高凤林，是世界顶级的焊工，也是我国焊工界金字塔的绝对顶端，他专门负责为我国的航天器部件焊接，是我国航天事业中发挥重要作用的人物。长征二号、三号运载火箭都是经他手焊接完成的，我国许多武器研制过程也都有他的身影。人们说他是"为火箭筑心的人"。

30多年来，高凤林先后参与北斗导航、嫦娥探月、载人航天等国家重点工程以及长征五号新一代运载火箭的研制工作，一次次攻克发动机喷管焊接技术世界级难关，出色完成亚洲最大的全箭振动试验塔的焊接攻关、修复苏制图154飞机发动机，还被丁肇中教授亲点，成功解决反物质探测器项目难题。高凤林先后荣获国家科技进步二等奖、全军科技进步二等奖等20多个奖项。图3-39所示为长征三号乙运载火箭。

高凤林也不是人们通常认为的读书笨的孩子。他最开始是在技工学校焊接专业学习，毕业后参加工作成为一名焊工。工作后一边工作一边进修。

高凤林所焊接的火箭微小部件，由于火箭对于外部机体材料要求尽量轻薄，其作业对象常常是只有一两厘米厚的材料或者是指头那么大的小部

图 3-39　长征三号乙运载火箭

件，手略微抖一下或者眨眼一下都会导致焊接失败。为了焊接时手法稳当，高凤林在入行初期曾练习平举沙袋，几公斤的沙袋一手一个，平举一两个小时，就是为了增强手腕和手臂的

力量，防止焊接时出现手抖的现象。这些都算是焊工的基本功，就如同习武之人起初几年一直在练习的基本功一样，他们初学焊工时也是在重复这样枯燥的工作。只有成功坚持下来的人，将来才有可能成为优秀的焊工，高凤林坚持下来了。

除了基本的操作，技术攻关也是对于焊工的一次筛选。高凤林在长征二号火箭的焊接过程中提出了多层快速连续堆焊加机械导热等一系列保证工艺性能的工艺方法，成功保障了长征二号火箭的发射；在国家 863 攻关项目 50t 大氢氧发动机系统研制中，高凤林更是大胆突破理论禁区，创新混用焊头焊接超薄的特制材料。高凤林也因为各种技术突破获得国家技术创新二等奖、航天技术能手等奖项。

统计下来会发现，如果没有高凤林的技术突破，我国大半的火箭升空至少会晚上十年。科学家们为火箭提供理论上的设计图样，高凤林是将这份设想转换为现实中至关重要的一环。

高凤林不仅是国内的顶级焊工，更是放眼世界的焊工第一人。许多单位和其他国家都想要争取到这样的人才。有人提出要用北京两套房加百万年薪换他，但是高凤林却说就是一环二环的房子他也不稀罕，他的心里一直盛放着祖国的航天事业。除了追求自己在技术上的进步，他就只希望祖国的航天事业能够越来越好。

模块四

组合体视图

学习目标：

　　理解形体分析法的含义，掌握组合体的组合形式；掌握绘制组合体视图和尺寸标注的方法，基本达到完整、准确、清晰的要求；基本掌握看组合体视图的方法，具备看懂组合体视图的能力；培养空间想象能力与空间思维能力；培养认真负责、一丝不苟、严谨专注的精神。

　　工程上任何复杂的机器零件都可以看成是由一些基本体按一定方式（叠加或切割等）组合而成的，由两个或两个以上基本体所组成的立体称为组合体。"组合体"是复合立体，由若干基本体组合而成。

　　本模块的主要内容：组合体三视图的绘制方法、组合体三视图的阅读方法和组合体的尺寸标注。所谓"视图"，是应用正投影的方法，得出三维立体的形状、结构、特征等有关形体上的信息图。组合体的三视图表达其形体的真实大小及组成结构之间的相对位置。

　　组合体的尺寸是构成工程图样的重要内容，其能准确表达组合体的真实大小和组成机构的位置关系。掌握好组合体的尺寸标注，能为后面的零件尺寸标注打下扎实的基础，因此需要重点多看多练。

单元一　组合体的画法

组合体分析和画法

　　要正确地绘制物体的三视图，首先要清楚物体的形状特征和结构特点。

　　如图 4-1 所示的轴承座是一个组合体，它可以看成是由底板、支承板、圆筒和肋板四部分叠加而成的。这种假想把组合体分解为若干简单形体，并分析各简单形体的形状、相对位置及表面连接方式的分析方法，称为**形体分析法**。

　　形体分析法就是把复杂的形体分解为若干简单的形体，使问题简单化，以便于绘图、看图和尺寸标注。

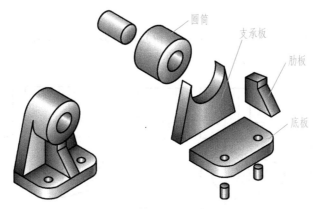

图 4-1 轴承座的形体分析

一、组合体表面连接方式

组合体相邻形体表面之间的相对位置，即表面连接方式可以分为共面、相切和相交三种情况。

1. 共面

当相邻两个简单形体的同一方向的表面处在一个平面上，即两表面平齐时，两表面间不得画线，如图 4-2 所示。当两形体表面不平齐时，两表面间有分界线（面），在视图中必须画线，如图 4-3 所示。

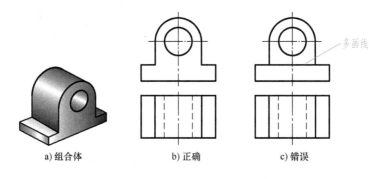

a) 组合体   b) 正确   c) 错误

图 4-2 组合体相邻表面共面

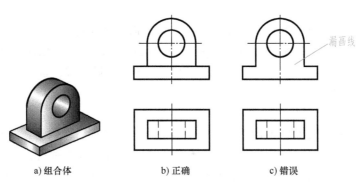

a) 组合体   b) 正确   c) 错误

图 4-3 组合体相邻表面不共面

2. 相切

当两简单形体表面相切时，两相邻表面互相光滑过渡，没有明显的分界线，所以相切处（点 M 处）不画线，如图4-4所示。

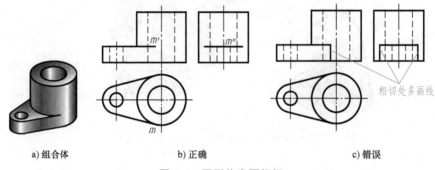

a) 组合体   b) 正确   c) 错误

相切处多画线

图4-4　两形体表面相切

3. 相交

两简单形体表面相交必定产生交线，交线必须画出，如图4-5所示。

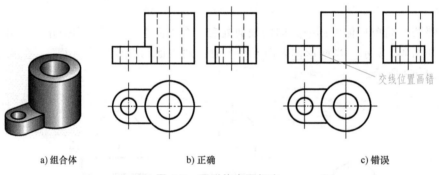

a) 组合体   b) 正确   c) 错误

交线位置画错

图4-5　两形体表面相交

二、柱体的三视图和画法步骤

如图4-6所示的物体，其上下两个底面是完全相同的平面图形，其余侧面都垂直于上下底面。这种在一个方向上等厚的物体被称为柱体。柱体的形状由其底面确定，这个决定柱体形状的平面图形称为柱体的特征面。

1. 柱体的形成

柱体可看成是由棱柱、圆柱进行单向叠加、切割而成的，也可想象为其特征面沿着与其垂直的方向拉伸而形成的。如图4-6a所示的柱体可看成由图4-7所示的四棱柱和半圆柱叠加而成；图4-6b所示的柱体可看成由图4-8所示的四棱柱切割而成，也可看成是其特征面沿垂直的方向拉伸而得到的，如图4-9所示。

2. 柱体的三视图

将柱体平稳放置，使其特征面平行于某一投影面，然后向各个投影面进行投射，即可得到其三视图。图4-11是图4-10所示各个柱体的三视图。由此可以看出，柱体三视图的共同特点是：一个视图反映特征面的实形，可以表示出柱体的形状特征，称其为特征视图。另外两个投影为一个或多个可见与不可见矩形的组合。图中的虚线表示该投射方向上不可见的轮

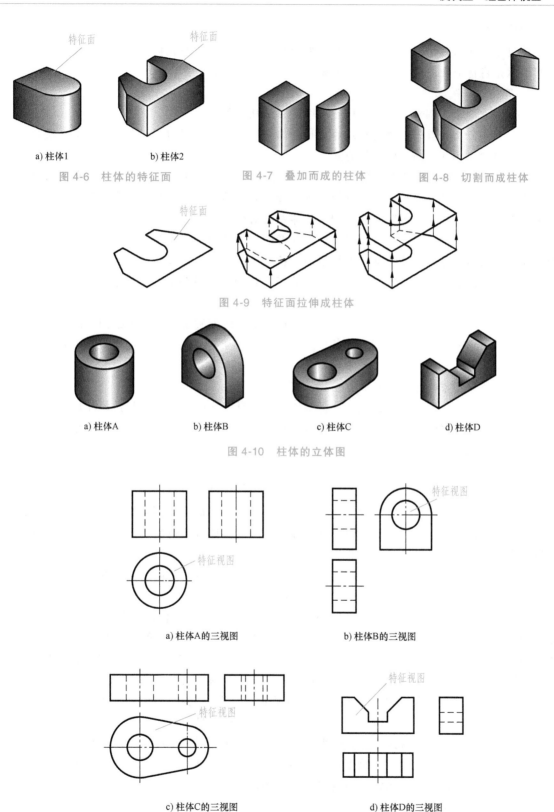

a) 柱体1　　　　　　b) 柱体2

图 4-6　柱体的特征面　　　图 4-7　叠加而成的柱体　　　图 4-8　切割而成柱体

图 4-9　特征面拉伸成柱体

a) 柱体A　　　　b) 柱体B　　　　c) 柱体C　　　　d) 柱体D

图 4-10　柱体的立体图

a) 柱体A的三视图　　　　　　b) 柱体B的三视图

c) 柱体C的三视图　　　　　　d) 柱体D的三视图

图 4-11　柱体的三视图

廓素线或棱线。

反过来，如果一个物体的三视图具有如上特点，就可以考虑该物体可能是柱体。物体的空间形状是将特征视图沿与其所在平面垂直方向拉伸而得到。

3. 物体的视图画法步骤

下面以轴承座为例来说明画物体三视图的方法和步骤。

(1) 形体分析　首先，要对轴承座进行形体分析，将其分解为若干个简单形体，确定它们的相互位置和相邻表面间的连接方式。

图 4-1 所示的轴承座是由底板、支承板、肋板和圆筒四部分组成的。支承板和肋板叠加在底板上方，肋板在支承板前面；圆筒与支承板前面、肋板相交；底板、支承板和圆筒三者后面平齐；支承板侧面与圆筒表面相切。整体左右对称。

(2) 选择主视图　选择主视图时，首先要考虑：主视图是最主要的视图，通常要求主视图能较多地表达物体的形体特征，即尽量地把各组成部分的形状和相对关系在主视图上显示出来；并使物体的表面对投影面尽可能多地处于平行或垂直的位置，以便使投影反映实形，容易画图。

其次要考虑：主视图确定后，俯视图和左视图也就跟着确定了，三个视图中的每一个视图都应有其表达的重点或有其侧重，各视图互相配合，互相补充，所以选择主视图时，应注意使其他视图易画、易看。

另外，还要考虑物体的正常放置位置，安放自然平稳。

(3) 选择比例、定图幅　比例的选择直接影响图纸幅面的大小，但是选择比例的原则是以一个物体是否能将绝大部分的形状结构表达清楚为主。为了直接反映物体的大小，也应尽量选择 1∶1 的比例。

按选定的比例，根据物体的长、宽、高计算出三个视图所占面积，并在视图之间留出标注尺寸的位置和适当的间距及画标题栏的位置，据此选用合适的标准图幅。

(4) 布图、画基准线　画图前，应先固定图纸，画出图框线，再根据各视图的大小和位置，画出基准线。画出基准线后，每个视图在图纸上的具体位置也就确定了，所以基准线的位置要合适，使各个视图在图面上布局合理。

基准线是指画图时测量尺寸的基准，每个视图都应该有两个方向的基准线。一般常用对称中心线、轴线、较大的底平面和侧面作为基准线。

(5) 画底稿　根据各形体的投影规律，逐个画出各个简单形体的三视图。画形体的顺序，一般是从基准线开始，将和基准线有直接关系的先画出来，也可归纳为：先大（大形体）后小（小形体）、先主（主要形状）后次（次要形体）、先外（轮廓）后内（细节）、先圆（圆或圆弧）后直（直线）、先实（可见轮廓线）后虚（不可见轮廓线）。画每个形体时，还应该三个视图联系起来一起画，并从特征视图画起，再按投影规律画出其他两个视图。为了提高绘图速度，避免画完一个完整视图后，再画另外一个。

(6) 检查、描深　底稿画完后，按形体逐个仔细检查。对形体间的交线应特别注意，对特殊位置的线、面应按投影规律重点检查，形体间因相切、共面而多余的线段应擦去。纠正错误、补充遗漏、擦去多余图线是检查的主要内容。

检查完毕后，按标准图线描深，可见部分用粗实线画出，不可见部分用细虚线画出。对称图形、半圆或大于半圆的圆弧要画出对称中心线，回转体一定要画出轴线。对称中心线和轴线用细点画线画出。加深时，一般的顺序是：先曲（线）后直（线）、先小（小形状）后大（大形状）。

有时，几种图线可能重合，一般按粗实线、虚线、细点画线、细实线的顺序取舍。由于细点画线要画出图形外 2~5mm，因此当它与其他图线重合时，在图形外的那段不可忽略。

（7）**填写标题栏** 包括零件的名称、数量、材料，以及画图的比例、制图和审核人员姓名等。

图 4-12 所示为轴承座的三视图画图步骤。

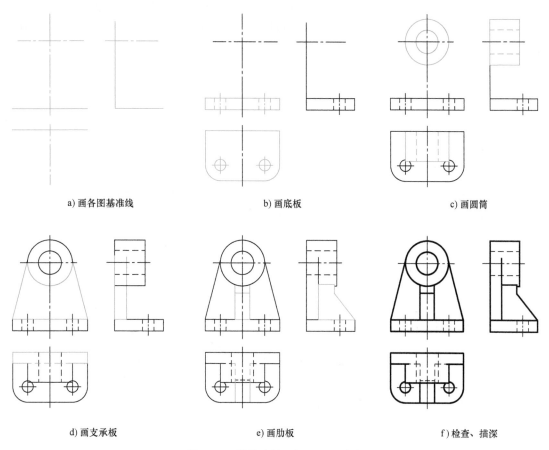

图 4-12 轴承座的三视图画图步骤

单元二 物体的尺寸标注

视图可以表达物体的形状，而物体的大小则应根据视图上所标注的尺寸来确定，因此，正确地标注物体的尺寸非常重要。标注尺寸的基本要求是正确、完整、清晰。

正确：是指标注的尺寸要符合国家标准中有关尺寸标注的规定；尺寸数字准确。

完整：是指标注的尺寸能完全确定物体形状和大小。尺寸没有遗漏，也没

组合体的
尺寸标注

有重复。

清晰：是指标注的尺寸布置合理，整齐清楚，便于看图。

关于尺寸标注正确问题在模块一已经讨论过，下面仅就尺寸标注的完整和清晰进行讨论。

一、基本体的尺寸标注

图 4-13 是常见基本体的尺寸标注方式。标注基本几何体尺寸时，必须标注出该几何体的长、宽、高三个方向的大小尺寸。正方形底面的边长可采用图 4-13a 所示的在边长尺寸数字前加"□"的方式标注。如有必要，可在某个尺寸上加括号，用于表示该尺寸是参考尺寸，如图 4-13b 所示的六棱柱的对角距。在圆柱、圆台的非圆视图上标注直径和高度，就可以确定它们的形状和大小，因而可以减少视图。球也只画一个视图，但要在直径或半径符号前加"S"，如图 4-13f 所示。

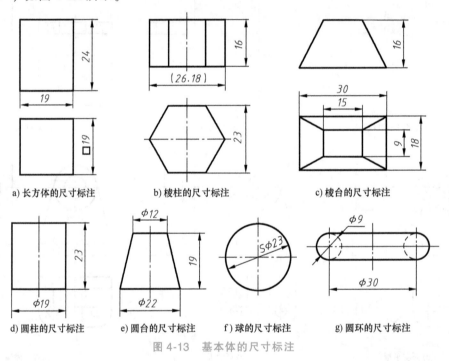

a) 长方体的尺寸标注　　　　b) 棱柱的尺寸标注　　　　c) 棱台的尺寸标注

d) 圆柱的尺寸标注　　e) 圆台的尺寸标注　　f) 球的尺寸标注　　g) 圆环的尺寸标注

图 4-13　基本体的尺寸标注

二、组合体的尺寸标注

1. 组合体的尺寸种类

组合体的尺寸分为以下三类：

（1）定形尺寸　表明组合体中各单个形体大小的尺寸，如图 4-14b 中的尺寸。

（2）定位尺寸　表明组合体中各形体间相对位置的尺寸，如图 4-14c 中的尺寸。

（3）总体尺寸　表明组合体总长、总宽、总高的尺寸。

2. 组合体的尺寸基准

标注尺寸的起点称为**尺寸基准**。在三视图中，主视图上有长和高的尺寸基准，俯视图上有长和宽的尺寸基准，左视图上有高和宽的尺寸基准。一般把组合体的重要端面、对称面、轴线作为尺寸基准。图 4-15 分别标出了两个组合体的三个方向的尺寸基准。

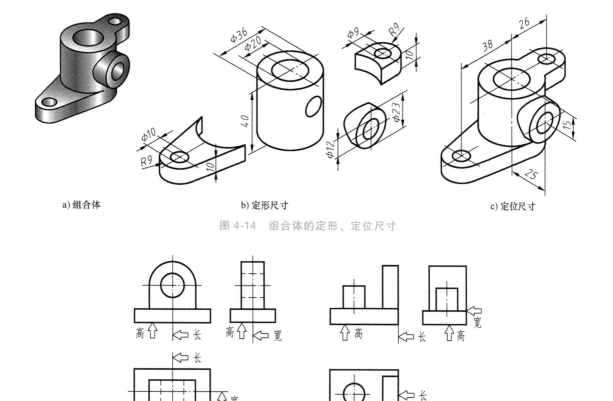

a) 组合体　　　　　　　　b) 定形尺寸　　　　　　　　c) 定位尺寸

图 4-14　组合体的定形、定位尺寸

a) 组合体1的尺寸基准　　　　　　　　b) 组合体2的尺寸基准

图 4-15　组合体的三个方向的尺寸基准

3. 尺寸的标注

对组合体进行尺寸标注，首先应对组合体进行形体分析，将其分解为若干基本体。标注的基本原则是：顺序标注各基本体的定形和定位尺寸，最后标注总体尺寸。实际标注时要灵活掌握，对给定的组合体综合考虑，做到尺寸标注准确、完整、合理、清晰。

在标注定形尺寸时，要清楚各基本体形状，所注尺寸能够确定基本体的大小和形状，不要遗漏。

在标注定位尺寸时，首先要确定尺寸基准，否则，定位尺寸无从标起。要注意的是，有些定形尺寸也是定位尺寸，这样的尺寸不要重复标注。两个基本体之间应该在长、宽、高三个方向都有定位尺寸，但如果两个形体间在某一方向上对称（图 4-16a）、处于叠加、共面（图 4-16b）或同轴（图 4-16c），就可以省略该方向的定位尺寸，如图 4-16 所示。

在标注总体尺寸时，已经标注出的基本体的定位尺寸或定形尺寸就是总体尺寸，或者在图上已能比较明显地看出总体尺寸，一般就不再另行标注总体尺寸。如图 4-17 所示的机件，其总长尺寸是两端两个定形尺寸 R9 与两个定位尺寸 38、26 的和；其总宽就是大圆筒的半径 18（定形尺寸）与定位尺寸 25 之和；其总高就是大圆筒的高度 40（定形尺寸）。所以对该机件的三视图标注尺寸时，不必再标注总体尺寸。

图 4-18 所示为不标注机件总体尺寸的示例，对于这类机件，为了制造方便，必须标注

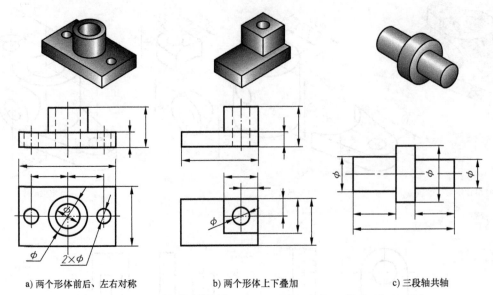

a) 两个形体前后、左右对称　　　　b) 两个形体上下叠加　　　　c) 三段轴共轴

图 4-16　省略某一方向定位尺寸的情况

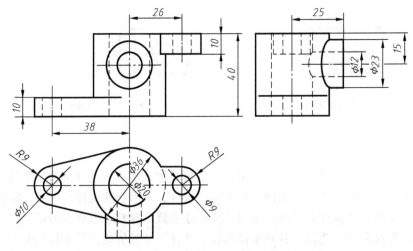

图 4-17　将尺寸标注在特征明显的视图上

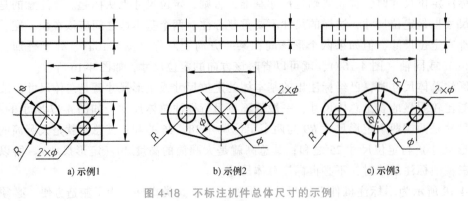

a) 示例1　　　　b) 示例2　　　　c) 示例3

图 4-18　不标注机件总体尺寸的示例

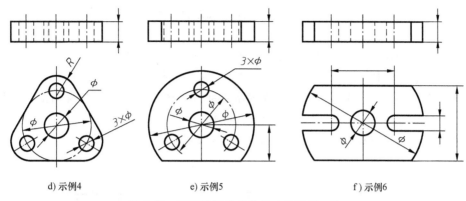

d) 示例4　　　　e) 示例5　　　　f) 示例6

图 4-18　不标注机件总体尺寸的示例（续）

出对称中心线之间的定位尺寸和回转体的半径（或直径），而不必注出总体尺寸。

尺寸标注中，也有既标注总体尺寸，又标注定形、定位尺寸的情况。图 4-19 所示为标注机件总体尺寸的示例，图中的小圆孔轴线与圆弧轴线既可以重合也可以不重合，此时均要标注出孔的定位尺寸和圆弧的定形尺寸 "R"，还要标注出总体尺寸 "L"。

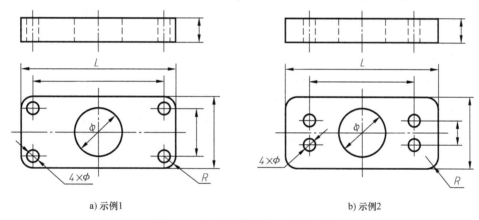

a) 示例1　　　　　　　　b) 示例2

图 4-19　标注机件总体尺寸的示例

4. 尺寸的清晰布置

尺寸不仅要标注完整，为了便于看图，还必须注意尺寸的清晰布置等问题。

1）尺寸应尽量标注在视图轮廓线外，尽量不影响视图（在不影响图形的清晰性且有足够的位置时，也可把尺寸注在视图内）。一般将小尺寸布置在里，大尺寸在外；一个尺寸的尺寸线和另一个尺寸的尺寸界线尽量不要相交；尺寸线和尺寸线也尽量不要相交。

2）同一方向上连续标注的尺寸应尽量配置在少数几条线上，如图 4-20 所示。

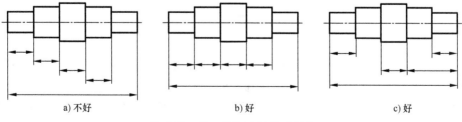

a) 不好　　　　　　　b) 好　　　　　　　c) 好

图 4-20　同一方向上的尺寸标注

3）两个视图的共有尺寸，尽量标注在两个视图之间，以便看图方便，如图 4-17 中高度方向的尺寸 10 和 40。

4）相互关联的尺寸应尽量集中在某一、两个视图上标注，以便较快地确定基本体的形状和位置，如图 4-17 中左视图上的定形尺寸 φ12、φ23 和定位尺寸 25、15。

5）为了看图方便，定形尺寸应标注在显示该部分形体特征最明显的视图上，定位尺寸应尽量标注在反映形体间相对位置特征明显的视图上，如图 4-17 所示。

6）圆弧的半径应注在投影为圆的视图上，图 4-21 给出了标注圆弧的直径和半径正确与错误的几个示例。

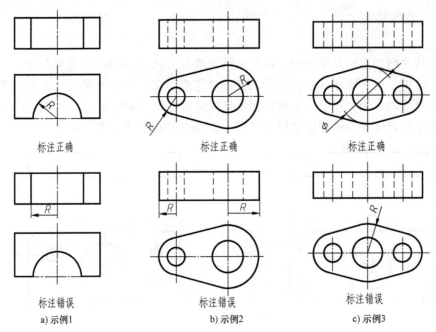

a) 示例1   b) 示例2   c) 示例3

图 4-21   圆弧的直径和半径的标注

7）同轴回转体的直径尺寸尽量注在投影为非圆的视图上，如图 4-22 所示。

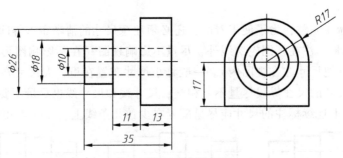

图 4-22   同轴回转体的尺寸标注

8）由于形体的叠加或切割而出现的交线（包括相贯线和截交线）是自然产生的，这些交线不标注尺寸，因此图 4-23 中不能标注有 "×" 的尺寸。

9）尺寸尽量不注在虚线上。但有时为了图面尺寸清晰与看图方便的需要，部分尺寸也可注在虚线上。

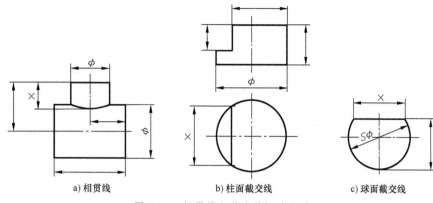

a) 相贯线　　　　　b) 柱面截交线　　　　　c) 球面截交线

图 4-23　相贯线和截交线不注尺寸

以上几点是标注尺寸的原则，有时不能兼顾，必须综合分析、比较，选择合适的标注形式。

5. 标注物体尺寸的步骤及举例

标注物体尺寸时，一般要先对物体进行形体分析，选定三个方向的尺寸基准，标注出每个形体的定形尺寸和定位尺寸，再确定是否标注总体尺寸，最后检查是否有错误、重复、多余或遗漏。

图 4-24 所示为轴承座尺寸标注的步骤。

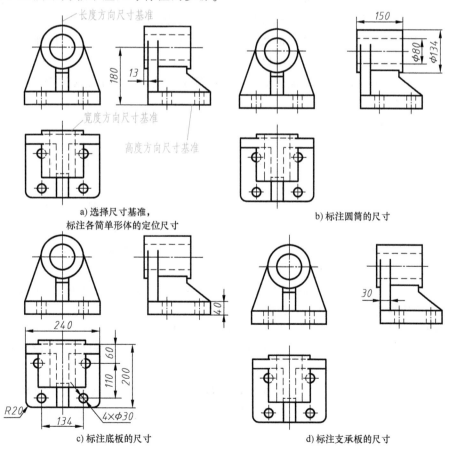

a) 选择尺寸基准，
标注各简单形体的定位尺寸

b) 标注圆筒的尺寸

c) 标注底板的尺寸

d) 标注支承板的尺寸

图 4-24　轴承座尺寸标注的步骤

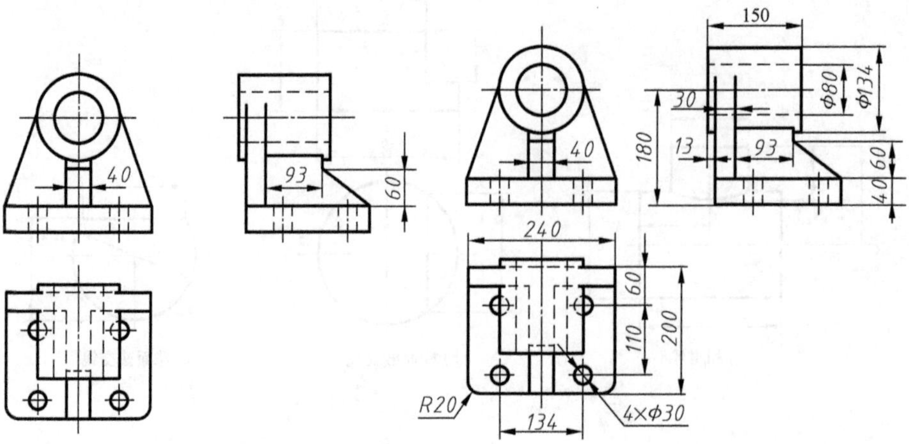

e) 标注肋板的尺寸　　　　　　　　f) 齐全的尺寸

图 4-24　轴承座尺寸标注的步骤（续）

单元三　组合体的读图方法

组合体视图阅读

画图是将三维物体用正投影法表示成二维图形。而读图（看图）则是根据已有的二维图形，想象出三维物体的空间形状和结构。具体地说，读物体三视图就是通过分析视图之间的投影关系，运用逆向思维，综合分析和判断，把平面视图还原为立体形状。所以读图是画图的逆过程。

为了能正确又快速地读懂视图，必须掌握读图的基本要领和基本方法。

一、读图的基本要领

1. 弄清视图中的线框和图线的含义

物体的视图是由各种图线和线框组成的，要正确识读视图，就必须弄清视图中的图线和线框的含义。

（1）图线的含义　视图中任何一条粗实线或虚线，分别属于下列三种情况中的一种：有积聚性的平面或曲面的投影；两面交线的投影；曲面的轮廓素线的投影。

以图 4-25 中的左视图为例，图线 1″是圆柱面的轮廓素线的投影，图线 2″是有积聚性的平面的投影，图线 3″是两面的交线的投影。

（2）线框的含义　视图中的每一封闭线框（由粗实线、细虚线或粗实线与细虚线围成）是物体上不与相应投影面垂直的一个表面的投影或孔的投影。这个面可能是平面、曲面或平面与曲面相切形成的组合面；可能是外表面也可能是内表面。

以图 4-25 的主视图中的几个实线框为例，线框 b'、c'、d'是平面投影，线框 a'的下部是曲面投影，上部是平面与曲面相切所形成的连续表面投影。

（3）线框的相对位置关系　视图中相邻的线框表示同向错位或斜交的表面的投影，其相对位置需对照其他视图予以判别。若线框中套有线框，则里边的线框表示凸起的表面、凹陷的表面或孔的内表面的投影。

在图 4-25 主视图中，相邻线框 c'、d'是两相交表面的投影，而 b'、d'是前后错位的表面

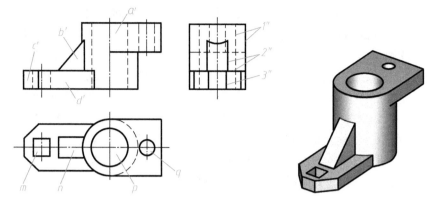

图 4-25　图线的含义

的投影。在图 4-25 的俯视图中，m、p、q 是孔的投影，n 是凸起的肋的投影。

2. 几个视图联系起来看，并且要遵循投影规律

一个视图只反映物体的一个方向的形状。仅仅由一个或两个视图有时不能准确地表达某一物体的形状。看图时，必须将几个视图联系起来看，按照投影规律，进行对照、分析、判断、构思，才能正确地想象出物体的真实形状。

如图 4-26 给出三个物体的视图，它们的主、俯视图均相同，但表达的却是三个不同的物体。

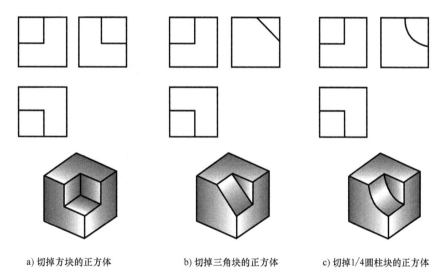

a) 切掉方块的正方体　　　　b) 切掉三角块的正方体　　　　c) 切掉1/4圆柱块的正方体

图 4-26　几个视图联系起来看

二、读图的方法步骤

读物体视图的方法有形体分析法和线面分析法。

1. 形体分析法读图

（1）形体分析法　　形体分析法是读图的基本方法，其思路是：先将某一视图分解为几个封闭线框，按投影规律，找出这些线框在其他视图中相对应的线框。这样，每组有投影关系的封闭线框，就是一个简单形体的投影。其次，从反映形状特征的线框开始，想象出每组线框所表示的简单形体的结构形状。再从反映物体整体形状特征的视图开始，结合其他视图，确定各几何形体之间的相对位置，相邻表面的连接方式，想象出物体的整体形状。

下面以识读图 4-27 所示的组合体三视图为例，说明形体分析法读图的一般步骤：

1）按投影，分线框。从反映组合体整体形状特征的主视图开始，将主视图分为四个封闭线框，由于左右三角形线框完全一样，仅标出三个线框 1′、2′、3′，按照"长对正、高平齐、宽相等"的投影规律，从俯视图和左视图上分别找出相对应的线框 1、2、3 和 1″、2″、3″，如图 4-27a 所示。这样就把复杂的视图分成了几组相对简单的视图。

2）由特征，明形体。对于分线框后的各简单形体，从其特征视图出发，想象其具体形状。由线框 1′并结合线框 1、1″（图 4-27b），可知其表示三角形肋板，如图 4-27e 中 I。由线框

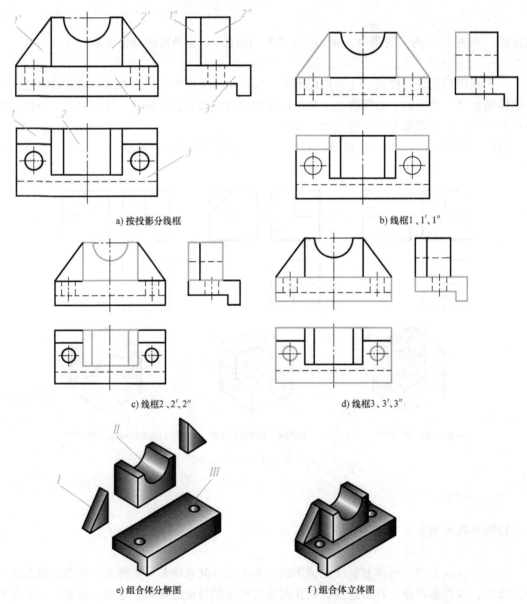

a) 按投影分线框

b) 线框1、1′、1″

c) 线框2、2′、2″

d) 线框3、3′、3″

e) 组合体分解图

f) 组合体立体图

图 4-27　形体分析法读组合体三视图举例

2′并结合线框2、2″（图4-27c），可知其表示开半圆槽的四棱柱，如图4-27e中Ⅱ。由线框3″并结合线框3、3′（图4-27d），可知其表示开了两个圆柱孔的底板，如图4-27e中Ⅲ。

3）综合想，得整体。从反映整体形状特征的主视图（图4-27a）可知，形体Ⅰ、Ⅱ在形体Ⅲ的上方，Ⅱ和Ⅲ的对称面重合，Ⅰ在Ⅱ的左右两侧。由俯视图（或左视图）可知，形体Ⅰ、Ⅱ、Ⅲ的后面平齐。至此，各简单形体的相对位置确定，从而可得出组合体的整体形状，如图4-27f所示。

（2）形体分析法读图过程中的注意事项

1）读图时，要善于找出各简单形体间相对位置特征明显的视图。在图4-28所示物体的主视图中，线框1′、2′表示组合体的两个组成部分，其相对位置只有左视图中才清楚地反映出来，所以左视图是反映组合体各组成部分相对位置特征明显的视图。

2）读图时，要正确找出线框的对应投影。有些物体的视图中线框的对应投影关系并不明显，需要进行分析判断。如图4-29a所示，主视图中有三个线框，圆线框1′、圆弧与直线围成的线框2′以及多边形线框3′。线框3′与俯视图中的轮廓线

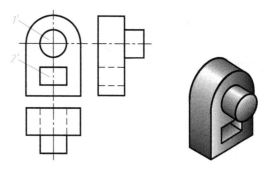

图4-28　左视图是位置特征明显的视图

框3对应，表达一个切槽四棱柱，如图4-29b所示；线框1′与俯视图中的线框1对应（线框1′中的小圆与俯视图中的细虚线对应），表示一个穿孔圆柱，如图4-29c所示。对于线框2′，如果按长对正关系，在俯视图中有两个矩形线框2或4与之对应，究竟线框2′对应的线框是2还是线框4呢？结合主视图中的线框可见性，可以断定线框2′只能与线框2对应。实际

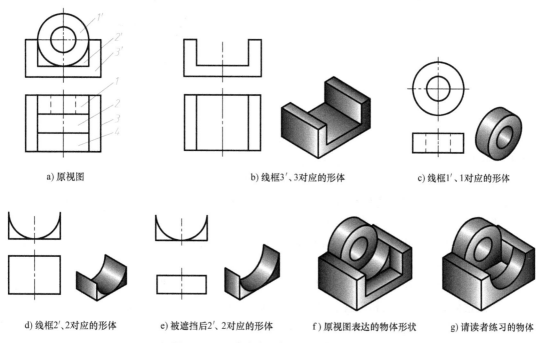

a) 原视图　　　b) 线框3′、3对应的形体　　　c) 线框1′、1对应的形体

d) 线框2′、2对应的形体　　e) 被遮挡后2′、2对应的形体　　f) 原视图表达的物体形状　　g) 请读者练习的物体

图4-29　正确找出线框之间的对应关系

上，线框 2′ 表示的形体如图 4-29d 所示，不过在俯视图中它的后半部分被穿孔圆柱挡住了，只显示前半部分如图 4-29e 所示。图 4-29a 所表达的物体形状如图 4-29f 所示。为了更清晰地理解线框 2′ 为什么只能与线框 2 对应，请读者画出图 4-29g 所示物体的主、俯视图，与图 4-29a 做一比较。

2. 线面分析法读图

对于投影关系比较清晰的组合体视图，用形体分析法即能解决读图问题。对于切割体视图的读图，用线面分析法较好。对于复杂物体的视图读图，在运用形体分析法的同时，还常用线面分析法来帮助想象和读懂较难理解的局部图形。

(1) 视图中线框与其他视图的线段或线框间的投影规律 在视图中，如果多边形线框与另一视图中的水平线或垂直线段有投影关系，则它表达的是物体上的投影面平行面；如果与另一视图中的斜线段有投影关系，则它表达的是物体上的一个投影面垂直面；如果与另一视图中的边数相同的多边形有投影关系，则它表达的可能是投影面垂直面也可能是一般位置的平面，随其第三投影是斜直线或同边数多边形而定。

如图 4-30 所示，主视图中的 m' 线框，对应俯视图上的线段 m，对应左视图上的线段 m''，所以它表达的是投影面平行面（正平面）；主视图中的 p' 线框，对应俯视图上的线框 p，对应左视图上的线框 p''（三个线框是类似形），所以它表达的是一般位置的平面；主视图中的 q' 线框，对应俯视图上的线框 q（q' 和 q 是类似形），对应左视图上的线段 q''，所以它表达的是投影面垂直面（侧垂面）。

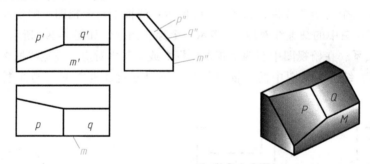

图 4-30 视图中线框、线段之间的对应关系

(2) 线面分析法 所谓线面分析法，就是运用点、线、面的投影特性，以分析视图中的线段或线框的实际形状及空间位置，进而想象出物体的表面形状、表面交线，以及面与面之间的相对位置等，最终想象出物体的线面构成、结构形状，看懂视图。

下面以图 4-31 所示压块为例，说明线面分析法的读图步骤。

1）初步确定切割体的主体形状。根据各视图的投影特征，初步确定切割体被切割前的主体形状。

如图 4-31a 所示，由于压块的三视图轮廓基本上都是矩形，这样可以判断出压块形成前的基本体是四棱柱（长方体）。

2）逐个分析线框的投影。利用投影关系，找出视图中的线框及其各个对应投影，逐个分析，想象它们的空间形状和位置，并弄清切割部位的结构。分析如下：

① 由图 4-31b 可知，俯视图中左端的梯形线框 m（或左视图中的梯形线框 m''），只能与主视图中的斜线 m' 有投影关系，根据"若线框与另一视图中的斜线段符合投影关系，则其

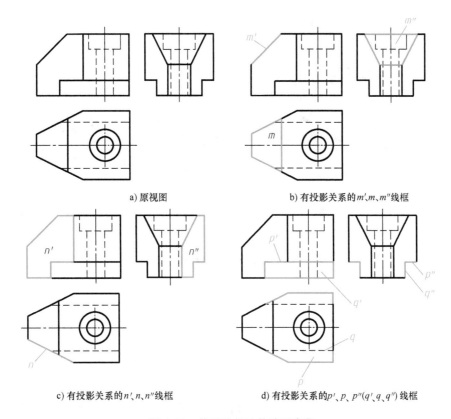

a) 原视图　　　　　　　　　　b) 有投影关系的 m'、m、m'' 线框

c) 有投影关系的 n'、n、n'' 线框　　　　d) 有投影关系的 p'、p、p''（q'、q、q''）线框

图 4-31　线面分析法的读图步骤

表示投影面垂直面"，可断定 M 面是垂直于正面的梯形平面，即长方体的左上角被正垂面 M 切割。

② 由图 4-31c 可知，主视图中的七边形线框 n'（或左视图中的七边形线框 n''），只能与俯视图中的斜线 n 有投影关系，同样根据"若线框与另一视图中的斜线段符合投影关系，则其表示投影面垂直面"，可知 N 面为七边形铅垂面，即长方体的左端前面由铅垂面 N 切割形成七边形。根据俯、左视图前后对称，长方体的左端后面由与 N 对称的铅垂面切割。

③ 由图 4-31d 可知，主视图中的线框 q'，只能与俯视图中的水平细虚线 q（或左视图中的垂直线段 q''）有投影关系，根据"若线框与另一视图中的水平或垂直线段符合投影关系，则其表示投影面平行面"，可判定 Q 面是正平面。同理，俯视图中的四边形线框 p，只能与主视图中的水平线 p'（或左视图中的水平线段 p''）有投影关系，可断定 P 面为水平面。结合三个视图，可看出长方体的前面下方被平面 P 和 Q 切割。根据俯、左视图前后对称，长方体的后面被与 P 和 Q 对称的平面切割。

④ 从俯视图中的两同心圆，结合另外视图上的有投影关系的虚线，容易看出压块的上方开了阶梯孔。

3）综合想象其整体形状。通过以上对各个线框的分析，弄清了各表面的空间形状、位置，以及切割体的面与面之间的相对位置等，综合起来，即可想象出切割体的整体形状。压块的形成过程是：如图 4-32a 所示，在长方体左上方用正垂面切去一角，在长方体左端前后分别用铅垂面对称切去两个角，在长方体下方前后分别用水平面和正平面对称切去两小块，

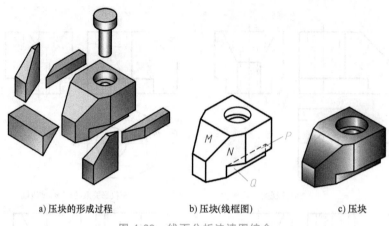

a) 压块的形成过程　　　　b) 压块(线框图)　　　　c) 压块

图 4-32　线面分析法读图综合

最后在长方体从上到下开了阶梯孔。压块的整体形状如图 4-32b、c 所示。

3. 读物体视图的步骤

读比较复杂的视图，一般要把形体分析法和线面分析法结合起来，通常是在形体分析法的基础上，对不易看懂的局部，还要结合线、面的投影分析，想象出其形状。读物体视图的一般步骤如下：

(1) 对照投影分部分　从主视图入手，对照其他视图，根据封闭的线框将组合体分解成几个部分。

(2) 想象各部分形体的形状　用形体分析法和线面分析法，根据各部分形体在几个视图中的投影，想象出各部分形体的具体结构。一般先解决大的、主要形体或是明显的形体，再解决细节问题。

(3) 综合起来想整体　按视图中各部分形体的相对位置关系，综合起来想象出物体的整体形状。

例 4-1　想象图 4-33a 所表达的物体形状。

解：首先将主视图按粗实线分成线框 $1'$、$2'$、$3'$、$4'$（对称的线框不计），按投影关系在俯视图中找到相应的线框 1、2、3、4、如图 4-33a 所示。

暂不考虑虚线，线框 $1'$、1 对应形体如图 4-33b 所示；线框 $2'$、2 对应形体如图 4-33c 所示，它是由柱体切去左上角得到的；线框 $3'$、3 对应形体如图 4-33d 所示；线框 $4'$、4 对应形体如图 4-33e 所示。

将图 4-33d 所示形体与图 4-33e 所示形体组合，并注意到主视图上的细虚线 l_1，可得图 4-33f 所示形体；将其与图 4-33b 所示形体组合得图 4-33g 所示形体；注意到主视图上的圆与俯视图的细虚线 l_2 及实线 l_3，可知是前后方向的圆孔，可得图 4-33h 所示形体；将其与图 4-33c 所示形体组合，得物体的整体形状，如图 4-33i 所示。

三、补画视图或视图的缺线

由已知的两个视图补画所缺的第三个视图，或补画已知三视图中的缺线，是培养和检验读图能力的一种重要方法和手段，通过练习，可以有效地提高画图能力和读图能力。

补画第三视图或补画视图中的缺线，首先要看懂已知视图、想象出物体形状，然后根据

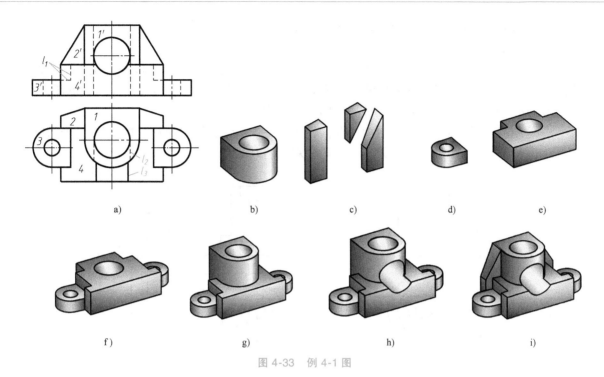

图 4-33　例 4-1 图

物体各组成部分的结构和相互位置，依据投影规律画出第三视图或视图中所缺的图线。

1. 补画第三视图

例 4-2　根据图 4-34a 所示主、俯两视图，想象出组合体形状，补画左视图。

解：1）读已知视图，想象出组合体形状。根据给出的两视图上对应的封闭线框，可以看出该组合体是由长方形底板 I、竖板 II 和拱形板 III 叠加后（竖板立在底板之上，后面平

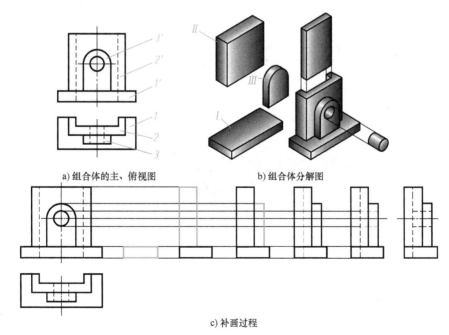

a) 组合体的主、俯视图　　　　b) 组合体分解图

c) 补画过程

图 4-34　例 4-2 图

齐，拱形板立在底板之上，与竖板前面接触，整体左右对称），又切去一个长方形凹槽及钻一个圆孔而形成的，如图 4-34b 所示。

2）按"长对正、高平齐、宽相等"的投影规律，分别画出各组成形体的左视图，如图 4-34c 所示。再检查是否有多画线或漏画线，无误后加深图线，如图 4-34c 中最右侧图。

例 4-3　根据图 4-35a 所示的主视图和俯视图，补画左视图。

解：根据主视图中的粗实线封闭线框，可将组合体大致分成三部分：拱形底板、开槽厚肋板、钻孔圆柱体，如图 4-35e 所示。补画左视图的步骤如图 4-35b、c、d 所示。

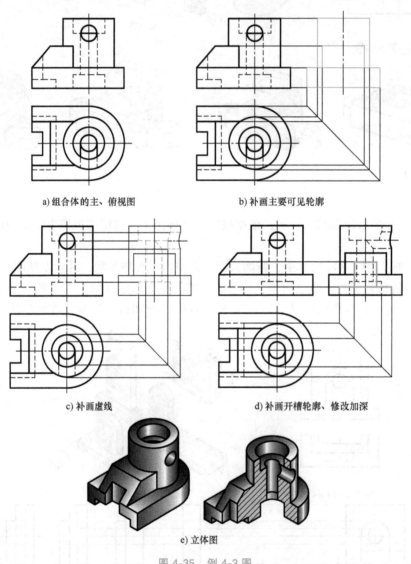

a) 组合体的主、俯视图　　　　b) 补画主要可见轮廓

c) 补画虚线　　　　d) 补画开槽轮廓、修改加深

e) 立体图

图 4-35　例 4-3 图

2. 补画视图中的缺线

例 4-4　根据图 4-36a 所示三视图，补画所缺图线。

解：根据已给出的视图特点可想象出，该组合体由一圆柱底板 I 和一圆柱 II 叠加后，又切割而成，如图 4-36b 所示。补画所缺图线的作图步骤如图 4-36c、d、e 所示。

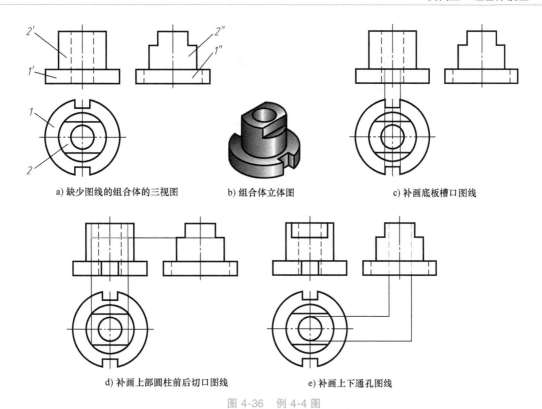

a) 缺少图线的组合体的三视图　　　　b) 组合体立体图　　　　c) 补画底板槽口图线

d) 补画上部圆柱前后切口图线　　　　　　e) 补画上下通孔图线

图 4-36　例 4-4 图

例 4-5　根据图 4-37a 所示三视图，补全遗漏的图线。

解：根据已给出的视图特点可想象出，该组合体可分为 I、II 上下两部分，如图 4-37b

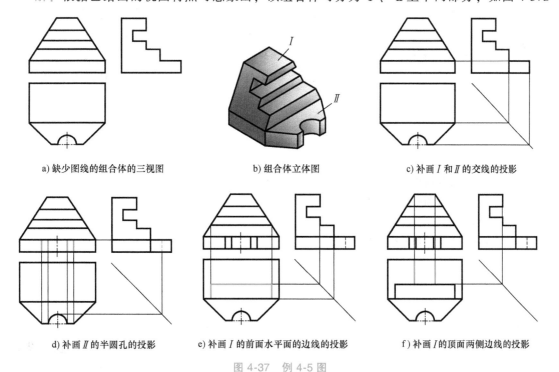

a) 缺少图线的组合体的三视图　　　　b) 组合体立体图　　　　c) 补画 I 和 II 的交线的投影

d) 补画 II 的半圆孔的投影　　　e) 补画 I 的前面水平面的边线的投影　　　f) 补画 I 的顶面两侧边线的投影

图 4-37　例 4-5 图

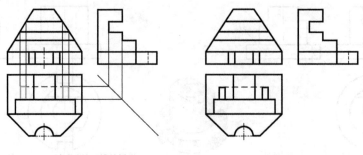

g) 补画 *I* 的凹槽的投影　　　　　　h) 完整的三视图

图 4-37　例 4-5 图（续）

所示。视图上主要缺少 *I* 和 *II* 的交线投影、半圆柱孔的轮廓线投影、切割后产生的截交线的投影等。补画遗漏图线的作图步骤如图 4-37c～h 所示。

注意，在补画图线时要充分运用"长对正、高平齐、宽相等"的投影规律来分析所补图线的合理性。

模块小结

本模块内容主要有组合体的画法、物体的尺寸标注和组合体的读图方法。在学习中通过对叠加式组合体和挖切式组合体的画图、标注尺寸和识图的练习，逐步掌握制图的技巧。

一般情况下，组合体既有叠加又有挖切，先用形体分析法分解形体，各形体分别完成画图、标注尺寸和识图，同时要注意各形体间的相对位置关系，对有挖切的部分要用线面分析法。要关注反映形体形状特征的视图，每个形体都从反映其特征的视图入手，将事半功倍。

画图时，先画主体，后画细节，先画有积聚性的平面，再画一般位置平面；标注时要先定基准，再注定形、定位、总体尺寸，逐个形体进行；识图时要注意对线框，合理划分线框非常重要。熟练使用"三等关系"，加强对空间想象能力的培养，是学好组合体制图的关键。

思 考 题

1. 读组合体三视图时应注意哪些要点？
2. 形体分析法与线面分析法有什么区别？
3. 定形尺寸与定位尺寸各有什么作用？
4. 尺寸基准通常采用哪些线或面表示？

专业小故事：深海"蛟龙"守护者

深海载人潜水器有十几万个零部件，组装起来最大的难度就是密封性，精密度要求达到了"丝"级。而在中国载人潜水器的组装中，能实现这个精密度的只有中国船舶重工集团公司第 702 研究所水下工程研究开发部钳工顾秋亮，他是蛟龙号载人潜水器（图 4-38）首席装配钳工技师。

　　2012 年 7 月，我国的蛟龙号深海潜水器来到了地球上最深的马里亚纳海沟，这里的深度是 11034m。蛟龙号的观察窗与海水直接接触。面积大约 $0.2m^2$ 的窗玻璃此刻承受的压力有 1400t 重。而观察窗的玻璃与金属窗座是异体镶嵌，如果两者贴合的精度不够，窗玻璃处就会产生渗漏。安装蛟龙号观察窗玻璃的时候，顾秋亮必须把玻璃与金属窗座之间的缝隙，控

图 4-38　蛟龙号载人潜水器

制在 0.2 丝以下，这是不容降低的设计要求。顾秋亮和工友们把安装的精度标准视为生命线。0.2 丝，约为一根头发丝直径的 1/50，这么小的安装间隙却不能用任何金属仪器接触测量。因为观察窗玻璃一旦摩擦出细小划痕，到深海重压之下，就可能成为引发玻璃爆裂的起点。靠着眼睛观察和手上的触摸感觉，能够判断一根头发丝五十分之一的 0.2 丝误差，这的确是神技。不仅如此，即便是在摇晃的大海上，顾秋亮纯手工打磨维修的蛟龙号密封面平整度也能控制在 2 丝以内。

　　1972 年，17 岁的顾秋亮进入了中国船舶重工集团公司第 702 研究所，彼时的他还是一个顽皮的小伙子，在师傅的引导下，顾秋亮慢慢静下了心，他苦练基本功，一块 10cm 厚的方铁，用几个月的时间将其锉成 5cm 厚的铁片，每个角面上都要厚薄均匀。两年时间，他锉完了十几块方铁，然后出师了。在铁板一层层变薄的过程中，用手不断捏捻搓摸，让自己的手形成对厚薄的精准感受力。手指上的纹理磨光了，但这双失去纹理的手却成了心灵感知力的精准延伸器。

　　此后的岁月里，一把锉刀顾秋亮一握就是 40 多年，通过一遍遍地锉钢板，一遍遍地动脑筋琢磨，顾秋亮的技术达到了登峰造极的水平，他人工操作的精度达到了"丝"级，他做的工件全部免检，他被人们称为"顾两丝"，"两丝"是通常意义上的游标卡尺的分度值，也就是 0.02mm。

模块五

机件的表达方法

学习目标：

　　掌握视图、剖视图和断面图的基本概念、画法、标注方法和使用条件；基本掌握局部放大图和常用的简化表示法；能初步应用各种表达方法，比较完整、清晰地表达物体内、外的结构形状；了解第三角画法的基本内容；培养空间想象能力与空间思维能力；培养爱国情怀和民族自信心；培养认真负责、一丝不苟、严谨专注的精神。

　　在工程实践中，机件的结构形状多种多样，有的用前面介绍的三个视图不能表达清楚，还需要采用其他表示法。为此，国家标准技术制图和机械制图中规定了各种基本表达方法。

　　本模块主要介绍国家标准技术制图和机械制图中规定的机件常用表达方法，重点是基本视图、局部视图、剖视图和断面图的概念及画法，难点是全剖视图、半剖视图和局部剖视图的画法及应用。通过学习和训练，要求掌握机件表达方案的选择和剖视图的绘制方法及技能。

单元一　机件外部形状的常用视图

机件表达
的常用
视图

　　视图（GB/T 17451—1998 和 GB/T 4458.1—2002）侧重于表达机件的外部结构、形状，一般分为基本视图、向视图、局部视图和斜视图。

一、基本视图

　　制图国家标准规定，由三视图所在投影面及其对立投影面组成了正六面投影体系，这六个投影面称为基本投影面。物体分别向六个基本投影面投射所得到的视图称为基本视图，这六个基本视图分别是：

　　1）主视图——由前向后投射所得的视图。

　　2）俯视图——由上向下投射所得的视图。

　　3）左视图——由左向右投射所得的视图。

4）后视图——由后向前投射所得的视图。

5）仰视图——由下向上投射所得的视图。

6）右视图——由右向左投射所得的视图。

对于复杂机件，一般需要三个或三个以上的基本视图才能完整、清晰地表达其内、外部结构形状。基本视图的形成及投影面展开方法如图 5-1 所示。V 面固定不动，其他投影面按箭头旋转至与 V 面处在同一平面内。六个基本视图的配置关系如图 5-2 所示，在同一张图纸内按图 5-2 配置视图时，可不标注视图的名称。

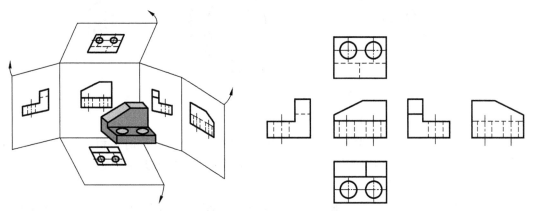

图 5-1　基本视图的形成及投影面展开方法　　　　图 5-2　六个基本视图的配置关系

二、向视图

向视图是可自由配置的视图。为了便于看图，必须加以标注。在向视图的上方标注"×"（"×"为大写拉丁字母，并按 A、B、C 顺次使用），在相应视图的附近用箭头指明投射方向，并标注相同的字母，如图 5-3 所示。

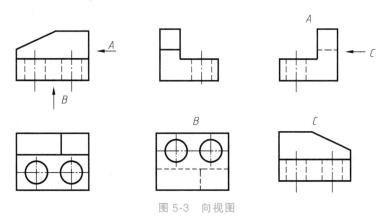

图 5-3　向视图

三、局部视图

将物体的某一部分向基本投影面投射所得的视图，称为局部视图，如图 5-4 中的 A 向和 B 向视图。当机件主要结构已经表达清楚，只有局部结构需要表达，又无必要画出完整的基本视图时，可采用局部视图。

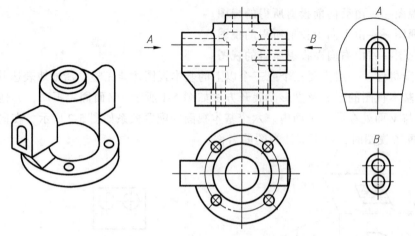

图 5-4 局部视图按基本视图配置

画局部视图时应注意以下几点：

1）一般情况下，应在局部视图的上方标注视图的名称"×"，同时在相应的视图附近用箭头指明投射方向，并标注相同的字母"×"；当局部视图按投影关系配置，中间又没有其他图形隔开时，可省略标注。

2）局部视图的范围（边界）通常用波浪线表示，如图 5-4 中的 A 向局部视图的画法。

3）当局部视图所表示的局部结构是完整的和相对独立的，且外轮廓线又封闭时，波浪线可省略不画，如图 5-4 中的 B 向局部视图。

四、斜视图

斜视图是物体向不平行于基本投影面的平面投射所得的视图。当物体的表面与投影面成倾斜位置时，其投影将不反映实形，如图 5-5a 所示。增设一个与倾斜表面平行的辅助投影面，将倾斜部分向辅助投影面投射，倾斜投影面上的视图即为斜视图，如图 5-5b 所示。

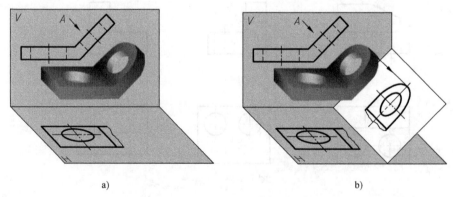

a)   b)

图 5-5 斜视图的形成

斜视图的展开方式：倾斜投影面沿着倾斜投影面与 V 面的交线向后旋转，H 面沿着 X 轴线向下旋转，三面共面时的投影图如图 5-6 所示，其中标注 A 的视图即为斜视图。斜视图通常按向视图的形式配置并标注，用带有大写拉丁字母的箭头指明倾斜的投射方向，在斜视图的上方标注相同的字母。必要时允许将斜视图旋转配置，如图 5-7 所示。为了避免引起误

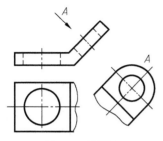

图 5-6　斜视图

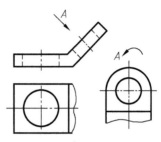

图 5-7　旋转配置的斜视图

解，旋转配置时一定要标注旋转符号，既可顺时针旋转，也可逆时针旋转，但旋转符号的方向要与实际旋转方向一致，以便于看图者辨别。表示该视图名称的大写拉丁字母应靠近旋转符号的箭头端。旋转符号的尺寸和比例如图 5-8 所示。

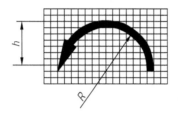

$h=$符号与字体高度，$h=R$
符号笔画宽度$=h/10$ 或 $h/14$

图 5-8　旋转符号的尺寸和比例

由于斜视图的特殊性，绘制斜视图按断裂效果处理，断裂边界用波浪线表示。

单元二　剖视图的画法及标注

用视图来表达内部结构比较复杂的机件时，会增加视图中的虚线，如图 5-9 所示的视图。视图中虚线过多，不便于读图和标注尺寸，因此，为了清晰地表达机件的内部结构，常采用剖视图的画法。剖视图的画法要遵循 GB/T 17452—1998 和 GB/T 4458.6—2002 的规定。

认识
剖视图

一、剖视图概述

假想用剖切面剖开物体，将处在观察者和剖切面之间的部分移去，而将其余部分向投影面投射所得的图形，称为剖视图。图 5-10 所示为剖视图的形成过程。

图 5-9　视图中的虚线

二、剖视图的画法

剖视图
的绘制

绘制剖视图的主要步骤如下：

1）选择适当的剖切面位置。一般剖切面应尽量通过较多内部结构（如孔、槽等）的轴线或对称平面，且平行于相应的基本投影面，如图 5-10 所示。

2）画剖视图。剖切平面之后的所有可见轮廓线均应用粗实线画出来。

3）画剖面符号。在剖切面剖切到的断面轮廓内画出剖面符号。

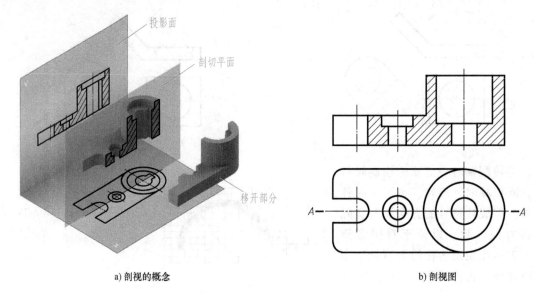

a) 剖视的概念　　　　　　　　　　　　　b) 剖视图

图 5-10　剖视图的形成过程

表 5-1 所示为各种材料的剖面符号。

表 5-1　剖面符号（摘自 GB/T 4457.5—2013）

材　料　类　别	剖面符号图例	材　料　类　别	剖面符号图例
金属材料 （已有规定剖面符号者除外）		木质胶合板 （不分层数）	
线圈绕组元件		基础周围的泥土	
转子、电枢、变压器和 电抗器等的叠钢片		混凝土	
非金属材料 （已有规定剖面符号者除外）		钢筋混凝土	
型砂、填砂、粉末冶金、砂轮、 陶瓷刀片、硬质合金刀片等		砖	
玻璃及供观察用的其他 透明材料		格网 （筛网、过滤网等）	
木材	纵断面	液体	
	横断面		

注：1. 剖面符号仅表示材料的类型，材料的名称和代号另行注明。
　　2. 叠钢片的剖面线方向，应与束装中叠钢片的方向一致。
　　3. 液面用细实线绘制。

国家标准（GB/T 17453—2005）规定，表示金属材料的剖面区域，采用通用的剖面线，即以适当角度的细实线绘制，最好与主要轮廓或剖面区域的对称线成45°角，如图 5-11a 所示。当图形的主要轮廓线与水平方向成45°角时，该图形的剖面线应与水平方向成30°或60°角，其倾斜方向仍与其他图形的剖面线一致，如图 5-11b 所示。

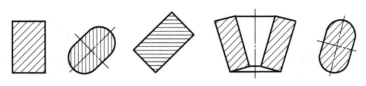

a) 通用剖面线的画法

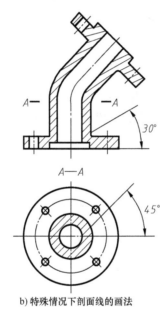

b) 特殊情况下剖面线的画法

图 5-11　剖面线的角度

应注意，同一物体的各个剖面区域，其剖面线的画法应一致——间距相等、方向相同。不同物体的剖面区域，其剖面线应加以区分。

4）带有规则分布结构要素的回转零件，需要绘制剖视图时，可以将其结构要素旋转到剖切平面上绘制，如图 5-12 所示。

三、剖视图的标注

画剖视图时，应在视图的相应位置标注表示剖切面位置的剖切符号、剖切后的投射方向和剖视图的名称。

（1）剖切符号　主要是表示剖切面的位置。剖切符号采用线长 5~8mm 的粗实线，在相应的视图上表示剖切面的起讫、转折位置。剖切符号尽可能不与图形轮廓线相交。

（2）投射方向　在剖切符号起讫位置的外侧，用箭头表示物体剖切后的投射方向。

（3）剖视图名称　在剖视图的上方用大写拉丁字母标出剖视图的名称"×—×"，并在剖切符号的附近标注相同的字母，如图 5-10 所示。

（4）可省略标注的两种情形　当剖视图按基本视图关系配置，中间又没有其他图形隔

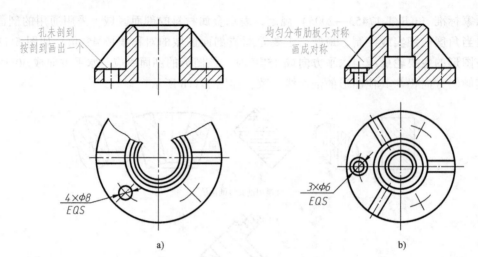

图 5-12 带有规则分布结构要素的回转零件的剖视图

开时，可省略箭头，如图 5-10 所示。当单一剖切平面通过机件的对称平面或基本对称平面，且剖视图按基本视图投影关系配置，中间又没有其他图形隔开时，可省略标注。

四、画剖视图时应注意的问题

1）剖视图是假想剖开机件画出的投影，因此未剖视的其他视图应按完整的机件画出。

2）剖切平面后的可见轮廓线应画出，不要漏线。

3）在其他视图中已经表达清楚的结构形状，在剖视图上的虚线可以省略。

4）在同一零件的各个视图中，如果其中一个视图的剖面符号已画，那么其他各视图中的剖面符号的方向、间距、角度必须与已定视图中的剖面符号相同。

图 5-13 所示为画剖视图时常见的错误。

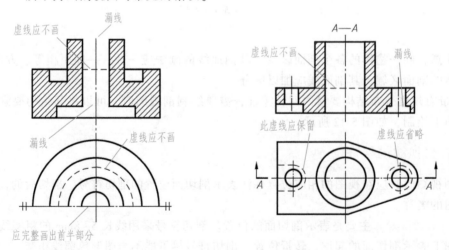

图 5-13 画剖视图时常见的错误

五、剖视图的种类

剖视图可分为全剖视图、半剖视图和局部剖视图。

1. 全剖视图

用剖切面完全地剖开物体所得的剖视图，称为全剖视图。适用于外形比较简单或外形已在其他视图上表达清楚，内部结构比较复杂且不对称的机件，如图 5-10～图 5-13 所示的剖视图都属于全剖视图。

2. 半剖视图

当机件具有对称平面时，向垂直于对称平面的投影面上投射所得投影图形，可以以对称中心线为界，一半画成剖视图，另一半画成视图，这样的剖视图称为半剖视图。半剖视图的剖视部分主要表达机件的内部结构，而视图则主要表其外形，如图 5-14b 所示。半剖视图主要用于内外形都较复杂的对称（或基本对称）的机件。如图 5-14a 所示机件若要把内外形状都表达清楚，则可以进行一个半剖和一个局部剖（后文将讲解），如图 5-14c 所示。

画半剖视图时应注意以下几点：

1）在半剖视图中，视图和剖视图的分界线为对称中心线，不能画成粗实线。

2）由于图形对称，机件的内部结构在剖视图中已表达清楚，因此在视图中虚线不必画出。

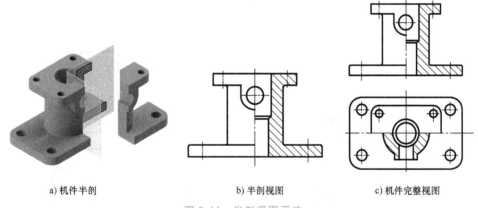

a) 机件半剖　　　　　　　　　b) 半剖视图　　　　　　　　c) 机件完整视图

图 5-14　半剖视图画法

3. 局部剖视图

用剖切面局部地剖开物体所得的剖视图，称为局部剖视图，如图 5-15 所示。

局部剖视图主要应用在以下几方面：

局部剖视图

1）当机件只有局部内形需要剖切表示，而又不宜采用全剖视图时，可以采用局部剖视图。例如某机件采用局部剖视图，可以清楚地表达机件中所有孔的形状。

2）当不对称机件的内、外形都需要表达时，可以采用局部剖视图。

局部剖视图是一种比较灵活的兼顾内、外结构的表达方法，且不受条件限制，但在一个视图中，局部剖切的次数不宜过多，否则就会影响图形的清晰度。

画局部剖视图应注意以下几点：

1）局部剖视图用波浪线或双折线分界。波浪线、双折线不应和图样上其他图线重合。当被剖切结构为回转体时，允许将该结构的轴线作为局部剖视图与视图的分界线，如图 5-16 所示。

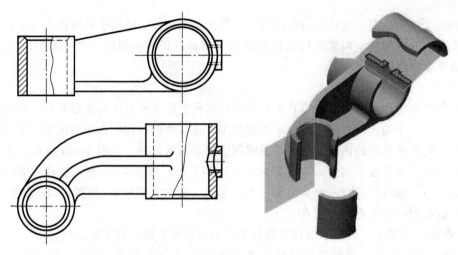

图 5-15　机件的局部剖视图

2）当对称机件在对称中心线处有图线而不便于采用半剖视图时，应采用局部剖视图表示，如图 5-17 所示。

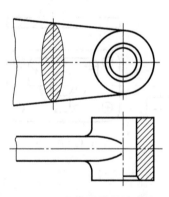

图 5-16　用轴线代替波浪线

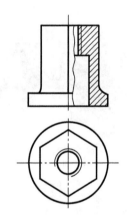

图 5-17　不便采用半剖的对称机件

3）当实心零件上有孔、凹坑和键槽等局部结构时，也常用局部剖视图表达，如图 5-18 所示。

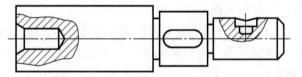

图 5-18　实心零件上的局部剖视图

六、剖切面的种类

根据机件内部结构特点和表达需要，可选用单一剖切面、几个平行的剖切平面和几个相交的剖切平面剖开机件。

1. 单一剖切面

单一剖切面可以是平行于某一基本投影面的平面，如图 5-15 所示；也可以是不平行于任何基本投影面的平面（斜剖切面），如图 5-19a 所示。必要时，允许将斜剖视图旋转配置，但必须在剖视图上方标注出旋转符号，如图 5-19b 所示。

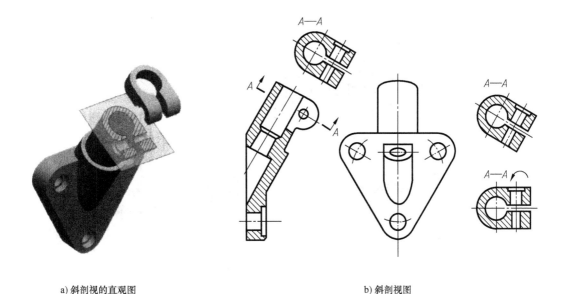

a) 斜剖视的直观图　　　　　　　　　　　　　　b) 斜剖视图

图 5-19　单一斜剖切平面获得的剖视图

　　一般用单一剖切平面剖切机件，也可用单一剖切柱面剖切机件。采用单一剖切柱面剖切机件时，剖视图一般按展开绘制，如图 5-20 所示。

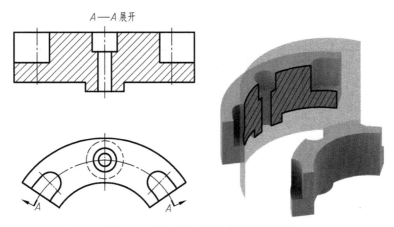

图 5-20　单一剖切柱面获得的剖视图

2. 几个平行的剖切平面

　　采用这种方法（俗称阶梯剖）画剖视图时，各剖切平面的转折处必须为直角，且在图形内不应出现不完整的要素，如图 5-21 所示。

　　画阶梯剖视图时应注意以下几点：

　　1）各剖切平面转折的边界不应画出，如图 5-22a 所示。

　　2）剖切符号不应与视图中的轮廓线重合，如图 5-22b 所示。

　　3）当图形的两个要素具有公共对称中心线或轴线时，可以以对称中心线或轴线为界，各画一半，如图 5-22c 所示。

3. 几个相交的剖切平面

　　用两个相交的剖切平面（其交线垂直于某一基本投影面）剖开物体的方法，也称为旋转

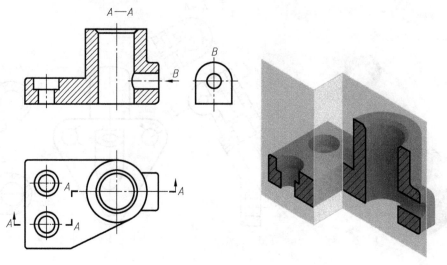

图 5-21　几个平行平面剖切的剖视图

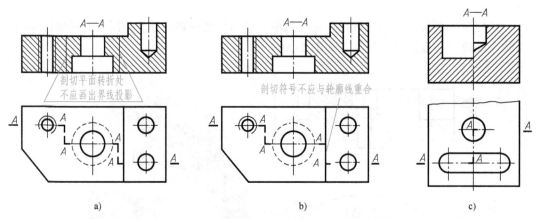

a)

b)

c)

图 5-22　几个平行平面剖切的剖视图作图时常见错误

剖。常用于画盘类或具有公共旋转轴线的摇臂类零件的剖视图。用旋转剖画出的剖视图及相应视图上，必须加以标注，其标注方法基本与阶梯剖相同，如图 5-23 所示。

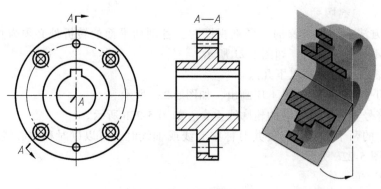

图 5-23　旋转剖

单元三　断面图的画法及标注

假想用剖切平面将机件的某处切断，仅画出该剖切面与物体接触部分的图形称为断面图（GB/T 17452—1998、GB/T 4458.6—2002）。在图 5-24 中，为了得到轴的键槽所在部位的断面图形，假想用一个垂直于轴的剖切平面在该处将轴切断，画出它的断面图。

断面图

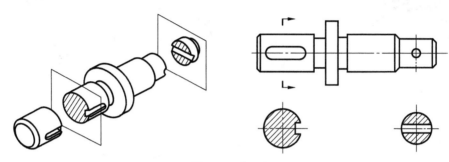

图 5-24　断面图

断面图可分为移出断面图和重合断面图。

一、移出断面图

画在视图外面的断面图称为移出断面图。

1. 移出断面图的绘制和配置

移出断面图通常按下列原则绘制和配置：

1）移出断面的轮廓线用粗实线绘制，通常配置在剖切线的延长线上，如图 5-25 所示。移出断面的图形对称时也可画在视图的中断处，如图 5-26 所示。

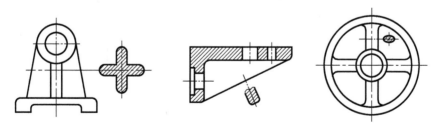

图 5-25　移出断面图

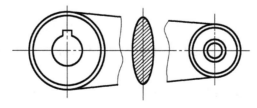

图 5-26　配置在视图中断处的移出断面图

2）必要时可将移出断面配置在其他适当的位置。在不引起误解时，允许将图形旋转，其标注形式如图 5-27 所示。

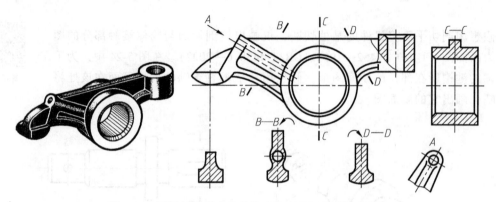

图 5-27　可异地配置或旋转的移出断面图及其标注形式

3）由两个或多个相交的剖切平面剖切得出的移出断面图，中间一般应断开，如图 5-28 所示。

4）当剖切平面通过回转而形成的孔或凹坑的轴线时，或当剖切平面通过非圆孔会导致出现完全分离的剖面区域时，则这些结构按剖视图要求绘制，如图 5-29 中 A—A 和 B—B 以及图 5-30 所示。

图 5-28　断开的移出断面图

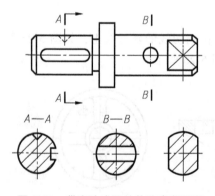

图 5-29　带有孔或凹坑的移出断面图

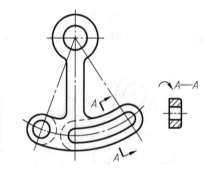

图 5-30　按剖视图要求绘制的移出断面图

5）为便于读图，逐次剖切的多个断面图可按图 5-31 和图 5-32 的形式配置。

2. 移出断面图的标注

移出断面图的完全标注与剖视图标注一致，下列情况可以省略一些内容：

1）配置在剖切符号延长线上的不对称移出断面不必标注字母，如图 5-31 左边的两个断面图及图 5-33 所示。

2）不配置在剖切符号延长线上的对称移出断面（图 5-29 中 B—B），以及按投影关系配置的移出断面（图 5-34），一般不必标注箭头。

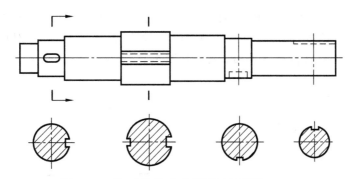

图 5-31　逐次剖切的多个断面图的配置（一）

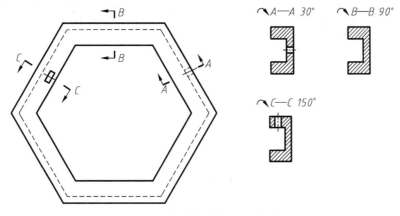

图 5-32　逐次剖切的多个断面图的配置（二）

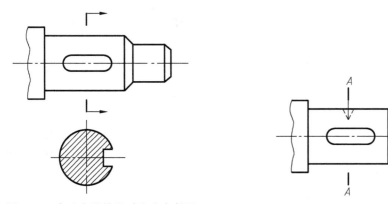

图 5-33　省略字母的不对称移出断面　　　　图 5-34　按投影关系配置的移出断面

3）配置在剖切符号延长线上的对称移出断面，不必标注字母和箭头，如图 5-27 左边的断面图、图 5-29 右边的断面图及图 5-31 右边的两个断面图所示。

4）配置在视图中断处的对称移出断面不必标注，如图 5-26 所示。

二、重合断面图

在不影响图形清晰程度的条件下，断面图也可画在视图内，此类断面图称为重合断面图。重合断面图的轮廓线用细实线绘制。

当视图中的轮廓线与重合断面的图形重叠时，视图中的轮廓线仍应连续画出，如图 5-35a 所示。对称的重合断面图可以省略标注，如图 5-35b 所示；不对称的重合断面图，不必标注字母，但要标注剖切符号和箭头，如图 5-35c 所示。

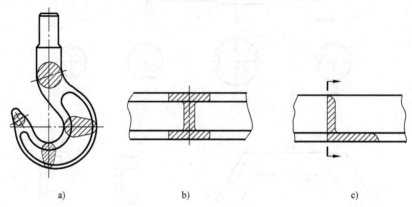

a)　　　　　　　　　　b)　　　　　　　　　　c)

图 5-35　重合断面图的画法及标注

单元四　机件的其他表达方式

机件的其
他表达
方式

为了图形清晰和画图简便，国家标准（GB/T 4458.1—2002 和 GB/T 4458.6—2002）中还规定了其他表达方法，供绘图时选用。

一、局部放大图

将机件的部分结构，用大于原图形所采用的比例画出的图形，称为局部放大图。

局部放大图可画成视图，也可画成剖视图、断面图，它与被放大部分的表达方法无关，如图 5-36 所示。局部放大图应尽量配置在被放大部位的附近。

绘制局部放大图时，除螺纹牙型、齿轮和链轮的齿形外，应按图 5-36、图 5-37 所示用细实线圈出被放大的部位。

当同一机件上有几个被放大的部分时，应用罗马数字依次标明被放大的部位，并在局部放大图的上方标注出相应的罗马数字和所采用的比例，如图 5-36 所示。

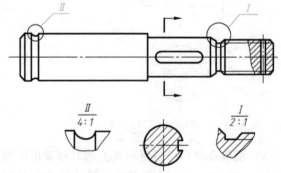

图 5-36　有几个被放大部分的局部放大图画法

当机件上被放大的部分仅一个时，在局部放大图的上方只需注明所采用的比例，如图 5-37 所示。

同一机件上不同部位的局部放大图，当图形相同或对称时，只需画出一个，如图 5-38 所示。

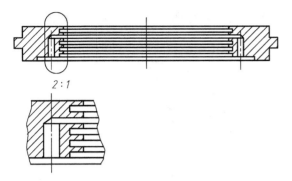

图 5-37　仅有一个被放大部分的局部放大图画法

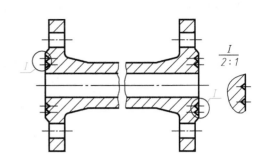

图 5-38　被放大部位图形相同或
对称的局部放大图画法

二、简化画法

1. 均匀分布的肋板及孔的简化画法

均匀分布的肋板，不对称时可画成对称，被纵向剖切的肋板不画剖面符号，仅用粗实线将它们与相邻部分分开，如图 5-39、图 5-40 所示。

若干直径相同且成规律分布的孔，可以仅画出一个或几个，其余只需用细点画线表示其中心位置，如图 5-40 所示。

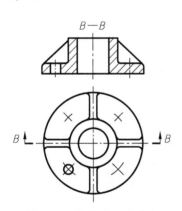

图 5-39　肋板的简化画法

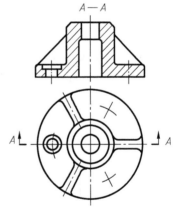

图 5-40　孔的简化画法

2. 较长机件的断开画法

轴、杆类较长的机件，当沿长度方向形状相同或按一定规律变化时，允许断开画出。只需在标注尺寸时，标注其真实长度，如图 5-41 所示。

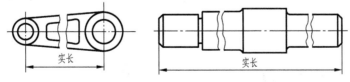

图 5-41　较长机件的断开画法

3. 对称图形的简化画法

在不致引起误解时，将对称机件仅画一半或四分之一，但必须在其对称中心线的两端，画出两条与中心线垂直的平行细实线，以示说明此类画法为对称图形的简化画法，如图 5-42 所示。

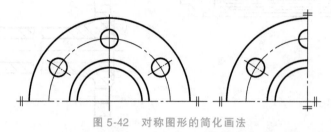

图 5-42　对称图形的简化画法

4. 机件上小平面的简化画法

当回转体机件上的小平面在图形中不能充分表现时，可用相交的两条细实线表达，如图 5-43 所示。

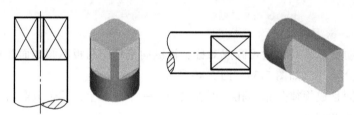

图 5-43　机件上小平面的简化画法

5. 机件上若干相同要素的简化画法

当机件上有若干相同的结构要素，且按一定的规律分布时，只需画出几个完整的结构要素即可，其余的用细实线连接或画出其中心位置，并标注总个数，如图 5-44 所示。

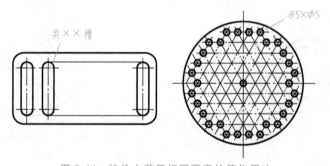

图 5-44　机件上若干相同要素的简化画法

6. 机件上交线的简化画法

圆柱体上因钻小孔、铣键槽等出现的交线允许采用简化画法，但必须有其他视图清楚表示其孔、槽的真实形状，如图 5-45 所示。

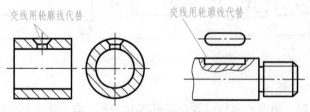

图 5-45　机件上交线的简化画法

7. 其他结构的简化画法

1）滚花、槽沟等网状结构应用粗实线完全或部分地表示出来，如图 5-46 所示。

2）过渡线应用细实线绘制，且不宜与轮廓线相连，如图 5-47 所示。

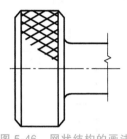

图 5-46 网状结构的画法

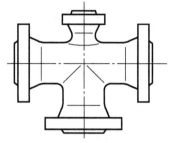

图 5-47 过渡线的画法

3）机件上斜度和锥度等较小的结构，如在一个图形中已表达清楚时，其他图形可按小端画出，如图 5-48 所示。

4）圆盘形法兰和类似结构上按圆周均匀分布的孔，可按图 5-49 所示的方式表示。

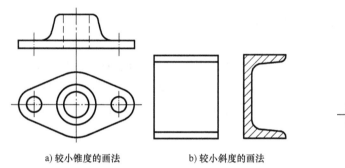

a) 较小锥度的画法   b) 较小斜度的画法

图 5-48 机件上斜度和锥度等较小结构的画法

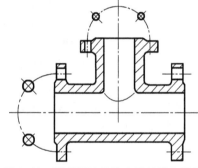

图 5-49 圆盘形法兰均布孔的简化画法

5）在不致引起误解时，非圆曲线的过渡线及相贯线允许简化为圆弧或直线，如图 5-50 所示。

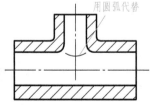

用圆弧代替

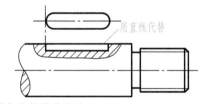

用直线代替

图 5-50 非圆曲线的简化画法

6）在不致引起误解时，零件图中的小圆角、锐边小倒圆或 45° 小倒角允许省略不画，但必须注明尺寸或在技术要求中加以说明，如图 5-51 所示。

锐边倒圆 R0.5

图 5-51 圆角、倒角的简化画法

*单元五　第三角投影简介

三个互相垂直的投影面把空间分成八个分角，如图 5-52 所示。我国技术制图国家标准规定，视图采用**第一角投影画法**，即把物体置于第 *I* 角内，使其处于观察者与投影面之间进行多面正投射。本书的投影法除本单元内容外都是研究第一角投影画法问题。

但国际上也有一些国家（如美国、日本）采用**第三角投影画法**，即把物体放在第 *III* 角中，使投影面处于观察者和物体之间进行多面正投射。为了国际交流的需要，应该了解第三角投影画法。

从投射方向看，第一角投影画法（简称**第一角画法**）是"人—物—面"的关系；第三角投影画法（简

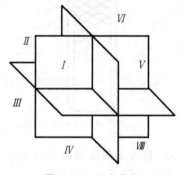

图 5-52　八个分角

称**第三角画法**）是"人—面—物"的关系。因此，为了能够进行投射，采用第三角画法时，要假定投影面是透明的。所以采用第三角画法是隔着"玻璃"看物体，是把物体的轮廓形状映射在"玻璃"（投影面）上。

采用第三角画法时，投影面的展开方法如图 5-53 所示，*V* 面不动，*H* 面向上、*W* 面向右各旋转 90°与 *V* 面重合。三个视图的名称、配置及投影规律如图 5-54 所示。需要注意的是，俯视图和右视图靠近主视图的一侧表示物体前面，远离主视图的一侧表示物体后面，这与第一角画法正好相反。

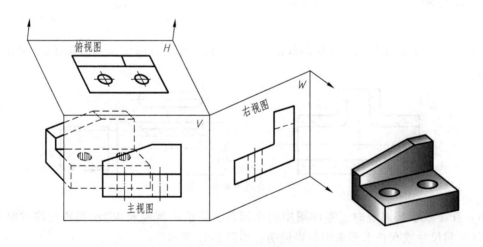

图 5-53　第三角画法的视图形成

国际标准规定，采用第一角画法用图 5-55 所示的投影识别符号表示，采用第三角画法用图 5-56 所示的投影识别符号表示。投影识别符号画在标题栏的"名称及代号区"的最下方。由于我国国家标准规定采用第一角画法，因此，当采用第一角画法时可省略投影识别符号。当采用第三角画法时，必须画出第三角画法的投影识别符号。

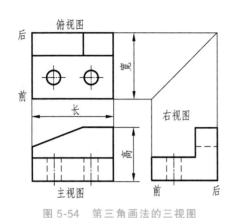

图 5-54 第三角画法的三视图

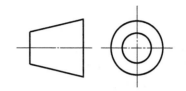

图 5-55 第一角画法的投影识别符号

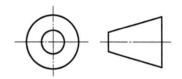

图 5-56 第三角画法的投影识别符号

模 块 小 结

本模块主要介绍机件常用的表达方法。机件尤其是结构复杂的零件，通常需要多个视图以及各种不同剖切方法组成的表达方案才能合理反映出具体结构。因此通过本模块的学习，不仅应掌握各种视图以及剖切方法的画法，同时应掌握合理表达方案的组合和选择。

各种机件的表达方法是在投影作图的基础上，由国家标准技术制图和机械制图中具体规定的。合理的表达方案是指采用的视图数量少，又能将机件结构反映清楚，且符合人们的看图习惯。我们务必通过大量的练习，逐步掌握合理表达方案的选用技巧。

思 考 题

1. 各种辅助视图的作用是什么？与基本视图如何组合使用？
2. 剖视图的标注与配置需要注意哪些问题？
3. 断面图和剖视图有什么区别？什么情况下采用断面图？
4. 机件常用的表达方法和所采用的表达方案其含义有什么不同？

专业小故事：高铁上的中国精度，高铁首席研磨师

高铁（图 5-57），中国产的动车，是中国一张亮丽的名片！自 2004 年以来，中国高铁仅用十多年时间就实现了从追随到领跑的华丽跨越。这一名片饱含无数高铁人的付出，宁允展就是其中的一员。出身工匠家庭的他在父亲的熏陶下，自小就立志学当一名技工。如今他是高铁首席研磨师，国内第一位从事高铁列车转向架"定位臂"研磨的工人，被同行称为"鼻祖"。由他研磨的定位臂，精度小到 0.05mm，比头发丝还细。高铁研磨十年，经他手中的转向架从来没有出过次品，他发明的工装每年可为公司节约创效近 300 万元。宁允展是中车青岛四方机车车辆股份有限公司钳工高级技师，有着"大国工匠"之誉。

2004 年，中车青岛四方机车车辆股份有限公司由国外引进了高速动车组技术。在初试阶段，作为高速动车组九大关键技术之一的转向架，出现了巨大技术难题：位于核心部位的

"定位臂"，接触面不足 $10cm^2$，在时速超过 200km 的情况下却要承担相当于二三十吨的冲击力，并且只能通过手工研磨，精度稍差一点便会直接影响行车安全。当时，国内并没有可供借鉴的成熟操作技术经验，宁允展主动请缨，向这项难度极高的研磨技术发起挑战。

打磨机以大于 300r/s 的速度高速运转。宁允展坐在机器前，研磨、报废、再研磨、再尝试⋯⋯凭借扎实的基本功和夜以继日的潜心研究，仅仅一周，他就攻破了这项外方熟练工人需花费数月才能掌握的技术。

宁允展攻克瓶颈，一心一意搞技术，他家有个 30 多平方米的小院子，他自费购买了车床、打磨机和电焊机，把这里改造成了研究新工装、发明新方法的"第二厂房"。在高速动车组进入大批量制造阶段后，转向架研磨跟不上生产进度的问题日渐突出，外方的研磨方法已经不适应企业生产需要。宁允展试验了近半年时间，发明了"风动砂轮纯手工研磨操作法"，将研磨效率提高了 1 倍多，接触面的贴合率也从原来的 75% 提高到了 90% 以上，使制约转向架批量制造的难题得到破解，为高速动车组转向架的高质量、高产量生产做出了突出贡献。

精益求精，是宁允展对技艺的不懈追求。如今，他研磨的定位臂，已经创造了连续十年无次品的纪录，从他和他的团队手中研磨的转向架装上了 1100 余列高速动车组，在祖国大地安全飞驰 17 亿多千米。

传承奉献，不当班长不当官，扎根一线，宁允展有着与很多人不同的追求："我不是完人，但我的产品一定是完美的。做到这一点，需要一辈子踏踏实实做手艺。"追求极致，追求完美，正是有了一个个高铁人的匠心凝聚，中国高铁才能后来居上，成为一张响当当的中国名片，推动中国制造成为优质制造、中国创造，让中国收获全球敬意。

图 5-57　高铁照片

*模块六

轴 测 图

学习目标：

　　了解轴测图的基本知识；重点掌握正等轴测图的绘制方法；基本掌握斜二等轴测图的绘制方法；了解轴测剖视图的绘制方法和尺寸注法；培养空间想象能力与空间思维能力；培养爱国情怀和民族自信心；培养认真负责、一丝不苟、严谨专注的精神。

　　用正投影法绘制的三视图（图6-1a）能准确地表达物体的形状，但缺乏立体感，只有受过专业训练的人员才能看懂，而且读图时必须把几个投影图联系起来，才能想象出形体的全貌。轴测投影图（简称轴测图）中一个图形就能同时反映物体长、宽、高三个方向的尺度，如图6-1b所示。轴测图立体感强，直观性好，但其度量性差，作图也比较烦琐。工程上常用轴测图来说明机器及零部件的外观、内部结构或工作原理等，以弥补多面正投影图直观性差的缺点，故轴测投影图是一种辅助图样。

　　本模块主要介绍轴测图的基本知识和正等轴测图的画法，通过学习和训练，要求掌握简单立体正等轴测图的绘图方法，了解斜二等轴测图的画法和特点。

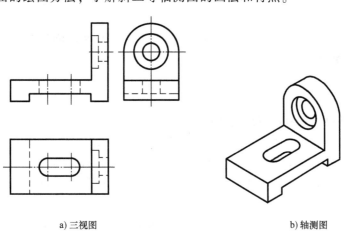

a) 三视图　　　　　　　　　　　　　　b) 轴测图

图 6-1　三视图与轴测图

单元一　轴测图的基本知识

认识
轴测图

轴测图的
绘制

一、轴测图的形成

图 6-2 表示立体的正投影图和轴测图的形成方法。当立体的主要表面与投影面平行时，用正投影法在 H 面上得到的正投影图只能表示出 X、Y 两个坐标方向，即立体的高度方向未得到表达，立体感较差。而将物体连同其直角坐标系，沿不平行于任一坐标平面的方向 S_1，用平行投影法将其投射在单一投影面 P 上，所得投影就能同时反映立体的长、宽、高，因此具有立体感，这样的投影图称为轴测图。

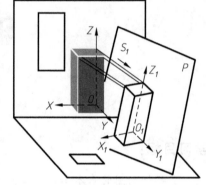

图 6-2　正投影图和轴测图的形成方法

图 6-2 中的平面 P 称为轴测投影面。空间直角坐标轴 OX、OY、OZ 在轴测投影面上的投影 O_1X_1、O_1Y_1、O_1Z_1 称为轴测投影轴，简称轴测轴。轴测轴之间的夹角称为轴间角。轴测轴上的单位长度与相应直角坐标轴上的单位长度的比值称为轴向伸缩系数。轴测轴 O_1X_1、O_1Y_1、O_1Z_1 的轴向伸缩系数分别用 p、q、r 表示，轴向伸缩系数 ≤1。轴间角和轴向伸缩系数是控制轴测投影效果的重要参数。

二、轴测图的基本特性

1. 平行性

物体上相互平行的线段，其轴测投影也相互平行；与参考的坐标轴平行的线段，其轴测投影也必平行于相应的轴测轴。这种平行于轴测轴的线段，称为轴向线段。

2. 定比性

轴测轴及其相对应的轴向线段有着相同的轴向伸缩系数。

3. 沿轴测量性

轴测投影的最大特点就是：必须沿着轴测轴的方向进行长度的度量，这也是轴测图中的"轴测"两个字的含义。

三、轴测图的分类

根据 GB/T 14692—2008《技术制图　投影法》中的介绍，轴测图分为两大类：使用正投影法所得到的轴测图称为正轴测投影，简称正轴测图；使用斜投影法所得到的轴测图称为斜轴测投影，简称斜轴测图。每大类再根据轴向伸缩系数是否相同，又分为三种：

1）若 $p=q=r$，即三个轴向伸缩系数相同，称为正（或斜）等轴测图，简称正（或斜）等测。

2）若有两个轴向伸缩系数相等，即 $p=q \neq r$ 或 $p \neq q=r$ 或 $r=p \neq q$，称为正（或斜）二等轴测，简称正（或斜）二测。

3）如果三个轴向伸缩系数都不相等，即 $p \neq q \neq r$，称为正（或斜）三等轴测图，简称正（或斜）三测。

工程上用得较多的是正等轴测图和斜二轴测图。

单元二　正等轴测图

一、正等轴测图的特点

正等轴测图的投射方向垂直于轴测投影面，确定物体空间位置的三个直角坐标轴均倾斜于轴测投影面且倾角相同。因此，正等轴测图中，三个轴间角均为 $120°$，轴向伸缩系数均为 1，即 $p = q = r = 1$ 如图 6-3 所示。

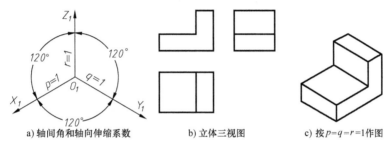

a) 轴间角和轴向伸缩系数　　b) 立体三视图　　c) 按 $p = q = r = 1$ 作图

图 6-3　正等轴测图的特点

二、平面立体正等轴测图的基本画法

画轴测图的基本方法是坐标法。其步骤一般为：先根据物体形状特点，建立适当的坐标系；再根据物体的尺寸坐标关系，画出物体上某些点的轴测投影；最后顺次连接各点的轴测投影，作出物体上的某些线和面，逐步完成物体的全图。

为作图简便，坐标系的原点一般建立在物体表面的对称中心或顶点处。

例 6-1　根据正六棱柱的主、俯视图（图 6-4a），作出其正等轴测图。

解：正六棱柱的正等轴测图作图过程如图 6-4 所示。

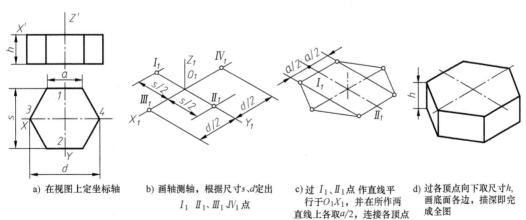

a) 在视图上定坐标轴　　b) 画轴测轴，根据尺寸 s、d 定出 I_1 II_1、III_1 IV_1 点　　c) 过 I_1、II_1 点作直线平行于 O_1X_1，并在所作两直线上各取 $a/2$，连接各顶点　　d) 过各顶点向下取尺寸 h，画底面各边，描深即完成全图

图 6-4　用坐标法画正六棱柱的正等轴测图

例 6-2　根据正三棱锥的三视图（图 6-5a），作出其正等轴测图。

解：正三棱锥的正等轴测图作图过程如图 6-5 所示。

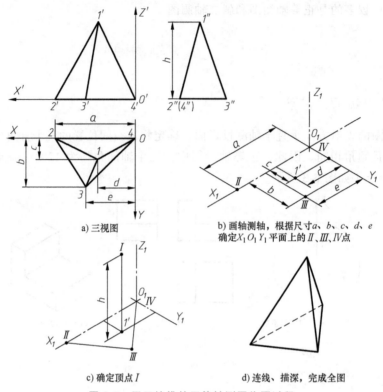

a) 三视图

b) 画轴测轴，根据尺寸 a、b、c、d、e
确定 $X_1O_1Y_1$ 平面上的 II、III、IV 点

c) 确定顶点 I

d) 连线、描深，完成全图

图 6-5　正三棱锥的正等轴测图作图过程

三、曲面立体正等轴测图的基本画法

1. 平行于坐标面的圆的正等轴测图

在平行投影中，当圆所在的平面平行于投影面时，它的投影反映实形，依然是圆。而如图 6-6 所示的各圆，虽然它们都平行于坐标面，但三个坐标面或其平行面都不平行于相应的轴测投影面，因此它们的正等测轴测投影就变成了椭圆。椭圆的长轴方向与其外切菱形长对角线的方向一致，椭圆的短轴方向与其外切菱形短对角线的方向一致，长短轴相互垂直。画回转体的正等测时，一定要明确圆所在的平面与哪一个坐标面平行，才能保证画出方位正确的椭圆。

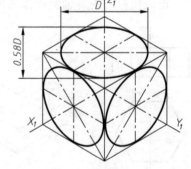

图 6-6　平行于坐标面的圆的正等轴测图

2. 用"四心法"作圆的正等轴测图

为简化作图，一般常用"四心法"近似画椭圆。如图 6-7 所示，是用四心近似法作出的平行于 $X_1O_1Y_1$ 坐标面的圆的正等轴测图。对于平行于 $X_1O_1Z_1$ 和 $Z_1O_1Y_1$ 坐标面的圆的正等测圆，其画法与平行于 $X_1O_1Y_1$ 坐标面的圆的正等测图画法完全相同，只需按图 6-7 所示正确

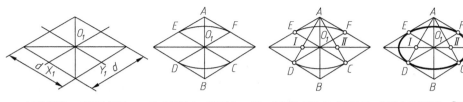

a) 画轴测轴,按圆的外切
正方形画出菱形

b) 分别以A、B为圆心,AC
为半径画两大弧

c) 连接AC和AD交长轴于
I、II两点

d) 以I、II为圆心,ID为半
径画小弧,在C、D、E、F
处与大弧连接

图 6-7 平行于 $X_1O_1Y_1$ 坐标面的圆的正等轴测图的近似画法

地作出其外切正方形的轴测投影即可。

例 6-3 求作如图 6-8a 所示圆台的正等轴测图。

解:圆台的正等轴测图作图过程如图 6-8 所示。

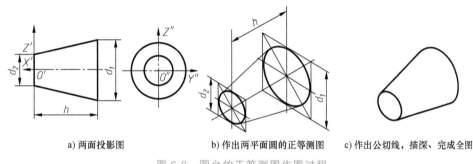

a) 两面投影图

b) 作出两平面圆的正等测图

c) 作出公切线,描深、完成全图

图 6-8 圆台的正等测图作图过程

单元三 斜二等轴测图

一、斜二等轴测图的特点

斜二等轴测图的投射方向倾斜于轴测投影面,此时确定物体位置的三根直角坐标轴不必全部倾斜于轴测投影面也可得到物体的轴测投影。正面斜二等轴测图是最常用的斜二等轴测图,需要使确定物体位置的一个坐标面 $X_1O_1Z_1$ 平行于轴测投影面 P,而投射方向倾斜于轴测投影面 P,并使轴测轴 O_1Y_1 在轴间角 $\angle X_1O_1Z_1$ 的角平分线上。此时,轴间角 $\angle X_1O_1Z_1 = 90°$,$\angle X_1O_1Y_1 = \angle Y_1O_1Z_1 = 135°$;轴向伸缩系数 $p = r = 1$,$q = 0.5$,如图 6-9 所示。

斜二等轴测图的 O_1X_1 和 O_1Z_1 轴的轴向伸缩系数是 1,O_1Y_1 轴的轴向伸缩系数是 0.5。在绘制斜二测图时,O_1X_1、

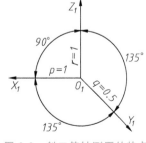

图 6-9 斜二等轴测图的特点

O_1Z_1 轴方向的尺寸可以按实际尺寸度量,O_1Y_1 轴方向的尺寸则要缩短一半度量。

斜二等轴测图能反映物体正面的实形且画图方便,适用于画正面有较多圆的机件轴测图。

二、斜二等轴测图的画法

1. 支架的斜二等轴测图

分析图 6-10a 所示的支架，其表面上的圆均平行于正平面。确定直角坐标系时，使坐标轴 Y 与圆孔轴线重合，坐标原点与前表面圆的中心重合，使坐标面 $X_1O_1Z_1$ 与正面平行，选择正面作为轴测投影面。这样，物体上的圆和半圆，其轴测图均反映实形，因此作图较为简便。

支架的斜二等轴测图作图过程如图 6-10 所示。

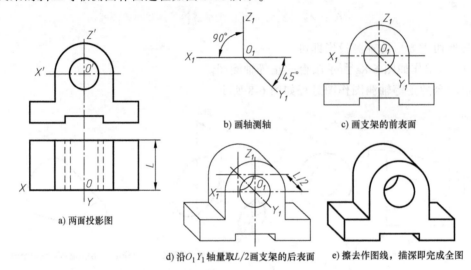

a) 两面投影图

b) 画轴测轴

c) 画支架的前表面

d) 沿 O_1Y_1 轴量取 $L/2$ 画支架的后表面

e) 擦去作图线，描深即完成全图

图 6-10　支架的斜二等轴测图作图过程

2. 组合体的斜二等轴测图

如图 6-11a 所示的组合体，其正面投影有较多的圆和圆弧，所以画成斜二等轴测图最方便。设半圆柱前表面的圆心为坐标原点。组合体的斜二等轴测图作图过程如图 6-11 所示。

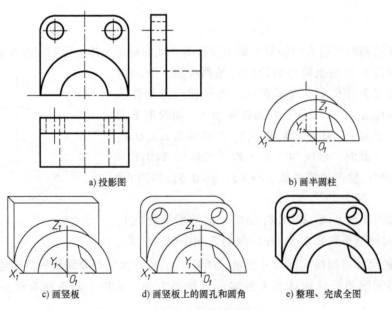

a) 投影图

b) 画半圆柱

c) 画竖板

d) 画竖板上的圆孔和圆角

e) 整理、完成全图

图 6-11　组合体的斜二等轴测图作图过程

模块小结

　　轴测图通常作为辅助图样使用，主要用于帮助读图和构思立体。因此，需要了解绘制轴测图的基本方法和图样特点，掌握简单立体正等轴测图的绘图方法，同时了解斜二等轴测图区别于正等轴测图的优势。绘制轴测图时，必须注意轴向测量的原则和方法。

思　考　题

　　1. 轴测图是怎样形成的？具有哪些投影特性？
　　2. 作图时，怎样合理选用正等轴测图和斜二等轴测图？

专业小故事：给大飞机装上翅膀的钳工师傅

　　一架大飞机有多少个零件？或许没有多少人知道。但飞机上只要有一个零件出了差错，就可能付出生命的代价。一名技术人员做到"零差错"有多不容易，或许没有多少人体会过。但 36 年里加工数十万个飞机零件无一次品，却是一种很难达到的境界。有一个人做到了，他就是人称"航空手艺人"的全国劳模、上海飞机制造有限公司普通钳工胡双钱。

　　在飞机制造这个领域，这种"匠人"精神是不可或缺的。因为，在造飞机的过程中，许多零件要实现精细化，是无法完全通过数控机床、电子设备来实现的，还要靠手工完成。世界一流的飞机制造公司都保留着独当一面、不可替代的手工工匠。

　　成为不可替代，胡双钱靠的是多做多干，默默练习，攻坚克难，勇于创新。在多年的经历中，胡双钱最大的收获是对质量的坚持。经过数十年的实操积累和沉淀，胡双钱形成并总结出自己的一套方法和习惯。在工作前，他一定会先看懂图样，了解工艺要求和技术规范，而在接收零件时，他也会先按照图样检查上道工序是否存在不当之处，再动手加工零件。他还摸索出一些原理简单，却非常实用的"诀窍"，能够保证产品以高质量交付。他用自己总结归纳的"对比复查法"和"反向验证法"，在飞机零件制造岗位上创造了 35 年零差错的纪录，连续 12 年被公司评为"质量信得过岗位"，并授予产品免检荣誉证书。

　　不仅无差错，胡双钱还特别能攻坚。在 ARJ21 新支线飞机项目和大型客机项目的研制和试飞阶段，设计定型及各项试验的过程中会产生许多特制件，这些零件无法进行大批量、规模化生产，钳工是进行零件加工最直接的手段。胡双钱几十年的积累和沉淀开始发挥作用。他攻坚克难，创新工作方法，圆满完成了 ARJ21-700 飞机起落架钛合金作动筒接头特制件制孔、C919 大型客机项目平尾零件制孔等各种特制件的加工。胡双钱先后获得全国"五一"劳动奖章和"全国劳动模范""全国道德模范"称号。

　　一定要把我们自己的装备制造业搞上去，一定要把大飞机搞上去。胡双钱现在最大的愿望是："为中国大飞机多做一点。"

模块七

标准件与常用件的规定画法

学习目标：

　　熟练掌握螺纹的规定画法、代号和标注方法；掌握螺纹紧固件（螺栓、双头螺柱、螺钉、螺母、垫圈）的简化画法、标记和联接，并能根据螺纹紧固件的标记查阅其相关标准；掌握直齿圆柱齿轮及其啮合的规定画法；了解锥齿轮及蜗轮蜗杆的规定画法；了解普通平键联接、花键联接、销联接、滚动轴承、圆柱螺旋弹簧的规定画法和简化画法；培养空间想象能力与空间思维能力；培养认真负责、一丝不苟、严谨专注的精神。

　　机器或部件中，除了一般的零件外，还广泛使用螺栓、螺钉、螺母、垫圈、键、销和滚动轴承等零件，这些零件中有的个头极小，但再小的螺母也是零件。这类零件的结构和尺寸等全部要素都由国家标准做了严格的标准化规范，被称为标准件。

　　还有些零件常用于机器中，如齿轮、弹簧等，这类零件的结构和参数，仅有一部分被标准化、系列化，被称为常用件。

　　标准件和常用件需用量大，为便于制造和使用，国家标准将其结构尺寸全部或部分地实行了标准化；同时为使绘图简便，国家标准机械制图规定了它们的规定画法、代号以及标记方法。

　　这些零件由专业化工厂根据国家标准规定的参数大批量生产，成为标准化、系列化的零件。集中生产的优势在于提高了生产效率和获得了质优价廉的产品。在产品的设计、装配、维修过程中，标准件可按规格选用和更换。

单元一　螺纹的规定画法和标注（GB/T 4459.1—1995）

一、螺纹的基本知识

1. 螺纹的形成

　　在圆柱表面或圆锥表面上，具有相同牙型、沿螺旋线连续凸起的牙体，称为螺纹。在圆柱面上形成的螺纹称为圆柱螺纹；在圆锥面上形成的螺纹称为圆

螺纹的画法与标注

锥螺纹。在工件外表面上加工出的螺纹称为外螺纹；在工件内表面上加工出的螺纹称为内螺纹。

螺纹的加工方法很多，在车床上车削螺纹时，工件被夹紧在车床的卡盘中，并绕其轴线做匀速转动，车刀沿工件轴线方向做匀速直线运动，当车刀切入工件到一定深度时，工件表面便车出了螺纹。图7-1所示为在车床上加工螺纹的情况。车刀刀尖的形状不同，车削出的螺纹形状也不同。

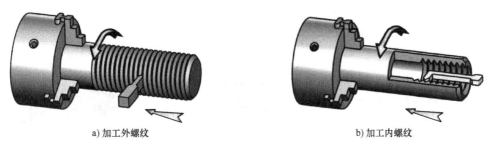

a) 加工外螺纹　　　　　　　　　　　b) 加工内螺纹

图 7-1　在车床上加工螺纹的情况

有些内螺纹的加工，也采用先钻后攻的方法：先用钻头在机件上钻出光孔，再用丝锥攻出螺纹。图7-2为内螺纹先钻后攻示意图。螺纹不通孔底部一般有钻孔时留下的120°锥面。

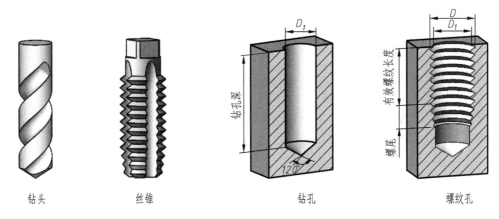

钻头　　　　　　　丝锥　　　　　　　钻孔　　　　　　　螺纹孔

图 7-2　内螺纹先钻后攻示意图

2．螺纹的结构要素

（1）牙型　在螺纹轴线平面内的螺纹轮廓形状称为**螺纹牙型**。常见的螺纹牙型有三角形、梯形、锯齿形等，见表7-1。

（2）螺纹直径　螺纹的直径有大径、小径和中径。直径符号小写字母表示外螺纹，大写字母表示内螺纹，如图7-3所示。

大径（d、D）——与外螺纹牙顶（螺纹凸起部分的顶端）或内螺纹牙底（螺纹沟槽部分的底部）相切的假想圆柱或圆锥的直径。螺纹的公称直径即指大径。

小径（d_1、D_1）——与外螺纹牙底或内螺纹牙顶相切的假想圆柱或圆锥的直径。

中径（d_2、D_2）——假想有一圆柱，其母线通过圆柱螺纹上牙厚与牙槽宽相等的地方，该假想圆柱的直径称为中径。中径是反映螺纹精度的主要参数之一。

（3）线数　螺纹有单线和多线之分。沿一条螺旋线形成的螺纹，称为**单线螺纹**。沿两

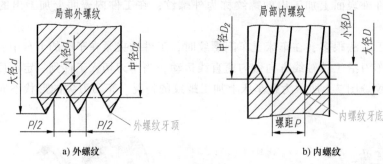

图 7-3　螺纹的直径和螺距

条或两条以上在轴向等距分布的螺旋线形成的螺纹，称为**多线螺纹**，线数以 n 表示。如图 7-4 所示。

（4）**螺距与导程**　相邻两牙体上的对应牙侧与中径线相交两点间的轴向距离，称为**螺距**，用 P 表示；最邻近的两同名牙侧与中径线相交两点间的轴向距离，称为**导程**，用 P_h 表示，如图 7-4 所示。螺距与导程之间的关系为

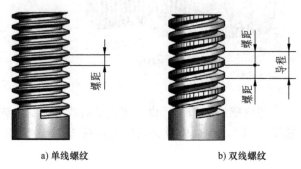

图 7-4　螺纹的线数

　　单线螺纹：$P=P_h$

　　多线螺纹：$P=P_h/n$

（5）**旋向**　螺纹有左旋和右旋之分。顺时针旋入的螺纹称为右旋，反之为左旋。常用的是右旋螺纹。判断螺纹旋向时，可将轴线竖起，螺纹可见部分由左向右上升的为右旋，反之为左旋，如图 7-5 所示。

图 7-5　螺纹的旋向

　　内、外螺纹是配对使用的。只有牙型、大径、小径、导程、线数、旋向等六个要素完全相同的内、外螺纹才能相互旋合。

　　3. 螺纹的分类

　　螺纹按牙型、直径、螺距三要素是否符合国家标准，可分为以下三类：

　　（1）**标准螺纹**　牙型、直径、螺距三要素符合标准的螺纹。

　　（2）**特殊螺纹**　牙型符合标准，直径或螺距不符合标准的螺纹。

（3）非标准螺纹 牙型不符合标准的螺纹。

螺纹按用途又可分为**联接螺纹**和**传动螺纹**两类。

二、螺纹的规定画法

由于螺纹的结构要素和尺寸已标准化，通常采用专用刀具或专用机床制造，在表达螺纹时，没有必要画出螺纹的真实投影，国家标准 GB/T 4459.1—1995 规定了螺纹的画法。

1. 外螺纹的画法

如图 7-6 所示，外螺纹的牙顶（大径）和螺纹终止线用粗实线表示，牙底（小径）用细实线表示（$d_1 \approx 0.85d$）。

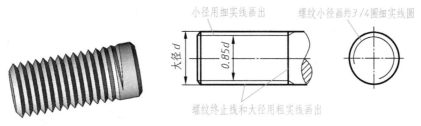

图 7-6 外螺纹的规定画法

在与轴线平行的视图上，表示牙底的细实线画进倒角。如需要表示螺纹收尾时，尾部牙底用与轴线成 30° 的细实线绘制。

在与轴线垂直的视图上，表示牙底的细实线圆画大约 3/4 圈，且螺杆的倒角省略不画。

外螺纹剖切的画法如图 7-7 所示。注意，剖面线应画到粗实线。

2. 内螺纹的画法

画内螺纹通常采用剖视图，如图 7-8b 所示。内螺纹的牙顶（小径）和螺纹终止线用粗实线表示，牙底（大径）用细实线表示（$D_1 = 0.85D$）。剖面线应画到粗实线。

在与轴线垂直的视图上，若螺

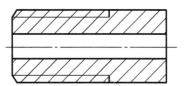

图 7-7 外螺纹剖切的画法

孔可见，牙顶用粗实线画出，表示牙底的细实线圆画大约 3/4 圈，且孔口倒角省略不画。

绘制不通孔的内螺纹，应将钻孔深度和螺纹深度分别画出。孔底由钻头钻成的 120° 的锥面要画出。

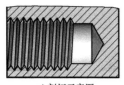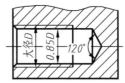

a) 剖切示意图　　　　　　　　b) 剖视图

图 7-8 内螺纹的规定画法

在视图中，若内螺纹不可见，所有螺纹图线用虚线绘制，如图 7-9 所示。

两螺纹孔相贯或螺孔与光孔相贯，只画小径产生的相贯线，如图 7-10 所示。

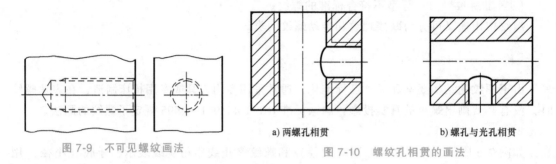

图 7-9　不可见螺纹画法

a) 两螺孔相贯　　　b) 螺孔与光孔相贯

图 7-10　螺纹孔相贯的画法

3. 螺纹联接画法

螺纹联接通常采用剖视图。内、外螺纹旋合部分按外螺纹画出，未旋合部分按各自的规定画法画出，如图 7-11 所示。

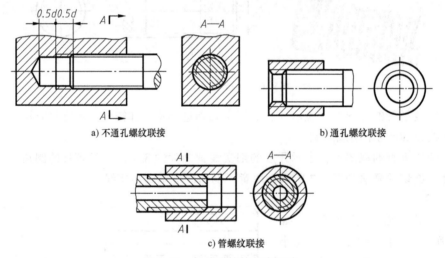

a) 不通孔螺纹联接　　　　　　b) 通孔螺纹联接

c) 管螺纹联接

图 7-11　螺纹联接的规定画法

三、螺纹的标注

螺纹的规定画法不能清楚地表达螺纹的种类、要素及其他要求。采用螺纹的规定画法再标注上螺纹标记，才能区分不同种类的螺纹及其规格等。各种螺纹的标记及标注示例见表 7-1。

1. 标准螺纹的标记及标注

（1）普通螺纹的标记　单线普通螺纹的标记项目及格式为：

螺纹特征代号 公称直径 ×螺距 -中径公差带代号 顶径公差带代号 -旋合长度代号 -旋向代号

如果是多线螺纹，将"螺距"改为"Ph 导程 P 螺距"。

普通螺纹的特征代号为 M。普通粗牙螺纹不注螺距，细牙螺纹注螺距。中径公差带代号和顶径公差带代号相同时，可只注一个公差带代号。旋合长度分短、中、长三组，代号分别为"S、N、L"，中等旋合长度不必标注，长或短旋合长度必须标注；特殊的旋合长度可直接注出长度数值。右旋螺纹不注，左旋注"LH"。

表 7-1　螺纹的牙型、特征代号、标记及标注示例

螺纹种类			牙型放大图	特征代号	标记的标注示例	说　明
联接螺纹	普通螺纹	粗牙	60°	M	M16-5g6g-S	粗牙普通外螺纹,公称直径为16mm,螺距为 $P=2$ mm(查表),中径公差带代号为5g,顶径公差带代号为6g,短旋合长度,右旋
		细牙			M16×1-6H-LH	细牙普通内螺纹,公称直径为16mm,螺距为1mm,中径和顶径公差带代号均为6H,中等旋合长度,左旋
	管螺纹	55°密封管螺纹	55°	Rp	Rp1/4	尺寸代号为1/4 的右旋圆柱内螺纹
				Rc	Rc1/4	尺寸代号为1/4 的右旋圆锥内螺纹
		55°非密封管螺纹		G	G1/4	尺寸代号为1/4 的右旋圆柱内螺纹
					G1/4A-LH	尺寸代号为1/4 的 A 级左旋圆柱外螺纹
传动螺纹	梯形螺纹		30°	Tr	Tr30×14(P7)LH-8e	梯形外螺纹,公称直径为30mm,导程为14mm(螺距为7mm),左旋,中径公差带代号为8e,中等旋合长度
	锯齿形螺纹		3°　30°	B	B32×6-7E	锯齿形内螺纹,大径为32mm,螺距为6mm,右旋,中径公差带代号为7E,中等旋合长度
	矩形螺纹			非标准螺纹	6　3　Φ30　Φ24	非标准螺纹必须画出牙型和注出有关螺纹结构的全部尺寸

（2）梯形和锯齿形螺纹的标记　其标记项目及格式为：

| 螺纹特征代号 | 公称直径 | × | 导程（P 螺距） | 旋向代号 | - | 公差带代号 | - | 旋合长度代号 |

梯形和锯齿形螺纹只注中径公差带代号。右旋螺纹不注，左旋注"LH"。

（3）管螺纹的标记

1）55°密封管螺纹的标记项目及格式为：

| 螺纹特征代号 | 尺寸代号 | 旋向代号 |

2）55°非密封管螺纹的标记项目及格式为：

| 螺纹特征代号 | 尺寸代号 | 公差等级 | - | 旋向代号 |

管螺纹的尺寸代号是管子孔径的近似值，单位为 in（1in = 25.4mm），不是螺纹的大径。公差等级代号：对外螺纹，分 A、B 两级；对内螺纹则不标记；对 55°密封管螺纹也不标记。

（4）在图样上的标注方法　普通螺纹标记、梯形螺纹标记、锯齿形螺纹标记的标注方法与一般线性尺寸注法相同，将标记注写在大径的尺寸线或尺寸线的延长线上；管螺纹的标记必须注写在从螺纹大径引出的指引线的水平折线上，见表 7-1 中的标注示例。

2. 特殊螺纹与非标准螺纹的标注

（1）特殊螺纹　应在螺纹特征代号前加注"特"字，并注出大径和螺距。

（2）非标准螺纹　非标准螺纹可按规定画法画出，但必须画出牙型和注出有关螺纹结构的全部尺寸。

单元二　螺纹紧固件及联接画法（GB/T 4459.1—1995）

螺纹紧
固件

一、常用的螺纹紧固件及其标记

常用的螺纹紧固件有螺栓、双头螺柱、螺钉、螺母、垫圈（图 7-12）等标准件，它们的结构、形状和尺寸都已标准化。各种标准件都有规定的标记，根据标记可从相关标准中查出它们的结构数据。表 7-2 所列为常见螺纹紧固件的标记。

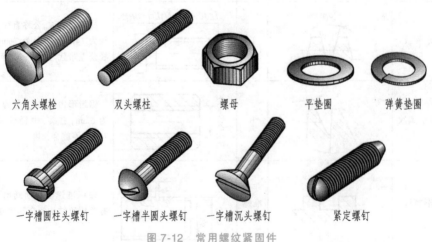

六角头螺栓　　双头螺柱　　螺母　　平垫圈　　弹簧垫圈

一字槽圆柱头螺钉　一字槽半圆头螺钉　一字槽沉头螺钉　　紧定螺钉

图 7-12　常用螺纹紧固件

表 7-2　常见螺纹紧固件的标记

名称及标准号	图例和标记示例	说　　明
六角头螺栓 GB/T 5782—2016	M12 50 标记示例:螺栓　GB/T 5782　M12×50	表示螺纹规格为 M12、公称长度 $l=50$mm、性能等级为 8.8 级、表面不经处理、产品等级为 A 级的六角头螺栓
双头螺柱 GB/T 897—1988	M12 12　50 标记示例:螺柱　GB/T 897　M12×50	表示两端均为粗牙普通螺纹、螺纹规格为 M12、公称长度 $l=50$mm、性能等级为 4.8 级、不经表面处理、B 型、$b_m=1d$ 的双头螺柱
开槽沉头螺钉 GB/T 68—2016	M8 35 标记示例:螺钉　GB/T 68　M8×35	表示螺纹规格为 M8、公称长度 $l=35$mm、性能等级为 4.8 级、表面不经处理的 A 级开槽沉头螺钉
开槽圆柱头螺钉 GB/T 65—2016	M8 35 标记示例:螺钉　GB/T 65　M8×35	表示螺纹规格为 M8、公称长度 $l=35$mm、性能等级为 4.8 级、表面不经处理的 A 级开槽圆柱头螺钉
开槽锥端紧定螺钉 GB/T 71—2018	M8 25 标记示例:螺钉　GB/T 71　M8×25	表示螺纹规格为 M8、公称长度 $l=25$mm、钢制、硬度等级为 14H 级、表面不经处理、产品等级为 A 级的开槽锥端紧定螺钉
六角螺母 GB/T 6170—2015	M16 标记示例:螺母　GB/T 6170　M16	表示螺纹规格为 M16、性能等级为 8 级、表面不经处理、产品等级为 A 级的 1 型六角螺母
平垫圈 GB/T 97.1—2002	$\phi16$ 标记示例:垫圈　GB/T 97.1　16	表示公称直径为 16mm、由钢制造的硬度等级为 200HV 级、不经表面处理、产品等级为 A 级的平垫圈
弹簧垫圈 GB/T 93—1987	$\phi16.2$ 标记示例:垫圈　GB/T 93　16	表示公称直径为 16mm、材料为 65Mn、表面氧化的标准型弹簧垫圈

二、常用螺纹紧固件的画法

绘制螺纹紧固件时，可从相应的国家标准中查出其结构型式和各部分尺寸，然后画出。实际绘图时，为节省时间，也可根据紧固件的螺纹公称直径，按比例近似地画出。表7-3所列为螺纹紧固件的近似比例画法。

表 7-3　螺纹紧固件的近似比例画法

说　　明	画　　法
螺母 d 为螺纹公称直径 $D = 2d$ $H = 0.8d$ $R = 1.5d$ r(由作图定,圆心在 AB 中心)	
螺栓 d 为螺纹公称直径 螺栓头部除厚度 $= 0.7d$ 外,其余 结构尺寸同螺母画法	
垫圈 d 为与垫圈相配的螺栓、螺柱 的螺纹公称直径	
螺柱 d 为螺纹公称直径 旋入端(旋入被联接件螺孔的 一端)长度 b_m 视被联接材料而定	
螺钉头部 d 为螺纹公称直径 螺纹部分的画法同螺栓	

三、螺纹紧固件的联接画法

设计机器时，不需画标准化的螺纹紧固件的零件图，但要在装配图样上表达其联接零件的型式和注写规定的标记。因此，必须掌握其联接装配图的画法。

1. 装配图的一般规定画法

1）相邻零件的表面接触时，画一条粗实线作为分界线；不接触时按各自的尺寸画出，间隙过小时，应夸大画出。

2）在剖视图中，相邻两金属零件的剖面线方向应相反，或方向相同，但间距不同或错开。在同一张图上，同一零件在各个剖视图中的剖面线方向、间距应一致。

3）当剖切平面通过紧固件的轴线时，紧固件按不剖画出。

利用螺纹紧固件联接两零件的型式有三种：螺栓联接、双头螺柱联接和螺钉联接。无论哪一种螺纹联接，其画法均应符合上述装配图画法的一般规定。

2. 螺栓联接

螺栓联接适用于联接不太厚的并且能钻成通孔的两个零件。联接时螺栓穿过两零件上的光孔，加上垫圈，最后用螺母紧固。垫圈是用来增加支承面积和防止拧紧螺母时损伤被联接零件表面的。被联接零件的通孔直径应略大于螺纹公称直径 d，具体大小可根据装配要求查有关国家标准。

画图时，首先必须已知两被联接零件的厚度（δ_1、δ_2）以及各紧固件的型式、规格，然后从标准中查出螺母、垫圈的厚度（m、h），再按下式算出螺栓的参考长度（L'）。

$$L' = \delta_1 + \delta_2 + m + h + b_1$$

式中，b_1 为螺栓伸出螺母外的长度，一般取 $b_1 \approx 0.3d$；最后根据螺栓的型式、规格查相应的螺栓标准，从标准中选取与 L' 相近的螺栓公称长度 L 的数值。

螺栓联接装配图可按查表得出的尺寸作图。为作图方便，常采用以公称直径 d 为基础，按表 7-3 中的近似比例画法画装配图，如图 7-13 所示。

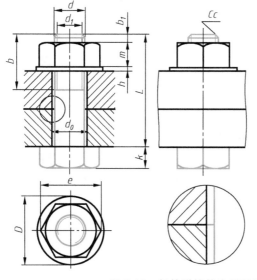

$e = 2d$

$m = 0.8d$

$k = 0.7d$

$d_1 = 0.85d$

$c = 0.15d$

$d_0 = 1.1d$

$b = (1.5 \sim 2)d$

$D = 2.2d$

$h = 0.15d$

$b_1 = 0.3d$

图 7-13　螺栓联接的比例画法

在螺栓联接装配图中也可省略六角头螺栓和六角螺母上的倒角以及由倒角产生的曲线的投影，采用如图 7-14 所示的简化画法。在后面的螺柱联接装配图中，对六角螺母也可采用相同画法。

3. 双头螺柱联接

双头螺柱联接多用于被联接件之一太厚或由于结构上的原因不能用螺栓联接，以及因拆卸频繁不宜使用螺钉联接的场合。双头螺柱一端全部旋入被联接件的螺孔内，且一般不再旋出，另一端穿过被联接件的光孔，加上垫圈，以螺母紧固。为了防松可加弹簧垫圈。

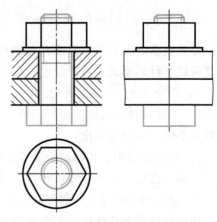

图 7-14　装配图中六角头螺栓
和六角螺母的简化画法

（1）双头螺柱有关尺寸的确定　螺柱的两端都有螺纹。用来旋入被联接件螺孔的一端，称为旋入端，其长度用 b_m 表示；另一端称为紧固端。旋入端长度与制有螺孔的零件的材料有关，且有标准规定，一般是：

钢、青铜：$b_m = 1d$（GB/T 897—1988）

铸铁：$b_m = 1.25d$（GB/T 898—1988）或 $b_m = 1.5d$（GB/T 899—1988）

铝：$b_m = 2d$（GB/T 900—1988）

画图时，应已知制有螺孔的零件的材料（以确定旋入端长度）、制有光孔的零件的厚度 δ 和螺柱的公称直径 d；然后查表得到螺母、垫圈的厚度（m、s），再计算出双头螺柱的参考长度 L'：

$$L' = \delta + s + m + b_1$$

式中，b_1 为螺柱伸出螺母外的长度，一般取 $b_1 \approx 5 \sim 6\text{mm}$；最后查标准选定与参考长度相近的公称长度 L。

（2）双头螺柱联接装配图的画法　双头螺柱联接的比例画法和简化画法如图 7-15 所示。

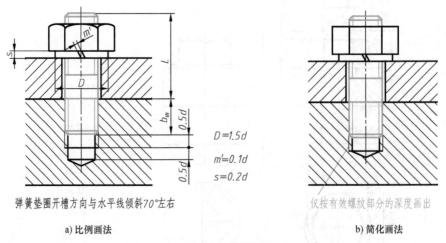

$D = 1.5d$

$m' = 0.1d$

$s = 0.2d$

弹簧垫圈开槽方向与水平线倾斜70°左右

仅按有效螺纹部分的深度画出

a）比例画法　　　　　　　　　　　　　b）简化画法

图 7-15　双头螺柱联接装配图的画法

画双头螺柱联接图时应注意以下几点：

1）旋入端的螺纹终止线应与结合面平齐，以示拧紧。

2）结合面以上部位的画法与螺栓联接一样。

3）螺纹底孔末端应画出钻头钻孔留下的角度，且螺纹一般不到孔底。

4）装配图中，不穿通的螺纹孔可不画出钻孔深度，仅按有效螺纹部分的深度（不包括螺尾）画出，如图 7-15b 和图 7-16b、c 所示。

4. 螺钉联接

螺钉联接按其用途可分为紧固螺钉联接和紧定螺钉联接。紧固螺钉与双头螺柱联接的应用场合有些相似，但多用于不需经常拆装且受力不大的地方。紧定螺钉联接主要用于固定两零件的相对位置，常见的有支紧和骑缝两种形式。

（1）紧固螺钉的联接装配图画法 紧固螺钉的联接装配图画法如图 7-16 所示。画图时所需参数、数据查阅和画图方法等，与双头螺柱联接基本相同。但要注意以下几点：

1）当螺钉非全螺纹时，螺纹终止线一定要在结合面以上，以示拧紧。

2）对于螺钉头部的开槽，在投影为圆的视图上，不按投影关系绘制，按向右倾斜 45°画出。当槽宽小于 2mm 时，可将槽涂黑画出。

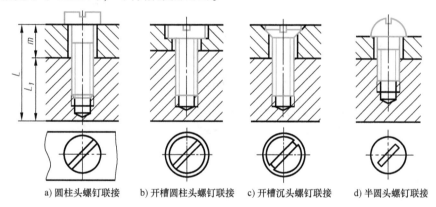

a) 圆柱头螺钉联接　　b) 开槽圆柱头螺钉联接　　c) 开槽沉头螺钉联接　　d) 半圆头螺钉联接

图 7-16　紧固螺钉的联接装配图画法

（2）紧定螺钉的联接装配图画法 紧定螺钉的联接装配图画法如图 7-17 所示。

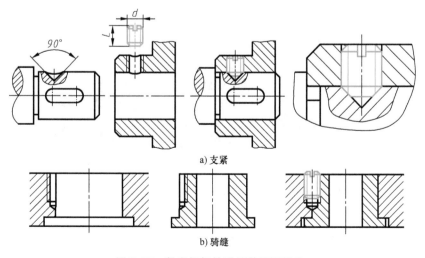

a) 支紧

b) 骑缝

图 7-17　紧定螺钉的联接装配图画法

单元三　齿轮的绘制和标注（GB/T 4459.2—2003）

齿轮的
画法

齿轮是轮缘有齿，能连续啮合，传递运动和动力的机械元件，一般成对使用，是减速器中的重要零件，应用较广。其作用是可以传递空间任意两轴之间的动力，并可改变转速和方向。

齿轮传动的特点：传动效率高，传动比恒定，工作平稳，使用寿命较长。其制造和安装精度要求较高，成本高，不适于轴间距太大的传动。

齿轮按其外形分为圆柱齿轮、锥齿轮、蜗轮蜗杆等，如图 7-18 所示。

圆柱齿轮：用于传递两平行轴间的动力和转动。当大齿轮的直径放大至无穷大，即大齿轮直径远大于小齿轮直径时，圆柱齿轮传动演变为齿轮齿条传动。

锥齿轮：用于传递两相交轴间的动力和转动。一般两轴垂直相交。

蜗轮蜗杆：用于传递两交叉轴间的动力和转动。常见的是两轴垂直相交。

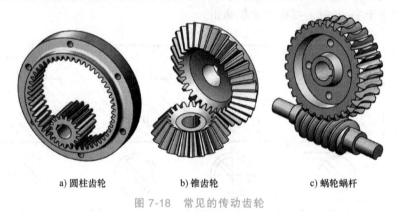

a) 圆柱齿轮　　　　　b) 锥齿轮　　　　　c) 蜗轮蜗杆

图 7-18　常见的传动齿轮

轮齿是齿轮的主要结构。轮齿的齿廓曲线有渐开线、摆线、圆弧等。本单元主要介绍应用最多的齿廓曲线为渐开线的标准齿轮的基本知识和规定画法。

一、圆柱齿轮

圆柱齿轮按轮齿排列方向的不同，一般有直齿、斜齿和人字齿等，如图 7-19 所示。

a) 直齿圆柱齿轮　　　b) 斜齿圆柱齿轮　　　c) 人字齿圆柱齿轮

图 7-19　三种圆柱齿轮

1. 直齿圆柱齿轮的基本结构和基本参数

单个齿轮一般具有轮齿、轮缘、辐板（或辐条）、轮毂、轴孔和键槽等结构，如图 7-20

所示。它的轮齿根据需要可制成直齿、斜齿、人字齿等，结构尺寸已标准化；齿廓曲线形状一般为渐开线。辐板可根据齿轮的大小设计为实体、镂空或辐条形式。为了增加键槽长度以便承载更大的转矩，轮毂宽度一般比轮齿宽度要宽，必要时键槽还可以设计为花键槽。

齿轮的基本参数（图 7-21）如下：

图 7-20　直齿圆柱齿轮的结构名称

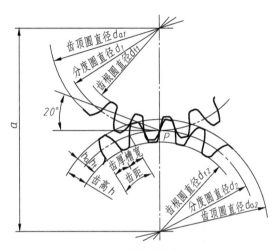

图 7-21　啮合齿轮参数示意图

（1）**模数** m　由于 $\pi d = pz$，因此 $d = zp/\pi$，为计算方便，比值 p/π 称为齿轮的**模数**，即 $m = p/\pi$，所以 $d = mz$。模数是制造轮齿的一个最基本参数。模数越大，轮齿就越大；模数越小，轮齿就越小。加工齿轮的刀具选择以模数为准。模数已标准化，设计齿轮时应采用标准值，圆柱齿轮的标准模数见表 7-4。一对正确啮合的齿轮，其模数、压力角必须分别相等。

表 7-4　圆柱齿轮的标准模数（GB/T 1357—2008）

第一系列	1, 1.25, 1.5, 2, 2.5, 3, 4, 5, 6, 8, 10, 12, 16, 20, 25, 32, 40, 50
第二系列	1.125, 1.375, 1.75, 2.25, 2.75, 3.5, 4.5, 5.5, (6.5), 7, 9, 11, 14, 18, 22, 28, 35, 45

注：优先选用第一系列模数，括号内的尽可能不用。

（2）**分度圆直径** d　分度圆是设计、计算齿轮各部分尺寸的基准，位于齿顶圆和齿根圆之间。其直径和半径分别用 d 和 r 表示，其值只与模数和齿数的乘积有关。在单个圆柱齿轮的规定画法中，用细点画线画出分度圆。理想状态中，标准齿轮上槽宽和齿厚相等处的那个圆就为分度圆。

（3）**节圆直径** d'　在定传动比的齿轮传动中，节点在齿轮运动平面上的轨迹为一个圆，这个圆即节圆。此时在齿轮传动中，可以认为两个齿轮的节圆相切，做纯滚动。齿轮啮合传动时在两齿轮节圆上的节点处相切。对于一个单一的齿轮是不存在节圆的，且两齿轮节圆的大小随其中心距的变化而变化。假如是标准齿轮传动，其节圆与分度圆是重合的，而变位齿轮传动中两者不重合。

（4）**齿顶高** h_a　齿顶高是指分度圆到齿顶圆的径向距离。

（5）**齿根高** h_f　齿根高是指分度圆到齿根圆的径向距离。

（6）**齿数** z　齿轮的齿数一般大于或等于 17，由设计者根据传动比和强度计算来确定。

（7）**齿顶圆直径** d_a　齿顶圆直径即通过轮齿顶的圆周直径。

（8）齿根圆直径 d_f　齿根圆直径即通过轮齿根的圆周直径。

（9）齿距 p　齿距是在分度圆上测量的相邻两齿廓对应点的弧长，$p=s+e$，其中 s 为齿厚，e 为齿槽宽。

（10）压力角 α　压力角又称齿形角。在标准齿轮传动时，指从动轮齿廓在节点 P 上的受力方向与运动方向所夹的锐角，标准值取 $\alpha=20°$。

（11）中心距 a　中心距是齿轮啮合时两齿轮的轴间距，也就是两齿轮节圆半径之和。

2. 标准直齿圆柱齿轮的轮齿各部分尺寸与模数的关系

标准直齿圆柱齿轮各部分尺寸与模数有一定关系，计算公式见表7-5。

表7-5　标准直齿圆柱齿轮各部分名称及尺寸的计算公式

基本参数：模数 m 和齿数 z		
名　称	代　号	公　式
齿顶高	h_a	$h_a=m$
齿根高	h_f	$h_f=1.25m$
齿高	h	$h=2.25m$
分度圆直径	d	$d=mz$
齿顶圆直径	d_a	$d_a=d+2h_a=m(z+2)$
齿根圆直径	d_f	$d_f=d-2h_f=m(z-2.5)$
齿距	p	$p=\pi m$
分度圆齿厚	s	$s=\pi m/2$
中心距	a	$a=(d_1+d_2)/2=m(z_1+z_2)/2$

3. 圆柱齿轮的规定画法

根据国家标准（GB/T 4459.2—2003），齿轮的轮齿部分按规定绘制，轮齿以外的部分，按实际投影绘制。

（1）单个齿轮的画法　齿轮一般用两个视图表示，主视图的齿轮轴线水平放置，主视图是反映圆的视图。单个齿轮的画法如图7-22所示。

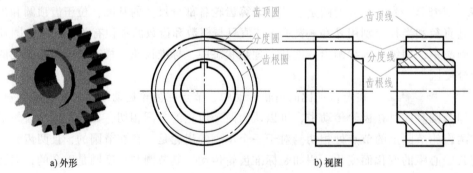

a) 外形　　　　　　　b) 视图

图 7-22　单个齿轮的画法

1）齿顶圆和齿顶线用粗实线绘制，分度圆和分度线用细点画线绘制，齿根圆和齿根线用细实线绘制，也可省略。

2）在剖视图中，当剖切平面通过齿轮的轴线时，轮齿一律按不剖处理，齿根线用粗实线绘制。

如果需表明轮齿的齿形，则可在齿轮投影为圆的视图中用粗实线画出一个或两个齿，或用适当比例的局部放大图表示。在画齿形时，可以用圆弧代替渐开线的齿廓形状，如图 7-23 所示。图中 $p/2$ 为齿厚 s，齿根部圆角 $r=0.2m$。

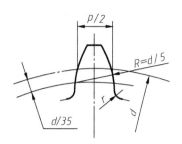

图 7-23　齿形的近似画法

（2）直齿圆柱齿轮的啮合画法

1）在非啮合区，按单个齿轮的画法绘制。

2）在啮合区，在垂直于圆柱齿轮轴线的视图（反映圆的视图）中（通常为左视图），啮合区内两轮的齿顶圆用粗实线绘制或省略不画，两节圆相切，如图 7-24b、c 所示。

3）在啮合区内，在平行于圆柱齿轮轴线的视图中（通常为主视图），若不剖，齿顶线不画，节线用粗实线绘制，如图 7-24a 所示。

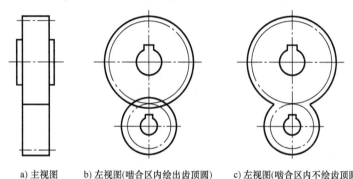

a) 主视图　　　b) 左视图(啮合区内绘出齿顶圆)　　c) 左视图(啮合区内不绘齿顶圆)

图 7-24　啮合齿轮的外形画法

4）当剖切平面通过两啮合齿轮的轴线时，在啮合区内，两轮的节线（标准齿轮为分度线）重合为一条细点画线，齿根线都画成粗实线，一个齿轮的齿顶线画成粗实线，另一个齿轮的齿顶线画成虚线或省略不画。齿顶和齿根的间隙为 $0.25m$。啮合齿轮的剖视画法如图 7-25 所示。

5）在剖视图中，当剖切平面不通过啮合齿轮的轴线时，齿轮一律按不剖绘制。

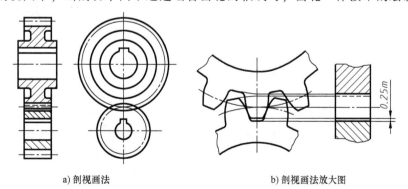

a) 剖视画法　　　　　　　　　b) 剖视画法放大图

图 7-25　啮合齿轮的剖视画法

（3）直齿圆柱齿轮啮合的画图步骤

1）画反映圆的视图：画两轮的中心线，画相切的分度圆，画齿顶圆，画其他。

2）画与轴线平行的视图。

（4）直齿轮零件工作图　图 7-26 所示为直齿轮零件工作图。

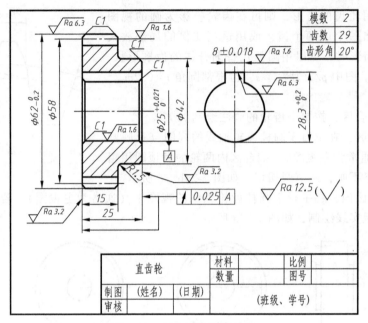

图 7-26　直齿轮零件工作图

4. 齿轮内啮合及齿轮齿条啮合画法

图 7-27 所示为两齿轮内啮合画法。图 7-28 所示为齿轮齿条啮合画法。

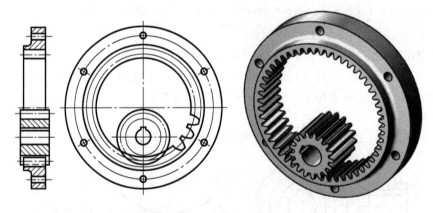

图 7-27　两齿轮内啮合画法

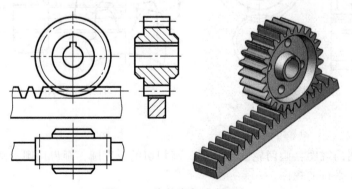

图 7-28　齿轮齿条啮合画法

5. 斜齿和人字齿圆柱齿轮的画法

斜齿圆柱齿轮及人字齿圆柱齿轮与直齿圆柱齿轮画法相似：其反映圆的视图（不论单个齿轮或两齿轮啮合）与直齿圆柱齿轮的画法一样；但在其平行于齿轮轴线的视图中，用三条与齿线方向一致的细实线表示其齿线特征（如果要剖视，采用局部剖视），如图 7-29 和图 7-30 所示。

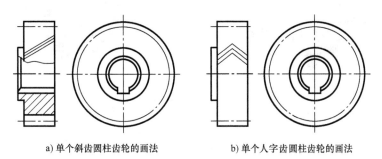

a) 单个斜齿圆柱齿轮的画法　　　　b) 单个人字齿圆柱齿轮的画法

图 7-29　单个斜齿和人字齿圆柱齿轮的画法

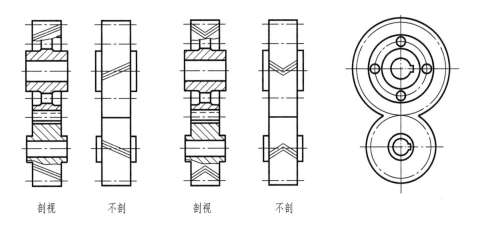

剖视　　　　不剖　　　　剖视　　　　不剖

a) 斜齿轮平行于齿轮轴线的视图　b) 人字齿轮平行于齿轮轴线的视图　　c) 反映圆的视图

图 7-30　斜齿和人字齿圆柱齿轮的啮合画法

二、直齿锥齿轮

这里仅讨论最常用的两轴线夹角为 90° 的直齿锥齿轮。

1. 直齿锥齿轮各部分名称及尺寸计算

锥齿轮的轮齿是在圆锥面上切制出的，轮齿一端大，一端小，因此沿齿宽方向模数也逐渐变化。为了便于计算和制造，规定以大端端面模数为标准模数，以此计算大端轮齿各部分的尺寸，其标准模数值仍从表 7-4 中选用。

直齿锥齿轮一般有五个锥面（齿顶圆锥面、齿根圆锥面、分度圆锥面、背锥面、前锥面）。齿顶圆锥面、齿根圆锥面、分度圆锥面分别与背锥面相交，交线分别为齿顶圆、齿根圆、分度圆。直齿锥齿轮的三个锥角（分锥角 δ、顶锥角 δ_a、根锥角 δ_f）分别是分度圆锥母线、顶锥母线、根锥母线与齿轮轴线的夹角。直齿锥齿轮各部分名称如图 7-31 所示。

标准直齿锥齿轮各部分名称及尺寸的计算公式见表 7-6。

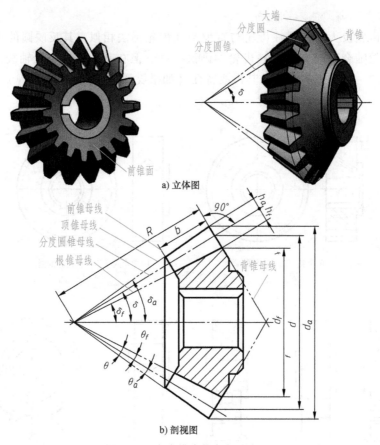

a) 立体图

b) 剖视图

图 7-31　直齿锥齿轮各部分名称

表 7-6　标准直齿锥齿轮各部分名称及尺寸的计算公式

基本参数：大端模数 m、齿数 z 和节锥角 δ			
名　称	代　号	公　式	说　明
齿顶高	h_a	$h_a = m$	均用于大端
齿根高	h_f	$h_f = 1.2m$	
齿高	h	$h = h_a + h_f = 2.2m$	
分度圆直径	d	$d = mz$	
齿顶圆直径	d_a	$d_a = m(z + 2\cos\delta)$	
齿根圆直径	d_f	$d_f = m(z - 2.4\cos\delta)$	
锥距	R	$R = mz/(2\sin\delta)$	
齿顶角	θ_a	$\tan\theta_a = 2\sin\delta/z$	
齿根角	θ_f	$\tan\theta_f = 2.4\sin\delta/z$	
节锥角	δ_1	$\tan\delta_1 = z_1/z_2$	"1"表示小齿轮 "2"表示大齿轮适用于 $\delta_1 + \delta_2 = 90°$
	δ_2	$\tan\delta_2 = z_2/z_1$	
顶锥角	δ_a	$\delta_a = \delta + \theta_a$	
根锥角	δ_f	$\delta_f = \delta - \theta_f$	
齿宽	b	$b \leqslant R/3$	

2. 单个直齿锥齿轮的规定画法

（1）单个锥齿轮的画法　如图 7-32 所示，锥齿轮一般用两个视图或一个视图和一个局部视图表示，按轴线水平放置绘制。锥齿轮的画法与圆柱齿轮的画法基本相同：

1）主视图常用全剖视，轮齿按规定不剖，顶锥线和根锥线用粗实线绘制，分度锥线画成细点画线，如图7-32b所示。

2）在左视图中，大端、小端齿顶圆用粗实线绘制，大端的分度圆用细点画线画出，大端齿根圆和小端分度圆规定不画，如图7-32c所示。

3）在外形图中，顶锥线用粗实线绘制，根锥线省略不画，分度锥线用细点画线画出，如图7-32a所示。

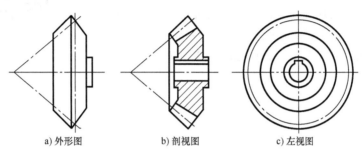

a) 外形图　　　　b) 剖视图　　　　c) 左视图

图7-32　单个锥齿轮的画法

（2）单个锥齿轮的画图步骤　单个锥齿轮的画图步骤如图7-33所示。

1）由分度锥角和大端的分度圆直径画出分度圆锥和背锥，以及大端的分度圆。

2）根据齿顶高、齿根高画出顶锥、根锥，根据齿宽画轮齿。

3）画出齿轮其他部分的投影。

4）画剖面线、加深图线。

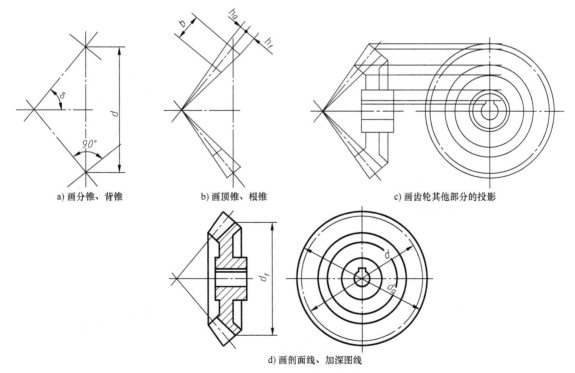

a) 画分锥、背锥　　　　b) 画顶锥、根锥　　　　c) 画齿轮其他部分的投影

d) 画剖面线、加深图线

图7-33　单个锥齿轮的画图步骤

3. 直齿锥齿轮的啮合画法

图 7-34 所示为啮合的两锥齿轮。

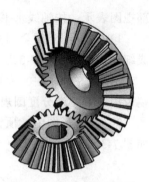

啮合的锥齿轮主视图一般取全剖视，啮合区的画法与圆柱齿轮相同。应注意在反映大齿轮为圆的视图上，小齿轮大端节线和大齿轮大端节圆相切。啮合的锥齿轮画图步骤（图 7-35）如下：

1）画出两齿轮的轴线及节锥线，大齿轮的大端节圆和小齿轮的大端节线，如图 7-35a 所示。

2）画出两齿轮的顶锥、根锥、背锥及齿宽，如图 7-35b 所示。

3）画出两齿轮其他部分的投影，如图 7-35c 所示。

4）画剖面线、描深图线，完成全图，如图 7-35d 所示。

图 7-34　啮合的两锥齿轮

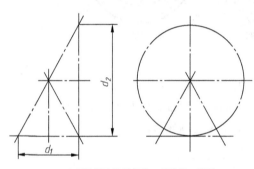

a) 画出两齿轮的轴线、节锥线、节圆

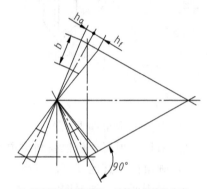

b) 画出两齿轮的顶锥、根锥、背锥及齿宽

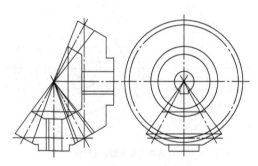

c) 画出两齿轮其他部分的投影

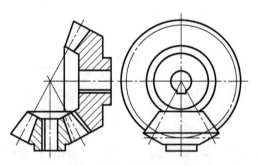

d) 画剖面线、描深可见轮廓线

图 7-35　啮合的锥齿轮画图步骤

三、蜗轮蜗杆

蜗轮和蜗杆的齿向是螺旋形的。蜗轮类似于斜齿轮，不同之处是蜗轮的轮齿是在轮缘的环面上加工形成的，因而对蜗杆有一个适当的包角，使相互啮合时有较大的接触面，保证传动的连续和平稳。图 7-36 所示为啮合的蜗轮和蜗杆。

蜗杆就其结构特征，类似一个梯形牙型的螺杆，它的齿数即螺旋线的线数。工作时通常蜗杆是主动件，蜗轮是从动件。蜗轮蜗杆传动能获得较大传动比，而所占空间较小，但传动中摩擦消耗的功率大，机械效率低。

常见的蜗轮蜗杆传动两轴线交叉角为90°。垂直于蜗轮轴线并包含相啮蜗杆轴线的平面称为**中平面**。蜗轮蜗杆在中平面上的啮合与直齿圆柱齿轮与齿条的啮合相同，蜗轮蜗杆的尺寸计算都以中平面上的参数为基准。所以蜗轮的模数是指在中平面上的模数，也称端面模数 m_t，它应该符合标准系列；蜗杆则是以轴向模数 m_x 为标准模数。一对啮合的蜗杆、蜗轮，其模数相等，即 $m = m_t = m_x$。

图 7-36 啮合的蜗轮和蜗杆

1. 蜗轮、蜗杆的画法

（1）蜗杆的画法 蜗杆的齿顶圆（d_{a1}）和齿顶线用粗实线绘制，分度圆（d_1）和分度线用细点画线绘制，齿根圆（d_{f1}）和齿根线用细实线绘制。蜗杆一般用一个视图表示，为表达蜗杆的齿形，常用局部剖或局部放大图表示，如图 7-37 所示。

图 7-37 中的 d_{a1}、d_1、d_{f1} 以及齿顶高（h_a）、齿根高（h_f）、齿高（h）、轴向齿距（p_x）等参数，可通过查机械设计手册计算得出。

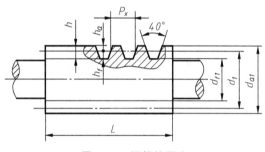

图 7-37 蜗杆的画法

（2）蜗轮的画法 蜗轮的画法与圆柱齿轮的画法相似。在垂直轴线方向的视图中，轮齿部分只画外圆（最大直径的轮廓 D）和分度圆，外圆用粗实线绘制，分度圆（d_2）用细点画线绘制；喉圆（d_{e2}）、齿根圆（d_{f2}）、倒角圆省略不画，其他部分按不剖处理。在与轴线平行的视图中，一般采用剖视，轮齿按不剖绘制，表示齿顶和齿根的圆弧用粗实线绘制，如图 7-38 所示。

图 7-38 中的 D、d_{e2}、d_2、d_{f2} 以及齿顶圆弧半径（R_{a2}）、齿根圆弧半径（R_{f2}）、包角（2γ，γ 是蜗杆分度圆上的螺旋升角，称为蜗杆导程角）、中心距（a）、蜗轮宽度（b_2）等

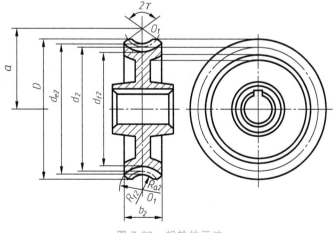

图 7-38 蜗轮的画法

参数，可通过查机械设计手册计算得出。

2. 蜗轮蜗杆的啮合画法

如图 7-39 所示，在蜗杆投影为圆的视图上，蜗轮节圆应与蜗杆节线相切，不论是否剖视，对啮合部分，蜗杆总是画成可见（即蜗杆、蜗轮投影重合部分，只画蜗杆）；在蜗轮投影为圆的剖视图上，蜗轮被蜗杆挡住的部分不画。蜗轮的喉圆用粗实线绘制，蜗杆的齿顶线画至与蜗轮喉圆相交而止。

在蜗轮投影为圆的视图中，蜗杆齿顶线与蜗轮外圆可重叠画出。

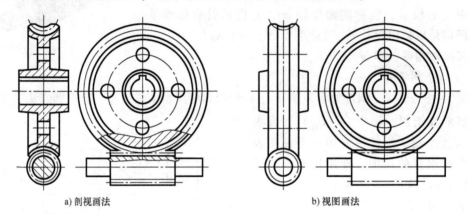

　　　a) 剖视画法　　　　　　　　　　　　　　　　b) 视图画法

图 7-39　蜗轮蜗杆的啮合画法

单元四　键联接和销联接的画法（GB/T 4459.3—2000）

键联接与
销联接

键、销都是标准件，它们的结构、型式和尺寸都有规定，可从有关标准中查阅选用。键、销的标记反映其型式及主要尺寸。

一、键联接

在机器中，可以采用键来联接轮（如齿轮、带轮等）和轴上的零件，使它们能一起转动，以达到传递转矩的目的，这种联接称为键联接。常用的键有平键、半圆键、钩头型楔键、花键等，如图 7-40 所示。

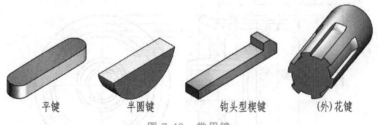

　　　平键　　　　　　半圆键　　　　钩头型楔键　　　(外)花键

图 7-40　常用键

1. 键的结构型式和标记示例

常用的普通平键（A 型——圆头、B 型——方头、C 型——单圆头共三种）、半圆键及钩头型楔键的结构型式和标记示例见表 7-7。

表 7-7　键的结构型式和标记示例

名称	型式	图　例	标记示例
普通平键	A 型	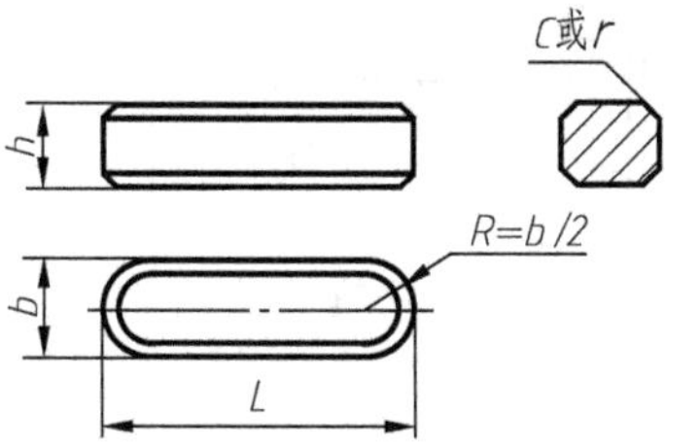	$b = 18\text{mm}$、$h = 11\text{mm}$、$L = 100\text{mm}$ 的普通 A 型平键的标记： GB/T 1096　键 18×11×100
	B 型	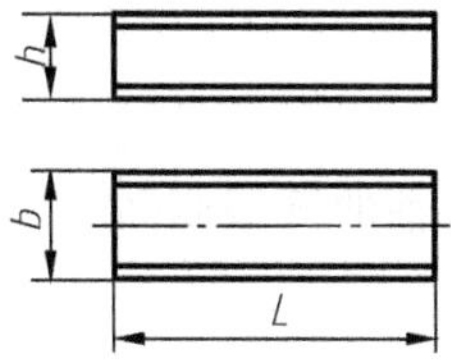	$b = 18\text{mm}$、$h = 11\text{mm}$、$L = 100\text{mm}$ 的普通 B 型平键的标记： GB/T 1096　键 B18×11×100 （注意：B 不能省略）
	C 型	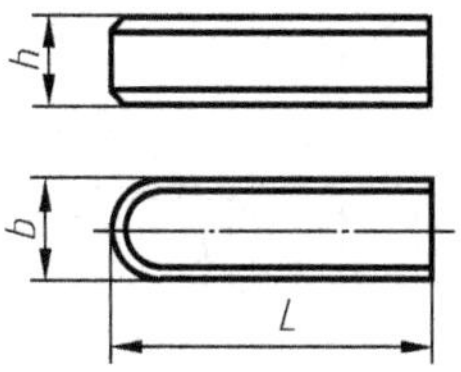	$b = 18\text{mm}$、$h = 11\text{mm}$、$L = 100\text{mm}$ 的普通 C 型平键的标记： GB/T 1096　键 C18×11×100 （注意：C 不能省略）
半圆键		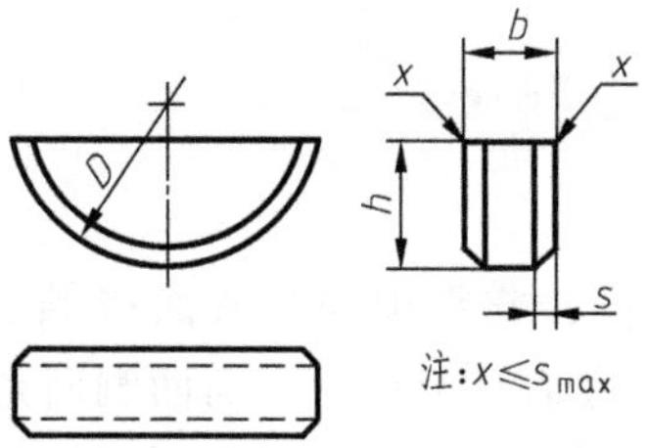 注：$x \leqslant s_{max}$	$b = 6\text{mm}$、$h = 10\text{mm}$、$D = 25\text{mm}$ 的普通型半圆键的标记： GB/T 1099.1　键 6×10×25
钩头型楔键		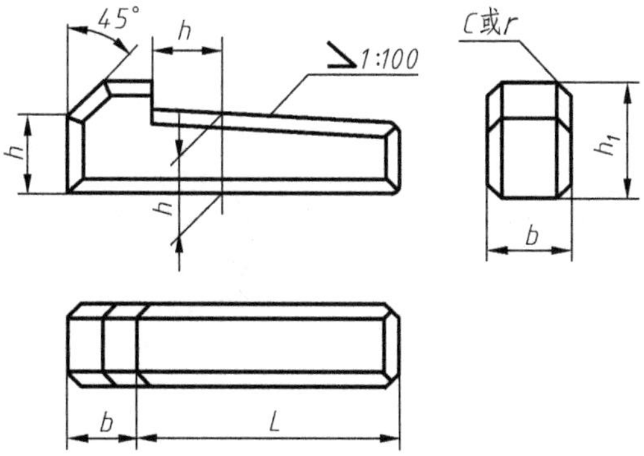	$b = 18\text{mm}$、$h = 11\text{mm}$、$L = 100\text{mm}$ 的钩头型楔键的标记： GB/T 1565　键 18×100

2. 普通平键联接的画法

普通平键联接的画法如图 7-41 所示。平键的两侧面是工作面，键的侧面、底面与键槽的侧面及轴的键槽底面接触，只画一条粗实线；而键的顶面与轮毂上键槽的底面有间隙，要画两条线；剖切平面通过轴线和键的对称平面做纵向剖切时，键按不剖绘制。

键宽 b、键高 h、轴上键槽 t_1、轮毂键槽 t_2 可根据轴的直径 d，通过表 G-1 查得，键长 L

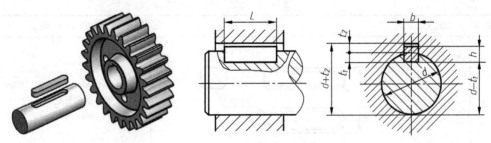

图 7-41　A 型普通平键联接的画法

应比轮毂长度短至少 5mm，并取标准系列长度。

3. 半圆键联接的画法

半圆键联接时，半圆键的两侧面与轮、轴的键槽侧面紧密接触，其画法与普通平键画法类似，如图 7-42 所示。

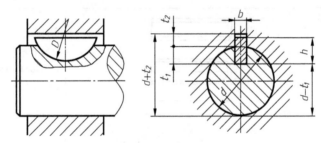

图 7-42　半圆键联接的画法

4. 钩头型楔键联接的画法

钩头型楔键的顶面有 1∶100 的斜度，它靠顶面与底面接触受力而传递转矩，装配时，沿轴向将键打入键槽，因此，其顶面与底面是工作面。而两侧面是非工作面，接触较松，通过偏差控制形成间隙配合。绘图时，顶面、底面、侧面都不留间隙，如图 7-43 所示。

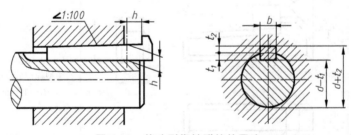

图 7-43　钩头型楔键联接的画法

二、花键的画法及代号注法

花键联接由外花键和内花键组成，可以认为花键联接是平键联接在数目上的发展。在轴、孔断面上键（也称为齿）成对称分布，有四键、六键及八键等。由于齿形不同，花键可分为矩形花键和渐开线花键。花键联接能传递较大的转矩，被联接件之间的同轴度和导向性好。本单元只介绍矩形花键的画法和代号注法。

1. 矩形外花键（花键轴）的画法和标注

（1）矩形外花键（花键轴）的画法　在与轴线平行的视图中，外花键大径用粗实线，小径用细实线绘制。工作长度的终止端和尾部长度末端均用细实线绘制，并与轴线垂直，尾部画成与轴线成30°的细斜线，如图7-44a所示。在外花键的局部剖视图中，小径画成粗实线，如图7-45所示。

垂直于花键轴线的图形可画成断面图或视图。若画断面图，可画出全部齿形，大径、小径都用粗实线绘制，如图7-44b所示；也可画出部分齿形，大径画粗实线圆，未画出齿形部分的小径画细实线圆，如图7-44c所示。若画视图，大径画粗实线圆，小径画细实线圆，倒角圆不画，如图7-46所示。

（2）矩形外花键（花键轴）的标注　花键轴的标注有两种方法：一种是在图中直接注出公称尺寸 D（大径）、d（小径）、B（键宽）和 N（键数）等，如图7-44和图7-45所示；另一种是从大径圆柱的素线上引出指引线，在其水平折线上注出花键代号，包括花键齿形符号、键数 N、小径 d、大径 D、键（槽）宽 B、公差带代号和标准号，如图7-46所示。

无论采用哪种注法，花键工作长度 L 都要在图样上注出。

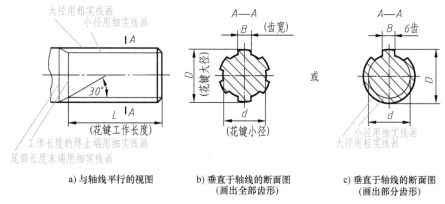

a）与轴线平行的视图　　b）垂直于轴线的断面图　　c）垂直于轴线的断面图
（画出全部齿形）　　　　（画出部分齿形）

图 7-44　矩形外花键的画法及直接标注

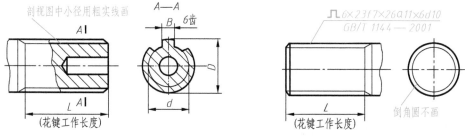

图 7-45　矩形外花键的画法及直接标注（剖视图）　　图 7-46　矩形外花键的画法及花键代号标注

2. 矩形内花键（花键孔）的画法和标注

（1）矩形内花键（花键孔）的画法　在与轴线平行的剖视图中，内花键通常用剖视表达，大、小径均用粗实线绘制，齿按不剖处理，如图7-47a所示。

在垂直于轴线的视图中，可画出全部齿形，大径、小径都用粗实线绘制，如图7-47b所示；也可画出部分齿形，小径用粗实线绘制，未画出齿形部分的大径用细实线绘制，如图7-47c所示。

（2）矩形内花键（花键孔）的标注　花键孔的标注同样有两种方法：一种是在图中直接注出尺寸，如图 7-47 所示；另一种是从大径圆柱的素线上引出指引线，标注花键代号，如图 7-48 所示。

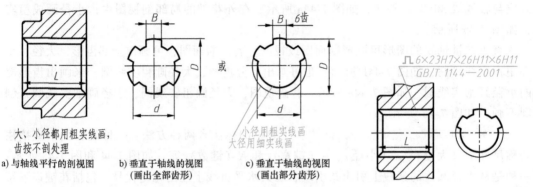

大、小径都用粗实线画，
齿按不剖处理

a) 与轴线平行的剖视图

b) 垂直于轴线的视图
（画出全部齿形）

小径用粗实线画
大径用细实线画

c) 垂直于轴线的视图
（画出部分齿形）

图 7-47　矩形内花键的画法及直接标注　　　　图 7-48　矩形内花键的花键代号标注

3. 花键联接的画法和标注

花键联接部分按外花键的画法绘制，在花键联接装配图上通常是标注花键代号，如图 7-49 所示。

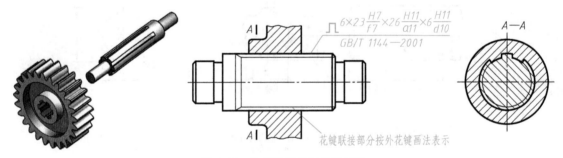

花键联接部分按外花键画法表示

图 7-49　花键联接的画法和标注

三、销联接

常用的销有圆柱销、圆锥销和开口销等。圆柱销、圆锥销在机器中主要起联接和定位作用；开口销用来防止螺母松动或固定其他零件。销是标准件，可在国家标准中查到它们的型式和尺寸。

1. 销的规定标记

常用销的名称、图例和标记示例见表 7-8。

表 7-8　常用销的名称、图例和标记示例

名称	图例	标记示例
圆柱销	≈15°	公称直径 $d=6$mm、公差为 m6、公称长度 $l=30$mm、材料为钢、不经淬火、不经表面处理的圆柱销的标记： 销　GB/T 119.1　6 m6×30

（续）

名称	图　　例	标　记　示　例
圆锥销	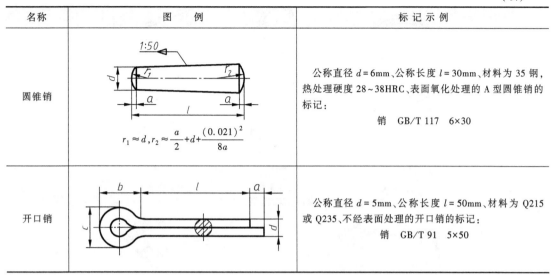	公称直径 $d=6$mm、公称长度 $l=30$mm、材料为 35 钢、热处理硬度 28~38HRC、表面氧化处理的 A 型圆锥销的标记： 　　　销　GB/T 117　6×30
开口销	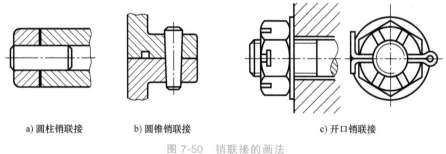	公称直径 $d=5$mm、公称长度 $l=50$mm、材料为 Q215 或 Q235、不经表面处理的开口销的标记： 　　　销　GB/T 91　5×50

圆柱销有不淬硬钢和奥氏体不锈钢（GB/T 119.1—2000）及淬硬钢和马氏体不锈钢（GB/T 119.2—2000）两类。圆锥销有 A 型和 B 型（GB/T 117—2000），圆锥销的公称直径指小端直径。开口销（GB/T 91—2000）的公称直径指销孔直径。

2. 销联接的画法

圆柱销和圆锥销联接，要求被联接件先装配在一起，再加工销孔，并在零件图上加以注明。销联接的画法如图 7-50 所示，当剖切面通过销的轴线时，销按不剖处理。

a) 圆柱销联接　　　　b) 圆锥销联接　　　　c) 开口销联接

图 7-50　销联接的画法

*单元五　弹簧的规定画法（GB/T 4459.4—2003）

弹簧是一种常用件，用来储存能量、减振、测力等。在电器元件中，弹簧还常用来保证导电零件的良好接触或脱离接触。弹簧的种类很多，有螺旋弹簧、涡卷弹簧、板弹簧等，如图 7-51 所示。根据工作时受力情况的不同，螺旋弹簧又可分为压缩弹簧、拉伸弹簧、扭转弹簧等。平面涡卷弹簧，又名发条弹簧，多用于仪器和钟表中。板弹簧由不少于一片的弹簧钢叠加组合而成，广泛应用于汽车、拖拉机和铁道车辆的悬架系统或机械设备中的压紧工作部件。在各种弹簧中，以圆柱螺旋压缩弹簧最为常见，本单元着重介绍这种弹簧的相关参数和画法。

弹簧的
画法

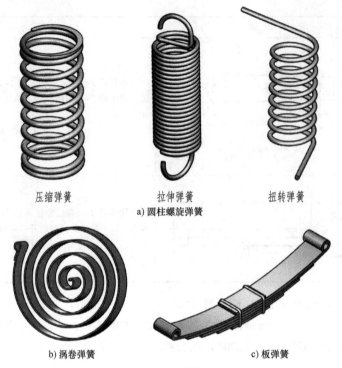

压缩弹簧　　　　拉伸弹簧　　　　扭转弹簧
a) 圆柱螺旋弹簧

b) 涡卷弹簧　　　　　　　c) 板弹簧

图 7-51　常用弹簧

一、圆柱螺旋压缩弹簧的各部分名称及尺寸关系

圆柱螺旋压缩弹簧的各部分名称及尺寸关系如图 7-52 所示。

（1）线径 d　用于缠绕弹簧的钢丝直径。

（2）弹簧外径 D_2 和内径 D_1　分别指弹簧的外圈和内圈直径。

（3）弹簧中径 D　$D=(D_2+D_1)/2$。

（4）有效圈数 n　用于计算弹簧总变形量的圈数，是弹簧受力时实际起作用的圈数。

（5）支承圈数 n_2　为使压缩弹簧受力均匀，增加平稳性，将弹簧两端并紧且磨平的圈数。支承圈数有 1.5 圈、2 圈、2.5 圈三种，以 2.5 圈较常用。

（6）总圈数 n_1　$n_1=n+n_2$。

（7）节距 t　两相邻有效圈在截面中心线的轴向距离。

（8）自由高度 H_0　弹簧不受外力作用时的高度，$H_0=nt+(n_2-0.5)d$。

（9）弹簧展开长度 L　制造弹簧时需簧丝的长度。

（10）旋向　弹簧的螺旋方向。分为右旋和左旋两种，但大多是右旋。其旋向判别方法与螺纹的相同。

二、圆柱螺旋压缩弹簧的规定画法

1. 单个弹簧的规定画法

1）在平行于螺旋弹簧轴线的视图中，各圈轮廓画成直线。

2）不论左旋还是右旋，弹簧均可画成右旋，对必须保证的旋向要求，应在"技术要求"中注明。

3）如要求两端并紧且磨平时，不论支承圈的圈数为多少和末端贴紧情况如何，均按图 7-52 的形式绘制。必要时，也可按支承圈的实际结构绘制。

4）有效圈数在 4 圈以上时，中间各圈可省略，允许适当缩短图形长度，但应画出簧丝中心线。

圆柱螺旋压缩弹簧的画图步骤如图 7-52 所示。

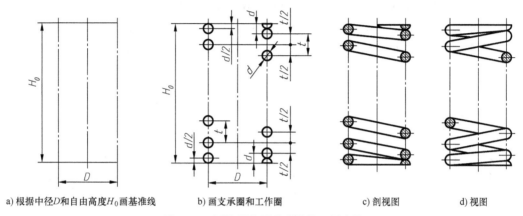

a) 根据中径 D 和自由高度 H_0 画基准线　　b) 画支承圈和工作圈　　c) 剖视图　　d) 视图

图 7-52　圆柱螺旋压缩弹簧的画图步骤

2. 弹簧在装配图中的规定画法

在装配图中，被弹簧挡住的结构一般不画，可见部分应从弹簧的外轮廓线或从弹簧钢丝剖面的中心线画起，如图 7-53a 所示。当线径在图上 ≤2mm 时，簧丝剖面可全部涂黑，各圈的轮廓线不画，如图 7-53b 所示。型材直径或厚度在图形上 ≤2mm 时，可采用示意画法，如图 7-53c 所示。

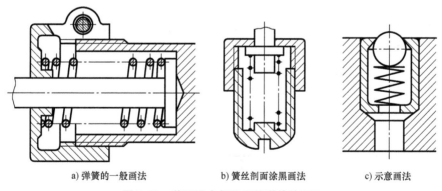

a) 弹簧的一般画法　　b) 簧丝剖面涂黑画法　　c) 示意画法

图 7-53　装配图中螺旋压缩弹簧的画法

若采用非标准的圆柱螺旋压缩弹簧，应绘制其零件图。如需要表明弹簧的机械性能时，必须用图解方式在图样上表示（可参考机械设计手册）。

*单元六　滚动轴承的绘制和标注（GB/T 4459.7—2017）

轴承是位于箱体中用于承载旋转轴的部件，它能够防止箱体由于轴的摩擦而导致损坏失

滚动轴承
的画法

效。轴承又分为滚动轴承和滑动轴承，其中：滚动轴承是将运转的轴与轴座之间的滑动摩擦变为滚动摩擦，从而减少摩擦损失的元件；而滑动轴承是在液体润滑条件下，使滑动表面被润滑油分开，不发生直接接触从而减少摩擦的元件。滑动轴承的画法遵循视图投影规律，和一般轴套类零件的画法一致。这里主要介绍滚动轴承及其画法。

滚动轴承类型很多，但其结构大体相同，一般由外圈、内圈、滚动体和保持架组成。轴承的外圈装在机座的座孔内，一般不动；内圈装在轴上，与轴一起转动。

图 7-54 所示为三种滚动轴承结构，分别是深沟球轴承（主要承受径向载荷）、圆锥滚子轴承（同时承受径向载荷和轴向载荷）、推力球轴承（主要承受轴向载荷）。

a) 深沟球轴承　　　　b) 圆锥滚子轴承　　　　c) 推力球轴承

图 7-54　三种滚动轴承结构

一、滚动轴承的代号

轴承代号由基本代号、前置代号和后置代号构成（表 7-9）。基本代号表示轴承的基本类型、结构和尺寸，是轴承代号的基础。轴承外形尺寸符合 GB/T 273.1、GB/T 273.2、GB/T 273.3、GB/T 3882 任一标准的规定，其基本代号由轴承类型代号、尺寸系列代号、内径代号构成，其排列顺序按表 7-9 的规定。轴承类型代号用阿拉伯数字（以下简称数字）或大写拉丁字母（以下简称字母）表示，按表 7-10 的规定。尺寸系列代号用数字表示。尺寸系列代号由轴承的宽（高）度系列代号和直径系列代号组合而成。

表 7-9　轴承代号的构成

前置代号	基本代号				后置代号
	轴承系列			内径代号	
	类型代号	尺寸系列代号			
		宽度(或高度)系列代号	直径系列代号		

前置、后置代号是轴承在结构形状、尺寸、公差、技术要求等有改变时，在其基本代号左右添加的补充代号。前置代号用字母表示，经常用于表示轴承分部件（轴承组件）。轴承前置代号及其含义按表 7-11 的规定。例如 WS81107，表示推力圆柱滚子轴承轴圈。

表 7-10　轴承类型代号

代号	轴 承 类 型	代号	轴 承 类 型
0	双列角接触球轴承	7	角接触球轴承
1	调心球轴承	8	推力圆柱滚子轴承
2	调心滚子轴承和推力调心滚子轴承	N	圆柱滚子轴承
3	圆锥滚子轴承①		双列或多列用字母 NN 表示
4	双列深沟球轴承	U	外球面球轴承
5	推力球轴承	QJ	四点接触球轴承
6	深沟球轴承	C	长弧面滚子轴承（圆环轴承）

注：在代号后或前加字母或数字表示该类轴承中的不同结构。
①　符合 GB/T 273.1 的圆锥滚子轴承代号按 GB/T 272—2017 中附录 A 的规定。

表 7-11　轴承前置代号及其含义

代号	含 义	示 例
L	可分离轴承的可分离内圈或外圈	LNU 207，表示 NU 207 轴承的内圈 LN 207，表示 N 207 轴承的外圈
LR	带可分离内圈或外圈与滚动体的组件	—
R	不带可分离内圈或外圈的组件（滚针轴承仅适用于 NA 型）	RNU 207，表示 NU 207 轴承的外圈和滚子组件 RNA 6904，表示无内圈的 NA 6904 滚针轴承
K	滚子和保持架组件	K 81107，表示无内圈和外圈的 81107 轴承
WS	推力圆柱滚子轴承轴圈	WS 81107
GS	推力圆柱滚子轴承座圈	GS 81107
F	带凸缘外圈的向心球轴承（仅适用于 $d \leqslant 10mm$）	F 618/4
FSN	凸缘外圈分离型微型角接触球轴承（仅适用于 $d \leqslant 10mm$）	FSN 719/5-Z
KIW	无座圈的推力轴承组件	KIW-51108
KOW	无轴圈的推力轴承组件	KOW-51108

后置代号用字母（或加数字）表示，后置代号所表示轴承的特性及排列顺序按表 7-12 的规定。

表 7-12　后置代号的含义及排列顺序

组别	1	2	3	4	5	6	7	8	9
含义	内部结构	密封、防尘与外部形状	保持架及其材料	轴承零件材料	公差等级	游隙	配置	振动及噪声	其他

后置代号置于基本代号的右边并与基本代号空半个汉字距（代号中有符号"–""/"除外）。当改变项目多，具有多组后置代号时，按表 7-12 所列从左至右的顺序排列。

以轴承代号 6203/P63 V1 为例，其中数字与字母的含义如下。

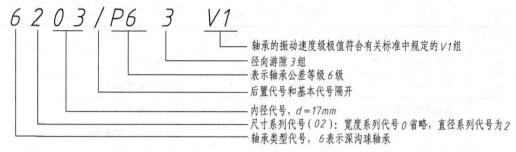

二、滚动轴承的画法（表 7-13）

　　滚动轴承是标准部件，所以，不需画出其零件图，只是在装配图上根据外径 D、内径 d 和宽度 B 等几个主要尺寸，按不同的需要可采用通用画法、特征画法或规定画法（GB/T 4459.7—2017）。在同一图样上一般只采用一种画法，左视图一般不需要表达。

表 7-13　滚动轴承的画法（摘自 GB/T 4459.7—2017）

名称和标准号	查表主要数据	画　　　法		
		通用画法	特征画法	规定画法
深沟球轴承 （GB/T 276—2013）	D d B			
单列圆锥滚子轴承 （GB/T 297—2015）	D d B T C			
单向推力球轴承 （GB/T 301—2015）	D d T			

在采用规定画法绘制滚动轴承的剖视图时，轴承的滚动体不画剖面线，其各套圈等一般应画成方向和间隔相同的剖面线（图 7-55）。在不致引起误解时，也允许省略不画。若其他零件或附件（偏心套、紧定套、挡圈等）与滚动轴承配套使用时，其剖面线应与轴承套圈的剖面线呈不同方向或不同间隔（图 7-56）。在不致引起误解时，也允许省略不画（图 7-60）。

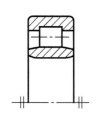

图 7-55　滚动轴承的剖面线画法

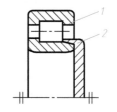

图 7-56　滚动轴承带附件的剖面线画法

1—圆柱滚子轴承　2—斜挡圈

1. 通用画法

在剖视图中，当不需要确切地表示滚动轴承的外形轮廓、载荷特性和结构特征时，可用矩形线框及位于线框中央正立的十字形符号表示（图 7-57），十字符号不应与矩形线框接触。

通用画法一般应绘制在轴的两侧（图 7-58）。

若需确切地表示滚动轴承的外形，则应画出其剖面轮廓，并在轮廓中央画出正立的十字形符号。十字形符号不应与剖面轮廓线接触（图 7-59）。

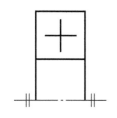

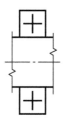

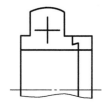

图 7-57　通用画法　　　　图 7-58　绘制在轴两侧的通用画法　　　图 7-59　画出外形轮廓的通用画法

与滚动轴承配套使用的其他零件或附件，也可只画出其外形轮廓（图 7-60）。当需要表示滚动轴承自带的防尘盖和密封圈时，可按图 7-61 绘制。当需要表示滚动轴承内圈或外圈

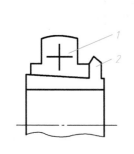

图 7-60　滚动轴承附件按外形轮廓绘制的通用画法

1—外球面球轴承　2—紧定套

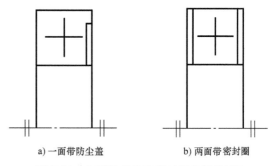

a) 一面带防尘盖　　　　b) 两面带密封圈

图 7-61　自带防尘盖和密封圈的通用画法

无挡边时，可按图 7-62 在十字符号上附加一粗实线短画表示内圈或外圈无挡边的方向。在装配图中，为了表达滚动轴承的安装方法，可绘制出滚动轴承的某些零件（图 7-63）。

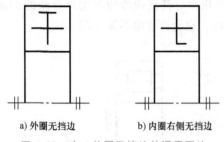

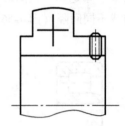

a) 外圈无挡边　　　　b) 内圈右侧无挡边

图 7-62　内、外圈无挡边的通用画法　　　图 7-63　绘制出滚动轴承某一零件的通用画法

2. 特征画法和规定画法

当需要较形象地表达滚动轴承的结构特征时，可采用在矩形线框内画出其结构要素符号的特征画法（见表 7-13）。特征画法应绘制在轴的两侧。

必要时，在滚动轴承的产品图样、产品样本、产品标准、用户手册和使用说明书中可采用规定画法（见表 7-13）。规定画法一般绘制在轴的一侧，另一侧按通用画法绘制。

在垂直于滚动轴承轴线的投影面的视图上，无论滚动体的形状（球、柱、针等）及尺寸如何，均可按图 7-64 的方法绘制。

滚动轴承的画法见表 7-13。

轴承一般成对安装，其装配图画法如图 7-65 所示。

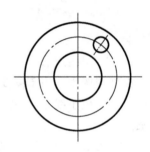

图 7-64　滚动轴承轴线垂直于投影面的特征画法

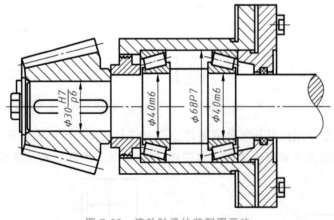

图 7-65　滚动轴承的装配图画法

模 块 小 结

各类机械设备中经常使用各种标准联接件和常用的传动件，由于标准件无须专门设计，也就很少需要绘制零件图，因此本模块重点要求熟练掌握标准件装配联接的规定画法、代号标记方法，常用件标准结构部位的规定画法。

各种标准联接件的装配画法容易出错，学习过程中需要对照规定画法图例加强练习。将比例画法有关常数作为参考，今后可以利用计算机绘图软件中的图库直接调用绘制。

齿轮等零件的参数计算在其他课程中还将详细介绍，本模块主要要求掌握规定画法。附录中提供的标准件等图表仅为部分相关资料，今后实际工作中应该查阅机械设计手册。

思 考 题

1. 什么是标准件？它和常用件在图样绘制方面有什么区别？
2. 采用规定画法后，标准件和常用件的有关结构参数如何表达？

专业小故事：中国生铁铸造的先驱

綦毋（qi wu，音其吴）怀文是我国南北朝时期的著名冶金家，曾任北齐的信州（现重庆市奉节县一带）刺史。他最大的贡献是创造了一种新的炼钢方法——灌钢法，同时，在制刀和热处理技术方面也有独到的创造。最早记述灌钢的是南朝梁代名医陶弘景，他在书中说："钢铁是杂炼生作刀镰者。"沈括在《梦溪笔谈》里也曾谈到灌钢的制作方法。

在《北史·綦毋怀文传》中记有綦毋怀文的灌钢法："其法，烧生铁精以重柔铤，数宿则成钢。"就是选用品位较高的铁矿石，冶炼出优质生铁，使其熔化，浇注在熟铁上，经几次溶炼，使铁渗碳成为钢。灌钢法从冶炼原理上看，已开始向现代平炉炼接近，对发展我国钢的生产起到很大的作用，在时间和炼钢技术上都居于世界最先进的行列。綦毋怀文不仅是著名的冶金家，还是一位出色的制刀名家。

刀剑（图 7-66）之所以锐利无比，与热处理技术有着密切联系，在实践中，人们发现把烧红的钢铁放入水中迅速冷却（图 7-67），可使其更锋利，这就是淬火。在《史记》中说："水与火合为淬"。我国古代的制刀名家都很注意用不同的水以淬出性能不同的刀剑。蒲元在斜谷造兵器时，就发现当地的水不宜于钢铁淬火，而专门派人去成都运水，而"龙泉剑"就是以用龙泉水淬火而得名。

因而，在綦毋怀文以前，我国在热处理技术上已积累了丰富的经验。而他更"以柔铁为刀脊，浴以五胜之溺，淬以五胜之脂，斩甲过三札"（《北史·綦毋怀文传》），这里可以发现，綦毋怀文用钢作刀刃，因刃部需要较高的硬度，而刀背则需要较好的韧性，故以熟铁较合适。同时，他在热处理技术方面用了动物尿和动物油两种物质，这是因为动物尿中有盐分，冷却速度比水快，淬火后的钢较用水淬火的硬；而用动物油冷却淬火，速度又比水慢，淬火后的钢比用水淬火的韧。

因此，能得到不同性能的钢，綦毋怀文早在 1400 多年前，就掌握了这种复杂的双液淬火方法，实在是我国热处理技术史上的一项伟大成就。总的说来，生铁（图 7-68）的早期出现是我国古代钢铁技术发展最突出的特点，也是优点。我国人民经过不断实践，从汉代到南北朝，铸造生铁，除合金铸铁外，已基本上达到了现代所有品种。

炼钢技术在这一时期也有重大发展，并出现一些炼钢能手。我国钢铁冶炼技术，在古代就驰名世界，如在婆罗洲北部的沙捞越，曾发现我国唐人开设的炼铁厂遗址；印度人纳刺哈

图 7-66　古代铸剑

图 7-67　淬火中的剑

图 7-68　铸造生铁

里于 1225—1250 年所著的《药学家典》里有"钢"一字，写作 Cinaja，意译是"中国生"，这均说明亚洲国家的钢铁冶炼技术是从我国传入的。

模块八

零 件 图

学习目标：

　　基本掌握典型零件的结构特点和表达方法；基本掌握尺寸基准的选择和标注尺寸的基本要求，能正确标注零件图中的尺寸；基本掌握表面粗糙度的表示法；基本掌握极限与配合的概念及查表计算方法，并能在零件图中正确标注；了解几何公差代号的标注及识读方法；了解零件上常见的工艺结构；掌握零件测绘的方法、步骤，能绘制出基本符合生产要求的零件图；掌握读零件图的方法，能读懂中等复杂程度的零件图；培养空间想象能力与空间思维能力；培养认真负责、一丝不苟、严谨专注的精神。

　　一台机器或一个部件，都是由若干个零件按一定的装配关系和技术要求装配起来的。表示零件结构形状、尺寸大小和技术要求的图样称为零件图。本模块将介绍识读和绘制零件图的基本方法和步骤。在学习本模块的过程中，要结合所学内容，紧密联系生产实际，认真分析典型零件的表达方法、尺寸标注、测绘步骤，要学会查阅有关的技术标准，并能在零件图上正确标注尺寸公差、表面粗糙度等技术要求。

单元一　零件图的表达方法

一、零件图的作用与内容

　　什么是零件？零件是组成机器的不可再拆分的基本单元。零件与理论上的组合体的最大区别在于两点：其一，零件必须在机器或部件中承担特定的功能；其二，零件是按一定的工艺条件和要求加工生产的。

零件图的
表达方法

　　不管组成机器或部件的零件如何复杂，一般可根据零件的作用及结构形状，大致分为四大类：轴套类零件、盘盖类零件、叉架类零件和箱体类零件。

　　不同类型的零件其表达方案有各自的特点。下面主要以盘盖类中的通盖为对象来介绍。

　　零件图是表达单个零件的视图，是生产中指导制造和检验该零件的主要图样。它不仅要把零件的内、外结构形状和大小表达清楚，还需要对零件的材料、加工、检验、测量提出必要的技术要求。

如图 8-1 所示的通盖，其基本形状为扁平的盘状，主要由不同直径的同心圆柱面所组成，且一般情况下，其厚度相对于直径小得多，并常伴有孔、槽等结构。在机器中，常起到连接、密封及轴向定位等作用。

零件图不仅要表达出机器或部件对零件的结构要求，还需要考虑制造和检验该零件所需的必要信息，因此一张完整的零件图应具备以下内容：

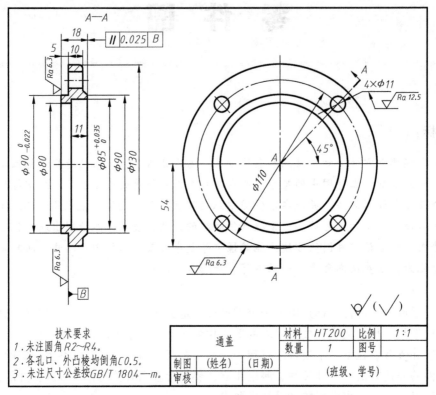

图 8-1　通盖零件图

(1) **一组视图**　用于正确、完整、清晰和简便地表达出零件内、外形状及功能结构的图形信息，其中包括机件的各种表达方法，如视图、剖视图、断面图、局部放大图、简化画法等。

(2) **完整的尺寸**　用于确定零件各部分的大小和位置，为零件制造提供所需的尺寸信息。在标注过程中要做到正确、完整、清晰、合理。

(3) **技术要求**　零件在制造、加工、检验时需要达到的技术指标，必须用规定的代号、数字、字母和文字注解加以说明。如表面粗糙度、尺寸公差、几何公差、材料和热处理、检验方法以及其他特殊要求等。

(4) **标题栏**　零件名称、数量、材料、比例、图样代号以及设计、审核、批准者的必要签署等。标题栏的内容、尺寸和格式也都已经标准化了。

零件图的视图表达方法与组合体的视图表达方法原则上是相同的。但是，零件图的表达更着重于满足生产的实际需要，根据零件的功用及结构形状采用更合适的视图及表达方法。

例如图 8-2 所示的轴套，仅用一个剖视图足以将该零件的形状、大小表达清楚。

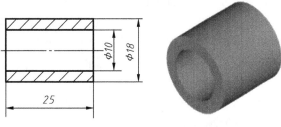

图 8-2　零件轴套及视图

二、视图选择的要求及方法

视图选择首先要完整到位，视图中对零件各部位的结构、形状及其相对位置的表达要准确、完全且唯一（不可有不确定的元素）；视图之间的投影关系及表达方法要正确；所画图形要清晰易懂。零件图可参照以下步骤和方法，来选择视图及表达方法。

（1）分析零件　零件分析应以零件的功用特性为基点，分析零件的几何形状、结构特征。找出需要重点表达的主要部位，分清各部位之间的连接关系。零件的形状与加工方法密切相关，在分析零件的同时还必须了解其加工方法，以便视图的表达方法与加工方法同步。

（2）主视图的选择　零件的安放位置和主视图的投射方向是选择视图首先要考虑的。安放位置应从零件的加工位置、装配位置、工作位置中进行选择。轴套类和盘盖类零件以加工位置为主要参照因素；叉架类和箱体类零件以工作位置为主要参照因素；投射方向要使得主视图尽可能清楚地表达主要形体的形状特征。

（3）其他视图的选择　主视图仅表达了一个方向的投影视图，还需要选择其他视图予以补充。根据实际情况采用适当的剖视图、断面图、局部视图和斜视图等多种辅助视图，以补充表达零件主要形体的其他视图。然后补全次要形体的视图，以合理的表达方式清晰地绘制出零件的内、外结构，同时兼顾到尺寸标注的需要。

（4）方案比较　零件的组图方案可以进行多重选择，然后进行对比，择优选出最佳方案。择优的原则如下：

1）在零件的结构形状表达清楚的基础上，视图的数量越少越好。

2）避免不必要的细节重复。

（5）视图选择应注意的问题

1）零件的视图首先选择基本视图。

2）当零件的内形复杂时，可以考虑选取全剖；而内、外形均需要兼顾且不影响清楚表达时，全对称零件取半剖，否则可取局部剖。

3）尽量不用虚线表示零件的轮廓线，但用少量虚线可节省视图数量而又能做到不在虚线上标注尺寸时，可适当使用虚线。

三、典型零件的视图表达

1. 叉架类零件——支架

以如图 8-3 所示的支架零件为例。

（1）分析零件

功用：支架零件常用于支承轴及轴上零件。

形体：由轴承孔、底板、支承板等部分组成。

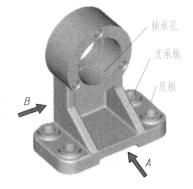

图 8-3　支架零件

结构：分析三部分形体及其功用，得出轴承孔为主要部件，其与支承板两侧面相交。

（2）主视图的选择 支架在视图中的安放状态应取自支架的工作状态，投射方向比较图 8-3 中的 A 向与 B 向：A 向能够体现支架零件的主要部分（轴承孔）的形状特征，其他各组成部分的相对位置、轴承孔前端面上三个螺孔的分布等都能在 A 向的投影中得以体现，所以主视图采用 A 向投射，如图 8-4a 所示。

（3）其他视图的选择 在 A 向主视图的基础上，选择全剖的左视图，以表达轴承孔的内部结构及两侧支承板的形状；选择 F 向视图来表达底板的形状；选择 C—C 移出断面来表达支承板断面的形状。

以上视图选择作为视图方案一，如图 8-4a 所示。

另作视图方案二如图 8-4b 所示。用 C—C 全剖视将底板及支承板断面的形状集中表达在一张俯视图中。

依据择优原则比较两个方案，选视图方案二较好。

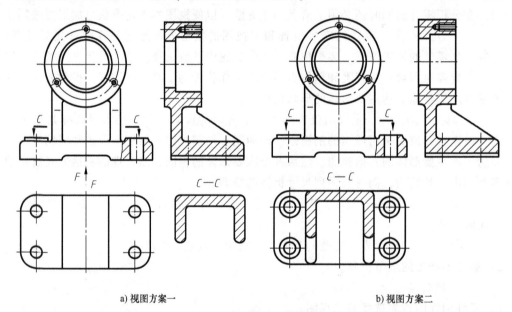

a) 视图方案一   b) 视图方案二

图 8-4 支架零件图方案比较

2. 箱体类零件——阀体

（1）分析零件 阀体零件属于箱体类零件，主要用于支承、包容、保护体内的运动零件等。如图 8-5 所示的阀体，是流体开关装置球阀中的主体件，用于盛装阀芯及密封件。

阀体主要由球形壳体、圆柱筒、方板、管接头构成。两部分圆柱结构与球形的壳体相交，使得内腔相通便于流量的控制。

（2）主视图的选择 由于阀体零件的圆柱筒内将安装阀门开关等装置，其工作时应如轴测图位置摆放。考虑到阀体形状（内部复杂、方位对称）的特征等，主视图采用全剖的表达方式，如图 8-6 所示。

（3）其他视图的选择 半剖的左视图，表达阀体主体部分的外形特征、左侧方板形状及内孔的结构等；俯视图表达阀体整体形状特征及顶部扇形结构的形状。

图 8-5　阀体零件

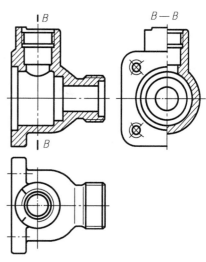

图 8-6　阀体零件图

3. 轴套类零件——轴

轴类零件一般为同轴的细长回转体。由于安装在轴上的其他零件（齿轮、轴套、滚动轴承等）需要固定及定位，轴的结构形状通常是以轴肩为主要结构的阶梯形，并有若干键槽、退刀槽等结构。又由于轴类零件主要是在车床上加工，如图 8-7 所示。为了便于加工时看图，轴类零件图通常按水平位置放置。

如图 8-8 所示的轴类零件图，主视图的投射方向与轴线垂直，即轴线为侧垂线位置。主视图是一个基本视图，表达了轴的主要阶梯结构形状。再添加若干个辅助的断面图，用以表达键槽的结构。

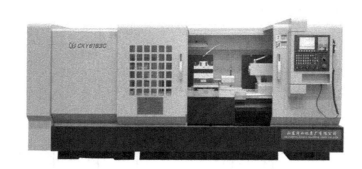

图 8-7　轴类零件的加工

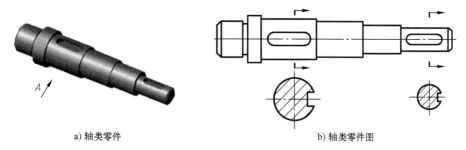

a) 轴类零件　　　　　　　　　　　　　b) 轴类零件图

图 8-8　轴类零件及零件图

4. 盘盖类零件——端盖

盘盖类零件主要由不同直径的同心圆柱面所组成，其厚度相对于直径小得多，呈盘状故被称为盘盖类零件，其周边通常分布一些孔、槽等。在视图选择时，一般选择过对称面或回转轴线的剖视图作为主视图，轴线水平放置，同时还需增加适当的其他视图，把零件的外形和均匀分布的孔等结构表达清楚。如图 8-9 所示为一端盖零件及零件图。

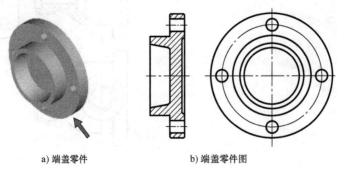

a) 端盖零件   b) 端盖零件图

图 8-9　端盖零件及零件图

单元二　零件图的结构工艺分析

零件图结构工艺分析

零件结构形状的设计，既要根据它在机器（或部件）中的作用，又要考虑加工制造的可行性及是否方便。因此，在画零件图时，应该使零件的结构既能满足使用上的要求，又要使其制造加工方便合理，即满足工艺要求。

机器上的绝大部分零件，是通过铸造和机械加工来制造的，下面介绍一些铸造和机械加工对零件结构的工艺要求。

一、铸造零件的工艺结构

1. 起模斜度

为了在造型时能将模样顺利地从砂型中取出，铸件应沿着起模方向有一定的斜度，这个斜度称为起模斜度，如图 8-10 所示。

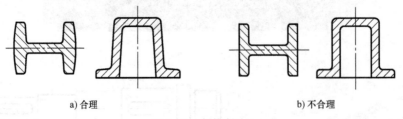

a) 合理   b) 不合理

图 8-10　起模斜度

起模斜度的大小通常为 $1:100 \sim 1:20$。用角度表示时，木模常为 $1° \sim 3°$；金属模用手工造型时为 $1° \sim 2°$，用机械造型时为 $0.5° \sim 1°$。

铸件的起模斜度（不大于 $3°$）在零件图上一般不画、不标。必要时，可在技术要求中说明。当需要在图中表达起模斜度时，如在一个视图中已表达清楚，其他视图可按小端画出。

2. 铸造圆角

在铸件各表面相交处应做成光滑过渡，即铸造圆角，如图 8-11 所示。有了圆角后既便于起模，又能防止在浇注铁液时将砂型转角处冲坏，还可以避免铸件在冷却时产生裂纹或缩孔。

圆角半径一般取壁厚的 1/5~2/5 倍，在同一铸件上圆角半径的种类尽可能减少。零件图中铸造圆角应注出。如果一个表面经加工后铸造圆角被切削掉，此时应画成尖角。

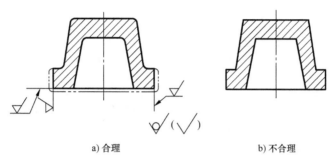

a) 合理   b) 不合理

图 8-11　铸造圆角

3. 铸件壁厚

铸件的壁厚应均匀。铸件在浇注后的冷却过程中，容易因厚薄不均匀而产生裂纹和缩孔。为了避免出现这种现象，铸件各处的壁厚应尽量均匀或逐渐过渡，如图 8-12 所示。

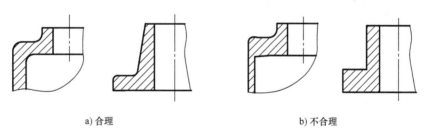

a) 合理   b) 不合理

图 8-12　铸件壁厚

要注意的是，铸件结构宜尽量简单、紧凑，这样可以节省制造模样工时，减少造型材料消耗，降低成本。

4. 过渡线的画法

由于零件上存在铸造圆角，两形体表面相交时所产生的相贯线就不太明显，为了能在看图时区分不同的表面，实际绘图时，仍在两形体相贯线的理论位置用细实线画出交线，这种交线称为**过渡线**。

过渡线与相贯线的主要区别有两点：一是过渡线用细实线绘制；二是过渡线的端部不与轮廓线相连，留有间隙（画到没有圆角时原相贯线与原曲面轮廓线的理论交点处），如图 8-13 所示。

下面是过渡线画法的例子。

例 8-1　图 8-14 是不等径圆柱面相贯、等径圆柱面相贯、圆柱面与圆锥面相接的过渡线的画法。

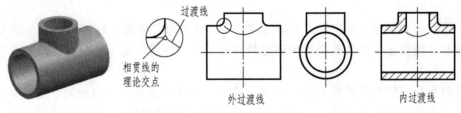

图 8-13　两曲面相交的过渡线

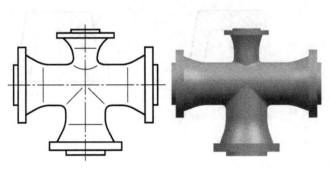

图 8-14　圆柱面相贯、圆柱面与圆锥面相接的过渡线

　　例 8-2　图 8-15a 是平面与平面有圆角相交时过渡线的画法；图 8-15b 是平面与曲面有圆角相交时过渡线的画法。过渡线画在两个面的理论相交处，平面的两侧轮廓线画小圆弧，其弯曲方向与铸造圆角的弯曲方向一致。

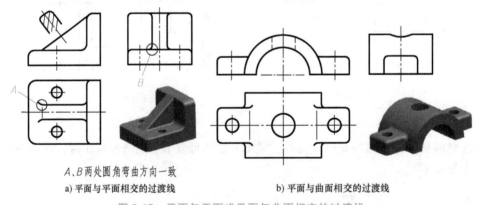

A、B 两处圆角弯曲方向一致

a) 平面与平面相交的过渡线　　　　　　b) 平面与曲面相交的过渡线

图 8-15　平面与平面或平面与曲面相交的过渡线

　　例 8-3　图 8-16a 是断面为矩形的板，在有圆角时连接两圆柱面的画法：如果板与圆柱面相切，不画过渡线；如果板与圆柱面相交，画过渡线。图 8-16b 是断面为长圆形的板，在有圆角时连接两圆柱面的画法：如果板与圆柱面相切，过渡线不相交；如果板与圆柱面相交，过渡线不断开。

二、零件机械加工的工艺结构

1. 倒角和倒圆

　　为了去除零件的毛刺、锐边和便于装配，在轴端、孔口、台肩及轮缘等处，一般都加工

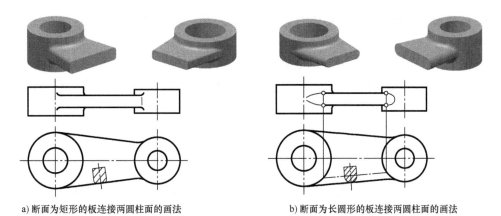

a) 断面为矩形的板连接两圆柱面的画法　　　　　　b) 断面为长圆形的板连接两圆柱面的画法

图 8-16　圆柱面与板状形体相交的过渡线

成倒角；为了避免因应力集中而产生裂纹，在轴肩转角处往往加工成圆角过渡的形式，称为倒圆，如图 8-17 所示。

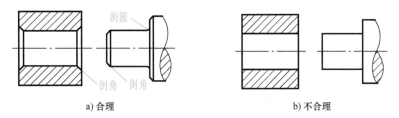

a) 合理　　　　　　　　　b) 不合理

图 8-17　倒角和倒圆

在零件图中，倒角和倒圆应该画出并标注尺寸。

2. 螺纹退刀槽和砂轮越程槽

在切削加工中，特别是在车螺纹和磨削时，为了容易退出刀具或使砂轮可以稍稍越过加工面，常在加工表面的凸肩处预先加工出螺纹退刀槽和砂轮越程槽，如图 8-18 所示。

在零件图中，螺纹退刀槽和砂轮越程槽应该画出并标注尺寸。

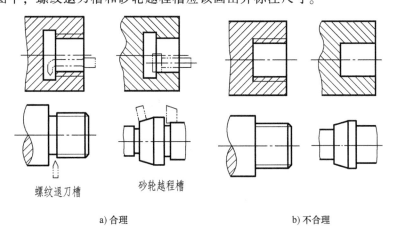

螺纹退刀槽　　　　砂轮越程槽

a) 合理　　　　　　　　　b) 不合理

图 8-18　螺纹退刀槽和砂轮越程槽

3. 钻孔结构

用钻头钻孔时，要求钻头轴线垂直于被钻孔的端面，以保证钻孔位置准确和避免钻头折断。若要在曲面、斜面上钻孔，应预先把钻孔口表面做成与轴线垂直的凸台、凹坑或平面，如图 8-19a 所示。

用钻头钻的不通孔，在底部有一个 120° 的锥角，钻孔深度指的是圆柱部分的深度，不包括锥坑。在阶梯形钻孔的过渡处，也存在锥角 120° 的圆台，在零件图中，应该画出这个圆锥角。

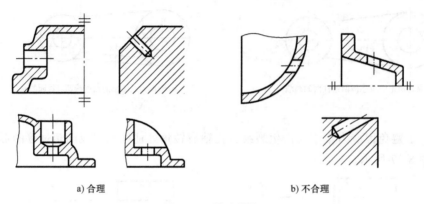

a) 合理　　　　　　　　　　　　　b) 不合理

图 8-19　钻孔结构

4. 键槽

在同一轴上的两个键槽应在同侧，便于一次装夹加工。不要因加工键槽而使机件局部过于单薄，致使强度减弱。必要时可增加键槽处的壁厚，如图 8-20 所示。

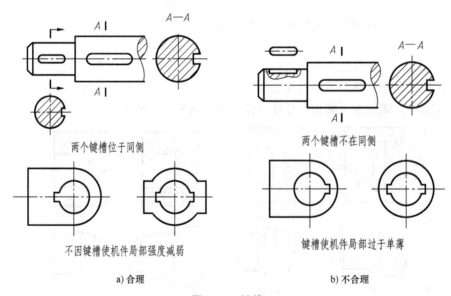

两个键槽位于同侧　　　　　　　　两个键槽不在同侧

不因键槽使机件局部强度减弱　　　键槽使机件局部过于单薄

a) 合理　　　　　　　　　　　　　b) 不合理

图 8-20　键槽

5. 凸台、凹槽、凹坑

为了保证零件间接触良好，零件上与其他零件的接触面，一般都要加工。为了减少加工面积，节省材料，降低制造费用，常在铸件上设计出凸台、沉孔（鱼眼坑）、凹槽或凹腔的结构，如图 8-21 所示。

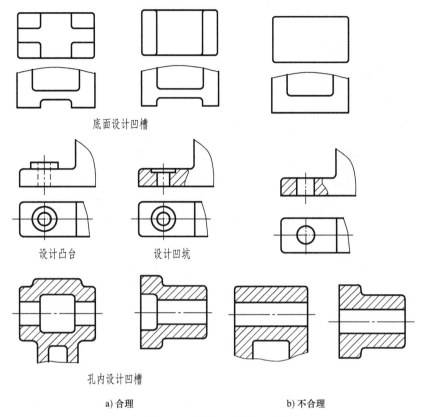

底面设计凹槽

设计凸台　　　设计凹坑

孔内设计凹槽

a) 合理　　　　　　　　　　　　b) 不合理

图 8-21　凸台、凹槽、凹腔

单元三　零件图的尺寸标注

一、尺寸标注的基本原则

零件图尺
寸标注

零件图的尺寸是零件加工和检验的依据。因此，图上的尺寸在保证正确、完整、清晰的前提下，还应尽可能做到合理性。前三项要求已经在组合体的尺寸标注中详述，下面重点讨论尺寸标注的合理性。

所谓标注尺寸的合理性，就是标注尺寸既要满足设计要求，又要符合加工测量等工艺要求，并有利于装配。讨论尺寸标注的合理性问题，需要具备相关的专业知识和生产实践经验，这里仅介绍一些合理标注尺寸的初步知识和基本原则。

1. 正确地选择尺寸基准

所谓基准，即尺寸标注的起点。通常包含设计基准和工艺基准两大类。前者用以确定零件在机器中的位置，而后者则主要为了便于加工和测量。如图 8-22 所示轴类零件，其设计基准为左端面，但加

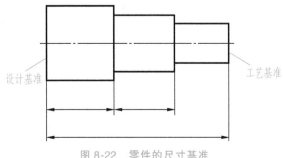

图 8-22　零件的尺寸基准

工时，车刀每一次车削的最终位置，均是采用右端面来定位的。

2. 重要的尺寸要直接标出

重要尺寸指影响产品性能、工作精度、装配定位和配合的尺寸，应直接标注。如图 8-23 所示，轴承座轴承孔的中心定位高度是高度方向的重要尺寸，应从设计基准直接标出该尺寸 b，而不是注成尺寸 c 和尺寸 d，因为在加工切削过程中，任何一个尺寸总是会有误差产生，如尺寸 c 的误差，会累积到尺寸 d 上。如果将误差累积到重要的尺寸上，部件的性能与精度将得不到保证。同理，轴承座底板上的两个安装孔中心距 a 也应直接注出，而不能注成尺寸 e，不然该重要尺寸 a 将受到尺寸 g 和两个尺寸 e，共三个尺寸误差的影响。

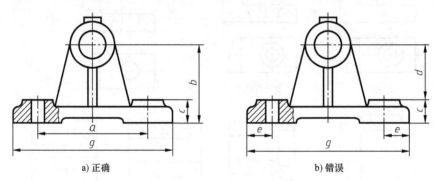

图 8-23　零件的重要尺寸

3. 应考虑测量方便及避免注成封闭尺寸链

如图 8-24 所示，零件内孔两端均有内孔退刀槽，该结构尺寸的合理标注，应如图 8-24a 所示。

图 8-24b 的不合理，是由于尺寸 A、C 的测量远比尺寸 B 的测量方便。

图 8-24c 的错误是，尺寸 D、B、C、E 产生了封闭尺寸链，这样标注的尺寸在加工时往往难以保证设计要求，三项加工的误差累积对总长尺寸 E 的精度造成偏差，所以尺寸标注时一定要避免封闭尺寸链的产生。在尺寸链中每一个尺寸是尺寸链中的一环，选一个不重要的环节放弃尺寸标注，这个环节通常被称为开口环。开口环的尺寸误差是其他各环尺寸误差之和，这样就不会对重要尺寸产生影响。

所以，零件图中的尺寸不允许注成封闭的尺寸链。

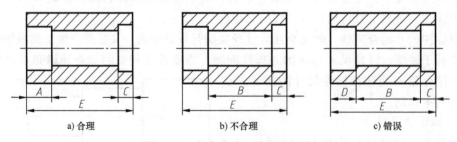

图 8-24　多个内孔环的尺寸标注

4. 应尽量符合加工顺序

零件的尺寸标注还应尽量与零件加工的顺序协调同步。如图 8-25 所示为加工轴上退刀槽的顺序：①以右端面为基准，定位 35 处加工一段直径为 15mm 宽度为 4mm 的退刀槽；

②完成退刀槽右面的外圆部分，车 φ20mm 外圆及倒角。因此在退刀槽的尺寸标注上，应兼顾该加工顺序，标注退刀槽宽度尺寸 4mm，而并非标注外圆长度尺寸 31，如图 8-26 所示。

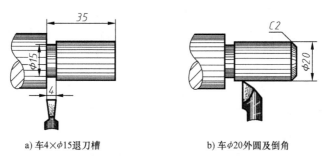

a) 车4×φ15退刀槽　　　　　　　　　b) 车φ20外圆及倒角

图 8-25　退刀槽的加工顺序

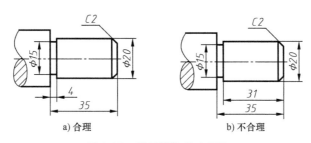

a) 合理　　　　　　　　　b) 不合理

图 8-26　退刀槽的尺寸标注

5. 同一个方向只能有一个非加工面与加工面联系

如图 8-27 所示的某个箱体类零件，除了 *E*、*A* 面需要加工之外，其余面均维持原有的铸造面，即 *B*、*C*、*D* 为非加工面。在标注高度方向的尺寸时，应按照图 8-27a 所示完成标注。如按照图 8-27b 所示标注，4 个高度尺寸相互制约，要同时保证这些尺寸是不可能的，应该突出重要尺寸 48，保证两加工面之间的设计尺寸要求。

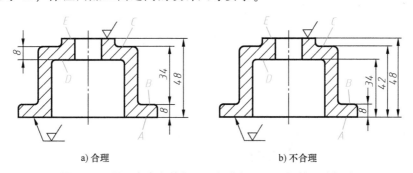

a) 合理　　　　　　　　　b) 不合理

图 8-27　同一个方向的加工面与非加工面之间的尺寸标注

二、零件上常见结构的尺寸标注

1. 铸造圆角

铸造圆角是由铸造工艺决定的结构。铸造圆角可以在零件图中相应结构直接标出，通常情况下是在技术要求中说明，如"全部圆角 *R*4"；或少数标注在视图上，大部分相同的结构在技术要求中注明，如"其余圆角 *R*4"。

2. 倒角

倒角结构起到便于零件间安装以及安全防护作用。对于常见的 45°倒角可按图 8-28a 所示进行尺寸标注，用符号 "C" 表示 "45°倒角"，如 "C1" 代表 "1×45°"；也可以在技术要求中注明，如 "全部倒角 C2""其余倒角 C2"。非 45°倒角可以按照图 8-28b 所示进行标注。

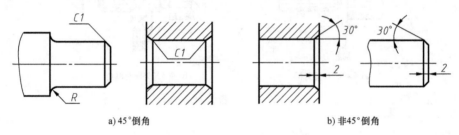

a) 45°倒角　　　　　　　　　　　　　　b) 非45°倒角

图 8-28　倒角的尺寸标注

3. 退刀槽和越程槽

退刀槽和越程槽通常可以按 "a×φ" 或 "a×b" 的形式标注，如图 8-29 所示，其具体尺寸需要查阅相应的手册。

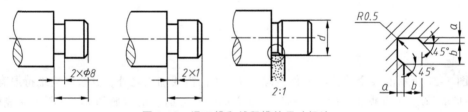

图 8-29　退刀槽和越程槽的尺寸标注

4. 键槽

尺寸的标注不仅仅只考虑加工，还需要考虑产品的检测，检测时需要对产品进行尺寸测量，而尺寸测量的方便与否，便是尺寸标注中需要考虑的问题。如果所标尺寸是没有办法测量的，也就没有办法鉴定其准确性，所以，键槽应该按图 8-30a 所示进行尺寸标注。

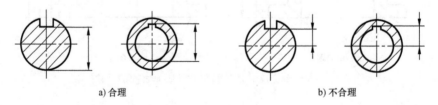

a) 合理　　　　　　　　　　　　　　　b) 不合理

图 8-30　键槽的尺寸注法

5. 常见孔的尺寸注法

零件上常见结构较多，如一些光孔、螺纹孔、沉孔等，它们的尺寸注法已经基本标准化。表 8-1 为零件上常见孔的尺寸注法。熟悉这些常见结构的尺寸注法，也是掌握零件图尺寸标注的基本要求。

表 8-1 零件上常见孔的尺寸注法

类型		旁 注 法	普 通 注 法	说 明
螺纹孔	通孔	3×M6-6H	3×M6-6H	3×M6 表示直径为 6mm、均匀分布的三个螺孔。可以旁注,也可以直接注出
螺纹孔	不通孔	3×M6-6H▽10	3×M6-6H	螺孔深度可与螺孔直径连注,也可分开注出
螺纹孔	一般孔	3×M6-6H▽10 孔▽12	3×M6-6H	需要注出孔深时,应明确标注孔深尺寸
光孔	一般孔	4×ϕ5▽10	4×ϕ5	4×ϕ5 表示直径为 5mm、均匀分布的四个光孔。孔深可与孔径连注,也可以分开注出
光孔	精加工孔	4×$\phi5^{+0.012}_{0}$▽10 钻▽12	4×$\phi5^{+0.012}_{0}$	4 个光孔深为 12mm,钻孔后需精加工至 $\phi5^{+0.012}_{0}$mm,深度为 10mm
光孔	锥销孔	锥销孔ϕ5 配作	锥销孔无普通注法	5mm 为与锥销孔相配的圆锥销小头直径。锥销孔通常是相邻两零件装在一起时加工的

（续）

类型		旁注法		普通注法	说 明
沉孔	锥形沉孔	6×φ7 ∨φ13×90°	6×φ7 ∨φ13×90°	90° φ13 6×φ7	"∨"为埋头孔符号。6×φ7表示直径为7mm、均匀分布的六个孔，大口直径为13mm
	柱形沉孔	4×φ7 ⊔φ10↓3.5	4×φ7 ⊔φ10↓3.5	φ10 3.5 4×φ7	"⊔"为锪孔、沉孔符号。沉孔的小直径为7mm，大直径为10mm，深度为3.5mm，都要标注
	锪孔	4×φ7 ⊔φ16	4×φ7 ⊔φ16	φ16 4×φ7	锪孔φ16mm的深度不需标注，一般锪到不出现毛面为止

单元四　零件图的技术要求

表面
粗糙度

一、表面结构

表面结构是指零件表面的几何形貌。零件的表面状况不仅直接影响零件的配合精度、耐磨程度、抗疲劳强度、抗腐蚀性、密封性，还会影响流体运动阻力的大小、导电、导热等性能。因此，零件的表面特征状况直接关系零件的质量。

国家标准（GB/T 131—2006）《产品几何技术规范（GPS）　技术产品文件中表面结构的表示法》规定了技术产品文件中表面结构的表示法，技术产品文件包括图样、说明书、合同、报告等。同时给出了表面结构标注用图形符号和标注方法。

1. 表面结构的评定参数

评定表面结构的主要参数有三个：

轮廓参数——与标准 GB/T 3505—2009 相关的参数：R 轮廓参数（粗糙度参数）、W 轮廓参数（波纹度参数）、P 轮廓参数（原始轮廓参数）。

图形参数——与标准 GB/T 18618—2009 相关的参数：粗糙度图形参数、波纹度图形参数。

支承率曲线参数——与标准 GB/T 18778.2—2003 相关的参数：基于线性支承率曲线参数；与标准 GB/T 18778.3—2006 相关的参数：基于概率支承率曲线参数。

关于上述参数的定义可查看相应的国家标准。本单元主要介绍应用最广的 R 轮廓参数

（粗糙度参数）中的**轮廓算术平均偏差 *Ra* 和轮廓最大高度 *Rz*** 在图样上的标注方法。

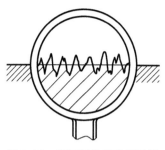

图 8-31　表面粗糙度微观形状

（1）表面粗糙度的概念　由于金属塑性，刀痕、加工技术等原因的影响，零件的表面不可能加工到理想的光滑表面。在放大镜或显微镜下面观察，可以看到高低不平的状况，高起的部分称为峰，低凹的部分称为谷，如图 8-31 所示。加工表面上具有较小间距的较小的峰、谷所组成的微观几何形状特征称为表面粗糙度。

（2）*R* 轮廓参数 *Ra* 和 *Rz* 的定义　根据 GB/T 3505—2009，*Ra* 和 *Rz* 定义如下：

Ra（轮廓算术平均偏差）：在一个取样长度（用于判别被评定轮廓不规则特征的一段基准线长度）内，纵坐标值 $Z(x)$（表面轮廓线上任一点到基准线的距离）绝对值的算术平均值，如图 8-32 所示。用公式表示为

$$Ra = \frac{1}{l} \int_0^l |Z(x)| \, \mathrm{d}x \text{ 或 } Ra \approx \frac{1}{n} \sum_{i=1}^n |Z_i|$$

Rz（轮廓最大高度）：在一个取样长度内，最大轮廓峰高和最大轮廓谷深之和，如图 8-32 所示。

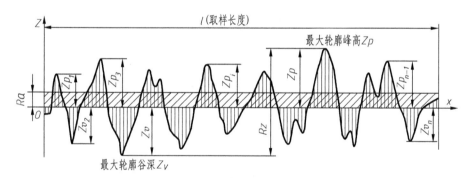

图 8-32　参数 *Ra* 和 *Rz*

GB/T 1031—2009 规定了表面粗糙度参数 *Ra*、*Rz* 的数值，见表 8-2。

表 8-2　表面粗糙度参数 *Ra*、*Rz* 的数值（GB/T 1031—2009）　　（单位：μm）

轮廓算术平均偏差 *Ra*				轮廓最大高度 *Rz*				
0.012	0.2	3.2	50	0.025	0.4	6.3	100	1600
0.025	0.4	6.3	100	0.05	0.8	12.5	200	
0.05	0.8	12.5		0.1	1.6	25	400	
0.1	1.6	25		0.2	3.2	50	800	

注：在表面粗糙度参数常用的参数值范围内（*Ra* 为 0.025～6.3μm，*Rz* 为 0.1～25μm），推荐优先选用 *Ra*。

2. 表面结构的符号、代号

（1）表面结构的符号　标注表面结构的图形符号见表 8-3。

表面结构的图形符号画法如图 8-33 所示，附加标注的尺寸见表 8-4。

表 8-3　标注表面结构的图形符号（GB/T 131—2006）

名　称		图形符号	说　明
基本图形符号			基本图形符号仅用于简化代号标注，没有补充说明时不能单独使用 如果基本图形符号与补充的或辅助的说明一起使用，则不需要进一步说明为了获得指定的表面是否应去除材料或不去除材料
扩展图形符号	要求去除材料的图形符号		表示指定表面是用去除材料的方法获得，如通过机械加工（如车、铣、刨、磨、抛光等）获得的表面
	不允许去除材料的图形符号		表示指定表面是用不去除材料的方法（如铸、锻或保持上道工序形成的表面等）获得
完整图形符号 （要求标注表面结构特征的补充信息时采用）			允许任何工艺 在报告和合同的文本中用文字表达该符号时，使用 APA
			去除材料 在报告和合同的文本中用文字表达该符号时，使用 MRR
			不去除材料 在报告和合同的文本中用文字表达该符号时，使用 NMR
工件轮廓各表面的图形符号			当在图样某个视图上构成封闭轮廓的各表面有相同的表面结构要求时，应在完整图形符号上加一圆圈，标注在图样中工件的封闭轮廓线上，如下图所示 如果标注会引起歧义时，各表面应分别标注 a) 视图　　　b) 立体图 图 a 的表面结构符号是指对图 b 中封闭轮廓的 1~6 的六个面的共同要求（不包括前后面）

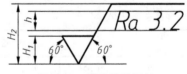

图 8-33　图形符号画法

表 8-4　图形符号的附加标注尺寸　　　　　　　　　　（单位：mm）

数字和字母高度 h（见 GB/T 14690）	2.5	3.5	5	7	10	14	20
符号线宽	0.25	0.35	0.5	0.7	1	1.4	2
字母线宽							
高度 H_1	3.5	5	7	10	14	20	28
高度 H_2（最小值）[①]	7.5	10.5	15	21	30	42	60

① H_2 取决于标注内容。

（2）表面结构完整图形符号的组成　为了明确表面结构要求，除了标注表面结构参数和数值外，必要时应标注补充要求。补充要求包括传输带、取样长度、加工工艺、表面纹理及方向、加工余量等。但如果表面结构参数标准中规定了默认值，可简化标注，不必注出。

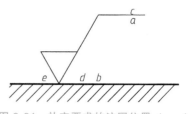

图 8-34　补充要求的注写位置（a~e）

在完整符号中，对表面结构的单一要求和补充要求应注写在图 8-34 所示的指定位置，对应的注写内容见表 8-5。

表 8-5　表面结构单一要求和补充要求的注写位置及内容

位置	注 写 内 容
a	注写表面结构的单一要求：表面结构参数代号、极限值和传输带或取样长度。为了避免误解，在参数代号和极限值间应插入空格，如 *Rz* 6.3
b	注写多个表面结构要求时，a 处注写第一个表面结构要求，b 处注写第二个表面结构要求。还可以注写第三个或更多个表面结构要求，此时，图形符号应在垂直方向扩大，以空出足够的空间。扩大图形符号时，a 和 b 的位置随之上移
c	注写加工方法、表面处理、涂层或其他加工工艺要求等。如车、磨、镀等加工表面
d	注写所要求的表面纹理和纹理的方向
e	注写所要求的加工余量，以 mm 为单位给出数值

3. 表面结构要求的注法

表面结构要求对每一表面一般只标注一次，并尽可能注在相应的尺寸及其公差的同一视图上。除非另有说明，所标注的表面结构要求是对完工零件表面的要求。

（1）表面结构符号、代号的标注位置与方向　总的原则是根据 GB/T 4458.4 的规定，使表面结构的注写和读取方向与尺寸的注写和读取方向一致，如图 8-35 所示。

1）标注在轮廓线上或指引线上。表面结构要求可标注在轮廓线上，其符号应从材料外指向并接触表面。必要时，表面结构符号也可用带箭头或黑点的指引线引出标注，如图 8-36、图 8-37 所示。

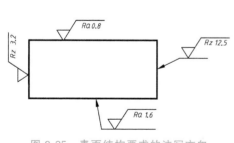

图 8-35　表面结构要求的注写方向

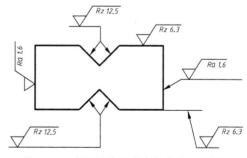

图 8-36　表面结构要求在轮廓线上的标注

2）标注在特征尺寸的尺寸线上。在不致引起误解时，表面结构要求可以标注在给定的尺寸线上，如图 8-38 所示。

3）标注在几何公差的框格上。表面结构要求可标注在几何公差框格的上方，如图 8-39 所示。

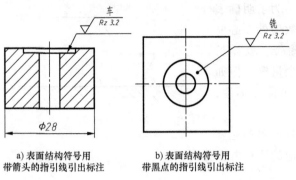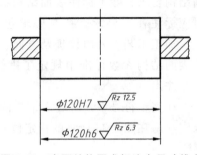

a) 表面结构符号用
带箭头的指引线引出标注

b) 表面结构符号用
带黑点的指引线引出标注

图 8-37　用指引线引出标注表面结构要求

图 8-38　表面结构要求标注在尺寸线上

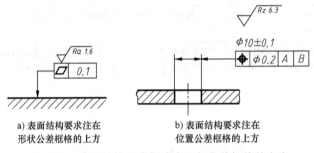

a) 表面结构要求注在
形状公差框格的上方

b) 表面结构要求注在
位置公差框格的上方

图 8-39　表面结构要求标注在几何公差框格的上方

4）标注在延长线上。表面结构要求可以直接标注在延长线上，或用带箭头的指引线引出标注，如图 8-36 和图 8-40 所示。

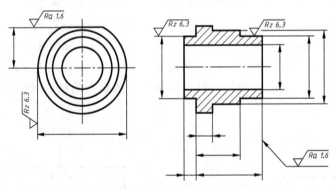

图 8-40　表面结构要求标注在圆柱特征的延长线上

5）标注在圆柱和棱柱表面上。圆柱和棱柱表面的表面结构要求只标注一次，如图 8-40 所示。如果每个棱柱表面有不同的表面结构要求，则应分别单独标注，如图 8-41 所示。

6）同一表面上有不同表面结构要求的标注。零件同一表面上有不同的表面结构要求时，须用细实线画出其分界线，并注出相应的表面结构代号和尺寸，如图 8-42 所示。

7）需局部热处理或镀涂时表面结构的标注。

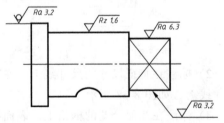

图 8-41　圆柱和棱柱的表面结构要求的注法

零件需局部热处理或镀涂时，应在其轮廓线上方用粗点画线画出范围并注出尺寸，在粗点画线上标注表面结构代号，如图8-43所示。

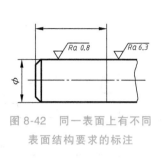

图8-42　同一表面上有不同
表面结构要求的标注

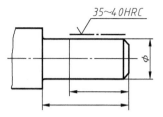

图8-43　局部热处理或镀涂
时表面结构的标注

（2）表面结构要求的简化注法

1）有相同表面结构要求的简化注法。如果在工件的多数（包括全部）表面有相同的表面结构要求，则其表面结构要求可统一标注在图样的标题栏附近。此时（全部表面有相同要求的情况除外），表面结构要求的符号后面应有：

① 在圆括号内给出无任何其他标注的基本图形符号，如图8-44所示。

② 在圆括号内给出不同的表面结构要求，如图8-45所示。

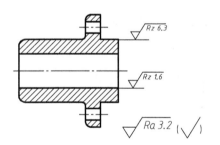

图8-44　大多数表面有相同表面结构
要求的简化注法（一）

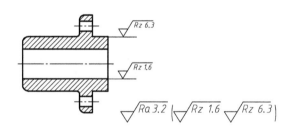

图8-45　大多数表面有相同表面结构
要求的简化注法（二）

不同的表面结构要求应直接标注在图形中，如图8-44和图8-45所示。

2）多个表面有共同要求的注法。当多个表面具有相同的表面结构要求或图纸空间有限时，可以采用简化注法。

① 用带字母的完整图形符号的简化注法。可用带字母的完整图形符号，以等式的形式，在图形或标题栏附近，对有相同表面结构要求的表面进行简化标注，如图8-46所示。

② 只用表面结构符号的简化注法。可用表面结构的基本图形符号和扩展图形符号，以等式的形式给出对多个表面共同的表面结构要求，如图8-47所示。

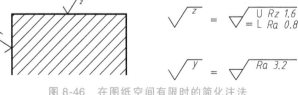

图8-46　在图纸空间有限时的简化注法

③ 两种或多种工艺获得的同一表面的注法。由几种不同的工艺方法获得的同一表面，当需要明确每种工艺方法的表面结构要求时，可按图8-48所示进行标注。

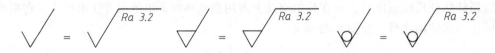

a) 未指定工艺方法的简化注法　　　b) 要求去除材料的简化注法　　　c) 不允许去除材料的简化注法

图 8-47　对多个表面有共同的表面结构要求的简化注法

（3）常用零件的表面结构标注

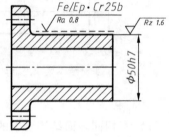

1）中心孔、键槽、圆角、倒角的表面结构的标注。采用如图 8-49 所示的方法标注中心孔、键槽、圆角、倒角的表面结构。

2）零件上连续表面及重复要素（孔、槽、齿……）的表面结构标注。图 8-50a 是零件上连续表面的表面结构标注；图 8-50b 是外花键的表面结构标注；图 8-50c 是用细实线连接的不连续的同一表面的表面结构标注。

图 8-48　同时给出镀覆前后的表面结构要求的注法

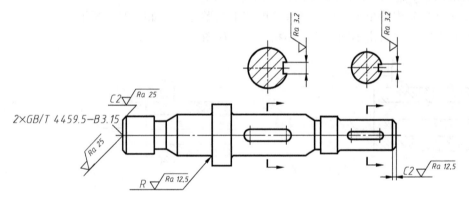

图 8-49　中心孔、键槽、圆角、倒角的表面结构的标注

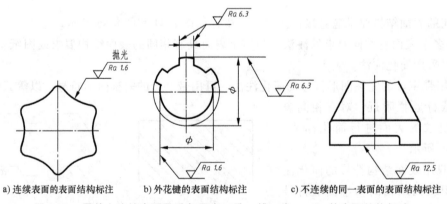

a) 连续表面的表面结构标注　　b) 外花键的表面结构标注　　c) 不连续的同一表面的表面结构标注

图 8-50　零件上连续表面及重复要素（孔、槽、齿……）的表面结构标注

3）特殊要素表面结构的标注。齿轮、渐开线花键、螺纹等工作表面没有画出齿（牙）形时，其表面结构代号可分别标注在齿轮分度线上、花键齿中径线上、螺纹尺寸线上，如图 8-51 所示。

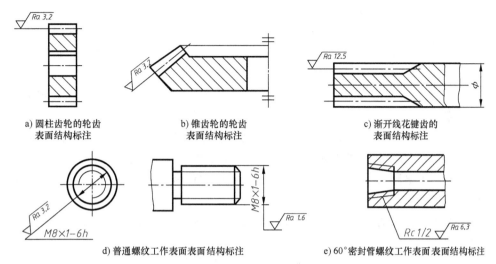

a) 圆柱齿轮的轮齿　　　b) 锥齿轮的轮齿　　　c) 渐开线花键齿的
表面结构标注　　　　　表面结构标注　　　　　表面结构标注

d) 普通螺纹工作表面表面结构标注　　　e) 60°密封管螺纹工作表面表面结构标注

图 8-51　特殊要素表面结构的标注

二、极限与配合

1. 公差

公差与偏差

（1）零件的互换性　同一规格的零件，不经挑选或修配，任取一个，装配到机器上就能满足机器的性能要求，零件的这种性质称为互换性。零件的互换性具有非常重要的意义，这使得零件便于大规模专业化生产，提高产品质量、降低生产成本，也便于机器的维修。

（2）公差的概念　在制造零件的过程中，由于机床精度、刀具磨损、测量误差等实际因素的影响，零件的尺寸实际上不可能达到一个绝对理想的固定数值，都会出现一定的尺寸误差，如果这个误差在一个合理的范围内，也认为这个零件是合格的，即满足互换性。这个合理的尺寸误差范围，就是零件加工时允许其尺寸的变动量，称为尺寸公差（简称公差）。

公差的大小反映零件的尺寸精度。公差越大，零件的尺寸精度越低，零件就越易于加工；公差越小，零件的尺寸精度越高，零件就越不易加工。

（3）公差的有关术语　下面以图 8-52 说明公差的有关术语。

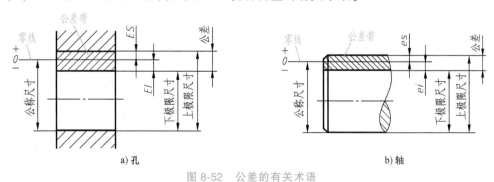

a) 孔　　　　　　　　　　　　　　b) 轴

图 8-52　公差的有关术语

1）要素：指零件上的几何特征——点、线或面。

2）公称尺寸：由图样规范定义的理想形状要素尺寸。公称尺寸常常是设计时所给定的尺寸。

3）实际尺寸：拟合组成要素的尺寸。

4）极限尺寸：尺寸要素的尺寸所允许的极限值。尺寸要素允许的最大尺寸，称为上极限尺寸；尺寸要素允许的最小尺寸，称为下极限尺寸。零件的实际（要素）尺寸只要在这两个尺寸之间就算合格。

5）零线：在极限与配合图解中，表示公称尺寸的一条直线，以其为基准确定偏差和公差。通常，零线沿水平方向绘制，正偏差位于其上，负偏差位于其下。

6）偏差：某值与其参考值之差，对于尺寸偏差，参考值是公称尺寸，某值是实际尺寸。

7）极限偏差：分上极限偏差和下极限偏差。上极限尺寸减其公称尺寸所得的代数差称为上极限偏差，下极限尺寸减其公称尺寸所得的代数差称为下极限偏差。上、下极限偏差可以是正值、负值或零。

国家标准规定：孔的上、下极限偏差代号分别为 ES 和 EI；轴的上、下极限偏差代号分别为 es 和 ei。

8）尺寸公差（简称公差）：上极限尺寸与下极限尺寸之差。

尺寸公差＝上极限尺寸－下极限尺寸＝上极限偏差－下极限偏差

因为上极限尺寸总是大于下极限尺寸，所以，尺寸公差一定为正值。

例 8-4   设计一轴与一个孔配合，它们的公称尺寸均为 $\phi90mm$，孔的最大尺寸为 $\phi90.035mm$，最小尺寸为 $\phi90mm$；轴的最大尺寸为 $\phi89.988mm$，最小尺寸为 $\phi89.966mm$。

解：由上面的定义可知：

孔的上极限尺寸为 $\phi90.035mm$，下极限尺寸为 $\phi90mm$；孔的上极限偏差（ES）＝90.035mm－90mm＝0.035mm，下极限偏差（EI）＝90mm－90mm＝0mm；孔的公差为0.035mm－0mm＝0.035mm。

轴的上极限尺寸为 $\phi89.988mm$，下极限尺寸为 $\phi89.966mm$；轴的上极限偏差（es）＝89.988mm－90mm＝－0.012mm，下极限偏差（ei）＝89.966mm－90mm＝－0.034mm；轴的公差为－0.012mm－（－0.034）mm＝0.022mm。

9）公差带和公差带图：如图 8-53 所示，用零线表示公称尺寸，同时画出代表上极限尺寸和下极限尺寸（或上极限偏差和下极限偏差）的两条直线，这两条直线所限定的区域，称为**公差带**。公差带常用按一定比例放大的矩形方框表示，其上边界代表上极限偏差，下边界代表下极限偏差；方框的左右长度无实际意义，可根据需要任意确定。

图 8-53 称为**公差带图**。公差带图简单而形象地显示了公称尺寸、极限偏差及公差之间的关系：公差带的上下高度，反映公差的大小；上极限偏差（或下极限偏差）确定公差带相对零线的位置，即反映公差带相对公称尺寸的位置。

公差带图既可用于表示孔的公差带，也可用于表示轴的公差带。

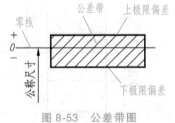

图 8-53   公差带图

（4）标准公差与基本偏差   从公差带图中可知，在公称尺寸确定后，由公差和极限偏差限定零件的尺寸要求和精度。如在例 8-4 中，轴的实际尺寸由其公称尺寸 $\phi90mm$、上极限偏差－0.012mm 及公差 0.022mm 限定，可见，上极限偏差和公差决定零件的加工精度。

一般来说，对于公称尺寸一定的零件，公差的大小以及公差带相对公称尺寸的位置，可由设计者任意确定，但这样的话很难保证零件的互换性，也不利于大规模生产。由此国家标准规定了**标准公差**和**基本偏差**。公差的大小由标准公差决定，公差带相对公称尺寸的位置由基本偏差决定。

1）标准公差。标准公差是由国家标准规定，确定公差带大小的任一公差。这就要求确定尺寸的精度（即公差的大小）不能随意，只能在标准公差中选择。标准公差把零件的尺寸精度分为 20 个等级（等级代号用符号 "IT" 和数字组成）：IT01、IT0、IT1～IT18，精度从 IT01 至 IT18 依次降低。表 J-1 是公称尺寸至 3150mm 的标准公差数值。

从表 J-1 中可看出，当公称尺寸确定时，标准公差等级越高，标准公差值越小，尺寸的精度越高。对于同一标准公差等级（如 IT7），随着尺寸的增大，标准公差值增大，这表明较大零件的加工误差随之增大。

2）基本偏差。基本偏差是确定公差带相对公称尺寸位置的上极限偏差或下极限偏差，一般指靠近零线的那个偏差。如在例 8-4 中，孔的基本偏差是下极限偏差 0，轴的基本偏差是上极限偏差 -0.012mm。

根据实际需要，国家标准分别对孔和轴各规定了 28 个不同的基本偏差，如图 8-54 所示。图 8-54 中的每一个小图，代表公差带。当公差带在零线上方时，基本偏差为下极限偏差；当公差带在零线下方时，基本偏差为上极限偏差；当零线穿过公差带时，距离零线较近的极限偏差为基本偏差。

从图 8-54 可知：

1）基本偏差用拉丁字母（一个或两个）表示。大写字母代表孔，小写字母代表轴。

2）轴的基本偏差从 a～h 为上极限偏差，从 j～zc 为下极限偏差。js 的上、下极限偏差对称分布在零线两侧，因此，其上极限偏差为 +IT/2 或下极限偏差为 -IT/2。

3）孔的基本偏差从 A～H 为下极限偏差，从 J～ZC 为上极限偏差。JS 的上、下极限偏差分别为 +IT/2 和 -IT/2。

轴和孔的基本偏差数值见表 J-2 和表 J-3。

在图 8-54 中，公差带之所以不封口，是因为这里只是说明公差带相对于零线位置，即用基本偏差表示公差带的位置，有靠近零线的极限偏差就可以了。若要计算轴和孔的另一极限偏差，可根据轴和孔的基本偏差和标准公差，按以下代数式计算：

轴的另一个极限偏差（上极限偏差或下极限偏差）：$es = ei + IT$ 或 $ei = es - IT$

孔的另一个极限偏差（上极限偏差或下极限偏差）：$ES = EI + IT$ 或 $EI = ES - IT$

（5）轴、孔尺寸公差的公差带代号表示　轴或孔的尺寸公差可用公差带代号表示，公差带代号由基本偏差代号中的字母和表示公差等级的数字组成。

例 8-5　请解释尺寸 $\phi50H7$ 的含义。

解：$\phi50$ 是公称尺寸；H7 是孔的公差带代号，其中 H 是孔的基本偏差代号，7 是公差等级。

例 8-6　请解释尺寸 $\phi30f7$ 的含义。

解：$\phi30$ 是公称尺寸；f7 是轴的公差带代号，其中 f 是轴的基本偏差代号，7 指公差等级。

2. 配合

（1）配合种类　公称尺寸相同的并且相互结合的孔和轴公差带之间的关系，

配合

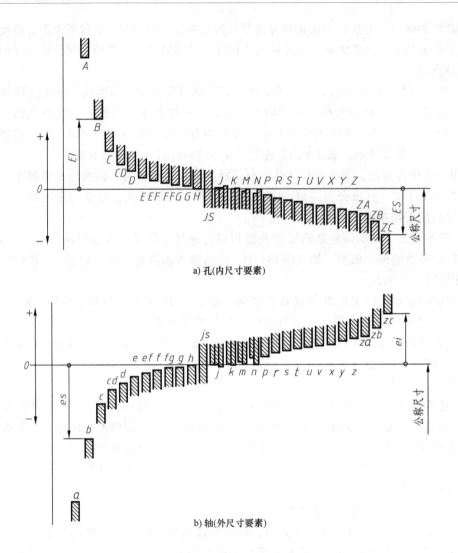

a) 孔(内尺寸要素)

b) 轴(外尺寸要素)

图 8-54　孔、轴基本偏差系列

称为配合。

　　在机器的装配中，根据使用要求的不同，轴和孔配合的松紧程度也不同，配合分为三类：

　　间隙配合：具有间隙（包括最小间隙等于零）的配合。此时，孔的公差带完全在轴的公差带之上，如图 8-55 所示。

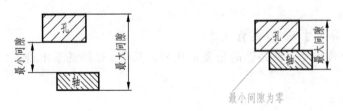

图 8-55　间隙配合的公差带关系示意图

　　过盈配合：具有过盈（包括最小过盈等于零）的配合。此时，孔的公差带完全在轴的公差带之下，如图 8-56 所示。

图 8-56　过盈配合的公差带关系示意图

　　过渡配合：可能具有间隙或过盈的配合。此时，孔的公差带和轴的公差带相互交叠，如图 8-57 所示。

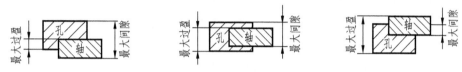

图 8-57　过渡配合的公差带关系示意图

　　（2）**配合基准制**　国家标准对配合规定了两种基准制：

　　基孔制：基本偏差为一定的孔的公差带，与不同基本偏差的轴的公差带形成各种配合的一种制度。基孔制中的孔称为基准孔。基孔制是基准孔的下极限尺寸与公称尺寸相等，即基准孔的下极限偏差为 0（上极限偏差为正值）的配合制。所以，在标注基准孔的尺寸公差时，其基本偏差代号为 H。

基准制及
选用

　　通俗地讲，基孔制就是在同一公称尺寸的配合中，将孔的公差带位置固定，通过变动轴的公差带，得到各种不同的配合，如图 8-58 所示。

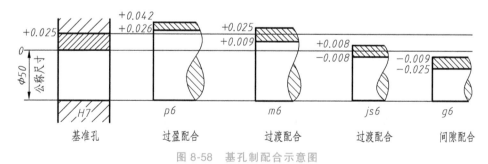

图 8-58　基孔制配合示意图

　　基轴制：基本偏差为一定的轴的公差带，与不同基本偏差的孔的公差带形成各种配合的一种制度。基轴制中的轴称为基准轴。基轴制是基准轴的上极限尺寸与公称尺寸相等，即基准轴的上极限偏差为 0（下极限偏差为负值）的配合制。所以，在标注基准轴的尺寸公差时，其基本偏差代号为 h。

　　通俗地讲，基轴制是在同一公称尺寸的配合中，将轴的公差带位置固定，通过变动孔的公差带位置，得到各种不同的配合，如图 8-59 所示。

　　一般情况下，优先采用基孔制。基轴制仅用于具有明显经济效果的场合和结构设计要求不适合采用基孔制的场合。例如，通常标准滚动轴承的外圆柱与轴承座孔配合采用基轴制。

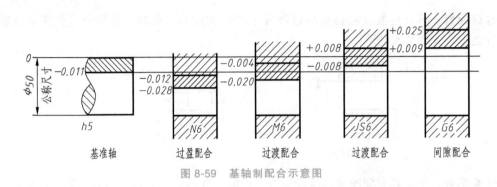

图 8-59　基轴制配合示意图

（3）常用及优先选用的配合　尽管国家标准规定了 20 个公差等级和 28 个基本偏差，但经过组合得到的公差带还是很多。为便于零件的设计和制造，国家标准规定了优先、常用和一般用途的孔公差带，以及优先、常用和一般用途的轴公差带。同时，当轴和孔配合时，国家标准还规定了基孔制优先、常用配合和基轴制优先、常用配合。关于这些优先、常用和一般用途的公差带，以及优先、常用配合，可查阅国家标准 GB/T 1800.1—2020。

3. 极限与配合的标注

（1）在零件图中尺寸公差的标注　零件图上标注公差有以下三种形式：

1）标注公差带的代号，如图 8-60a 所示。这种注法和采用专用量具检验零件统一起来，适合大批量生产。

2）标注极限偏差数值，如图 8-60b 所示。上极限偏差写在公称尺寸的右上方，下极限偏差应与公称尺寸注在同一底线上，极限偏差数字字号应比公称尺寸数字字号小一号。上、下极限偏差前面必须标出正、负号。上、下极限偏差的小数点必须对齐，小数点后的位数也必须相同。当上极限偏差或下极限偏差为"零"时，用数字"0"标出，并与下极限偏差或上极限偏差的小数点前的个位数对齐。

当公差带相对于公称尺寸对称地配置，即两个极限偏差相同时，极限偏差只需注写一次，并应在极限偏差与公称尺寸之间注出符号"±"，且两者数字高度相同，如"40±0.25"。必须注意，极限偏差数值表中所列的极限偏差单位为微米（μm），标注时，必须换算成毫米（$1\mu m = 1/1000mm$）。

3）同时标注公差带代号和极限偏差数值，如图 8-60c 所示。这时，上、下极限偏差必

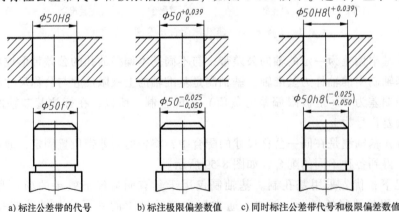

a）标注公差带的代号　　b）标注极限偏差数值　　c）同时标注公差带代号和极限偏差数值

图 8-60　零件图上尺寸公差的注法

须加上括号。

（2）在装配图中配合的标注

1）一般零件间相配的配合标注。由于相配合的孔和轴的公称尺寸一样，只需再注出孔和轴的各自公差带代号，因此配合代号用相同的公称尺寸后跟孔、轴公差带代号表示，写成分数形式，分子为孔的公差带代号，分母为轴的公差带代号。实际标注时有如图 8-61 所示的几种形式。

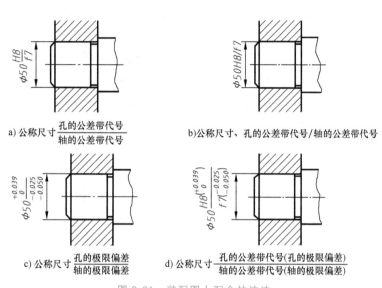

图 8-61　装配图上配合的注法

2）一般零件与标准件相配的配合标注。当一般零件与标准件（如轴承）相配时，由于标准件的公差有其自己的国家标准，因此，在装配图中标注其配合时，仅标注一般零件的公差，而不标注标准件的公差。

（3）极限与配合在图样上的识读和标注

例 8-7　孔 $\phi50H7$ 和轴 $\phi50k6$ 配合，解释代号含义，查出极限偏差值，并写出在装配图上的标注形式。

解：1）孔代号 $\phi50H7$ 的含义：ϕ—直径符号；50—公称尺寸；H—基本偏差代号（基准孔）；7—公差等级（IT7）。读作：公称尺寸为 50mm、公差等级为 7 级的基准孔。

2）孔的极限偏差的查表方法：由相关标准查孔 $\phi50H7$ 的上极限偏差为 +25（μm），下极限偏差为 0，标注时写为 $\phi50H7$ 或 $\phi50^{+0.025}_{0}$ 或 $\phi50H7$ $\left(^{+0.025}_{0}\right)$。

3）轴代号 $\phi50k6$ 的含义：ϕ—直径符号；50—公称尺寸；k—基本偏差代号；6—公差等级（IT6）。读作：公称尺寸为 50mm、公差等级为 6 级、基本偏差代号为 k 的轴。

4）轴的极限偏差的查表方法：由相关标准查轴 $\phi50k6$ 的上极限偏差为 +18（μm），下极限偏差为 +2（μm），标注时写为 $\phi50k6$ 或 $\phi50^{+0.018}_{+0.002}$ 或 $\phi50k6$ $\left(^{+0.018}_{+0.002}\right)$。

5）孔、轴配合在装配图上的标注形式：孔 $\phi50H7$ 与轴 $\phi50k6$ 配合在装配图上的标注形式写为：$\phi50H7/k6$ 或 $\phi50\dfrac{H7}{k6}$。读作：公称尺寸为 50mm、公差等级为 7 级的基准孔与公差等级为 6 级、基本偏差代号为 k 的轴的过渡配合。

几何公差

三、几何公差

1. 几何公差的概念

（1）概念和术语　如图 8-62 所示，轴的理想形状是图中双点画线形状，但加工后实际形状可能是图中粗实线形状。如图 8-63 所示，两段轴的轴线理想位置是同一条（图中长点画线），但加工后两轴线可能产生偏差。再如图 8-64 所示，竖直部分与水平部分的理想角度为 90°，但加工后两部分可能如图中粗实线而不垂直。这些例子说明，零件加工后的几何状况，与理想的几何状况还可能出现误差。由于这些误差是不可能完全避免的，因此，对于机器中某些精确程度要求较高的零件，除了要给出零件的尺寸公差外，还要给出其形状、方向、位置和跳动的最大误差允许值。

图 8-62　圆柱未达到理想形状

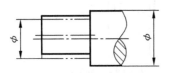

图 8-63　两圆柱未达到理想的同轴

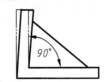

图 8-64　两部分未达到理想的垂直

几何公差是指零件的形状公差、方向公差、位置公差和跳动公差，是零件的实际几何状况相对于理想几何状况所允许的变动量。

被测要素：指被测零件上的轮廓线、轴线、面及中心平面等。

基准：与被测要素有关，且用来确定其几何位置关系的几何理想要素（如轴线、直线、平面等），可由零件上的一个或多个要素构成。

基准要素：零件上用来建立基准并实际起基准作用的实际要素（如一条边、一个表面或一个孔）。基准要素一般也是零件上的轮廓线、轴线、面及中心平面等。

公差带形状：几何公差的公差带的主要形状有：一个圆内的区域，一个圆柱面内的区域，一个圆球面内的区域，两等距线或两平行直线之间的区域，两等距面或两平行平面之间的区域，两同心圆之间的区域，两同轴圆柱面之间的区域等。图 8-65 是部分几何公差的公差带示意图。

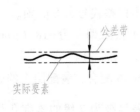

a) 公差带是两平行直线之间的区域

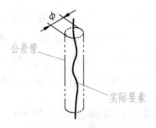

b) 公差带是一个圆柱面内的区域

c) 公差带是两同心圆之间的区域

图 8-65　部分几何公差的公差带形状

 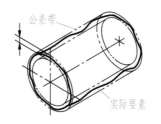

d) 公差带是两平行平面之间的区域　　　e) 公差带是两同轴圆柱面之间的区域

图 8-65　部分几何公差的公差带形状（续）

（2）几何公差的类型及特征符号　表 8-6 给出了几何公差的类型及特征符号。

表 8-6　几何公差的类型及特征符号

公差类型	几何特征	符　号	有无基准
形状公差	直线度	—	无
	平面度	▱	无
	圆度	○	无
	圆柱度	⌀	无
	线轮廓度	⌒	无
	面轮廓度	◠	无
方向公差	平行度	//	有
	垂直度	⊥	有
	倾斜度	∠	有
	线轮廓度	⌒	有
	面轮廓度	◠	有
位置公差	位置度	⊕	有或无
	同心度（用于中心点）	◎	有
	同轴度（用于轴线）	◎	有
	对称度	═	有
	线轮廓度	⌒	有
	面轮廓度	◠	有
跳动公差	圆跳动	↗	有
	全跳动	↗↗	有

几何公差还有一些附加符号，可查阅国家标准 GB/T 1182—2018。

2. 几何公差的标注

（1）公差框格　在图样中，通常用公差框格标注几何公差，公差要求注写在划分成两格或多格的矩形框格内，各格自左至右顺序标注以下内容：

1）几何特征符号。

2）公差值（如果公差带为圆形或圆柱形，公差值前应加注符号"ϕ"；如果公差带为圆球形，公差值前应加注符号"$S\phi$"）。

3）基准（用一个字母表示单个基准或用几个字母表示基准体系或公共基准），如图 8-66 所示。

图 8-66　公差框格内容

当某项公差应用于多个相同要素时，应在公差框格的上方被测要素的尺寸之前注明要素的个数，并在两者之间加上符号"×"，如图 8-67 所示。

如果需要限制被测要素在公差带内的形状，应在公差框格的下方注明，如图 8-68 所示。

如果需要就某个被测要素给出几种几何特征的公差，可将一个公差框格放在另一个的下面，如图 8-69 所示。

图 8-67　某项公差应用于多个　　　图 8-68　限制被测要素在公　　　图 8-69　被测要素有多个几何特
相同要素时的注法　　　　　　　差带内的形状的注法　　　　　征要求时将公差框格绘制在一起

（2）被测要素　在图样中标注几何公差时，用指引线连接被测要素和公差框格。指引线引自框格的任意一侧，终端带一箭头。框格通常用细实线绘制，高度是两个字体高度，在图样上水平放置。

1）被测要素为轮廓线或轮廓面。当被测要素为轮廓线或轮廓面时，箭头指向被测要素的轮廓线或其延长线（箭头与轮廓线或延长线接触，与尺寸线明显错开），如图 8-70a、b 所示；箭头也可指向带点的引出线的水平线，引出线引自被测面，如图 8-70c 所示。

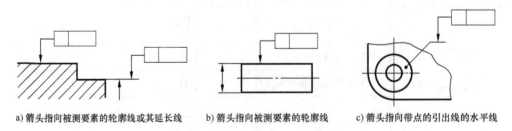

a）箭头指向被测要素的轮廓线或其延长线　　b）箭头指向被测要素的轮廓线　　c）箭头指向带点的引出线的水平线

图 8-70　被测要素为轮廓线或轮廓面的标注

2）被测要素为中心线、轴线、中心平面或中心点。当被测要素为中心线、对称中心面或中心点时，箭头与相应的尺寸线对齐，重合于尺寸线的延长线，如图 8-71 所示。

（3）基准　对有基准要求的几何公差，与被测要素相关的基准用一个大写字母表示。字

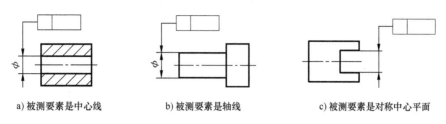

a) 被测要素是中心线　　　　b) 被测要素是轴线　　　　c) 被测要素是对称中心平面

图 8-71　被测要素为中心线、轴线、中心平面或中心点的标注

母标注在基准方格内，与一个涂黑的或空白的三角形相连以表示基准（涂黑的和空白的基准三角形含义相同），如图 8-72 所示。表示基准的字母还应标注在公差框格内。

图 8-72　基准

1）基准要素为轮廓线或轮廓面。当基准要素为轮廓线或轮廓面时，基准三角形放置在要素的轮廓线或延长线上（与尺寸线明显错开），如图 8-73a 所示；基准三角形也可放置在该轮廓面引出线的水平线上，如图 8-73b 所示。

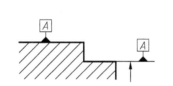
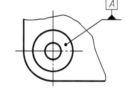

a) 基准三角形放置在要素的轮廓线或延长线上　　　b) 基准三角形放置在引出线的水平线上

图 8-73　基准要素为轮廓线或轮廓面的基准标注

2）基准要素为轴线、中心平面或中心点。当基准要素为轴线、中心线、对称中心平面或中心点时，基准三角形应放置在该尺寸线的延长线上，如图 8-74 所示。如果没有足够的位置标注基准要素尺寸的两个箭头，则其中的一个箭头可用基准三角形代替，如图 8-74b、c 所示。

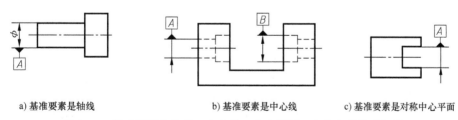

a) 基准要素是轴线　　　　b) 基准要素是中心线　　　　c) 基准要素是对称中心平面

图 8-74　基准要素为轴线、中心线、中心平面、中心点的基准标注

（4）几何公差标注举例　图 8-75 的被测要素为键槽的对称平面，基准要素是中心面，是键槽位置公差——对称度公差的标注。

图 8-76 的被测要素为球面，基准要素是球心，是球心跳动公差——圆跳动公差的标注。

当多个被测要素有同一几何公差要求时，如果位置合适，可以使用一个框格，并从指引线上引出多个箭头指向被

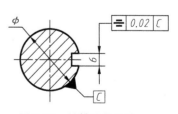

图 8-75　键槽位置公差——
对称度公差的标注

测要素。图 8-77 是三轴线方向公差——平行度公差的标注。

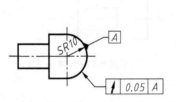

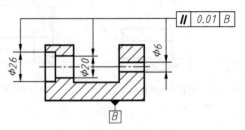

图 8-76　球心跳动公差——圆跳动公差的标注　　　图 8-77　三轴线方向公差——平行度公差的标注

当同一被测要素有多项几何公差要求时，框格可绘制在一起，并使用一条指引线。图 8-78 是两轴线方向公差——平行度公差和被测轴线形状公差——直线度公差的标注。

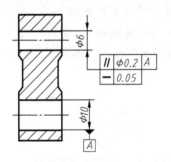

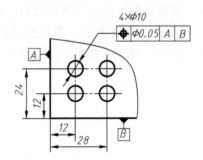

图 8-78　两轴线方向公差——平行度公差和　　　图 8-79　4 个圆（孔或柱等）的位置
被测轴线形状公差——直线度公差的标注　　　　　公差——位置度公差的标注

当某项公差应用于多个相同要素时，应在框格的上方注明被测要素的尺寸和要素的个数。图 8-79 是 4 个圆（孔或柱等）的位置公差——位置度公差的标注。

当几何公差仅适用于要素的某一局部，或者是基准要素仅为要素的某一局部时，应采用粗点画线示出该局部的范围，并加注尺寸，如图 8-80 所示。

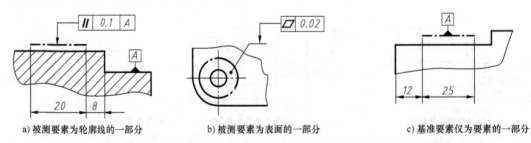

a) 被测要素为轮廓线的一部分　　　b) 被测要素为表面的一部分　　　c) 基准要素仅为要素的一部分

图 8-80　几何公差仅适用于要素的某一局部或基准要素仅为要素的某一局部的注法

3. 几何公差的识读

例 8-8　识读图 8-81 所示阶梯轴上的几何公差，并解释其含义。

两端面

⌐/ 0.01 A⌐ 含义是：$\phi22\text{mm}$ 圆锥的大、小两端面对基准（该段轴的轴线）的圆跳动公差为 0.01mm。

⌐○ 0.04⌐ 含义是：圆锥体任一正截面的圆度公差为 0.04mm。

⌐/⟋ 0.05⌐ 含义是：$\phi18\text{mm}$ 段圆柱面的圆柱度公差为 0.05mm。

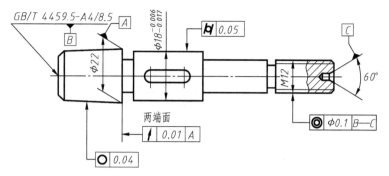

图 8-81 阶梯轴的几何公差的识读

◎ φ0.1 B—C 含义是：M12 外螺纹的轴线对公共基准（两端中心孔中心线）的同轴度公差为 φ0.1mm。

单元五　零件测绘

在生产实践中，为设计新产品、提高产品性能或修配机器零部件，通常会对已有实物进行测绘。测绘就是根据实物，通过测量绘制实物图样的过程。

零件测绘是以零件为研究对象，通过测量分析，绘制其零件图和装配图的过程。

测绘与设计是不相同的。设计是先有图样，后有样机；测绘是先有实物，而后画出图样。如果设计工作可以看成是构思实物的过程，则测绘工作就可以说是从认识实物到再现实物的过程。测绘工作属于产品研制范畴。

测绘的目的是仿造、修配、技术改造等。

测绘过程与步骤：通过目测，徒手快速画出零件的草图，然后借助测量工具测出完整的尺寸，并在草图上注全尺寸及技术要求，最后参考有关资料整理绘制出供生产使用的零件工作图。

上述过程称为零件测绘。零件测绘是实际生产中的重要工作之一，也是工程技术人员必须掌握的制图技能。

零件的
测绘

一、零件测绘的意义

（1）生产方面的意义　一般来说，通过对国内外先进产品的测绘，企业在短期内迅速改变产品的性能或品种，提高产品质量和市场竞争能力。同时也可以通过测绘学习和研究先进的结构和技术，快速赶超国际水平，填补国内空白。测绘工作是一项起步高、见效快、改善和革新产品较为容易的具有实际意义和经济价值的工作。测绘仿制无论是对工业发达的国家或发展中国家都有着重要的意义。在此应注意，进行的测绘工作不能违反国际和国内的相关法规。

（2）教学方面的意义　通过对机器部件的测绘，学生有效地将所学到的知识加以综合运用。在具备有关制图、金工等基础知识和工厂实习的基础上，通过实物测绘可以对部件的工作原理、零件作用和结构、图形表达、尺寸的圆整协调以及合理标注、极限与配合及表面粗糙度的选择和标注等进行全面的、综合的认识和提高，并且对后续课程的学习也有所裨益。

二、零件测绘的方法和步骤

1. 零件测绘的具体方法步骤

（1）**分析测绘对象**　首先应了解零件的名称、材料以及它在机器或部件中的位置、作用及与相邻零件的关系，然后对零件的内外结构形状进行分析。

（2）**确定表达方案**　零件测绘工作一般多在生产现场进行，不便使用绘图工具和仪器画图，因此，只能徒手绘制出草图。作图时，首先应确定出各视图的中心线及定位线，然后根据已确定的表达方案，详细画出零件的结构形状，接着选择尺寸基准，作出尺寸界线、尺寸线及箭头，再逐一测量，记入尺寸数字，最后标注技术要求，填写标题栏。

（3）**绘制零件草图**　零件草图虽然名为草图，但绝不是说就可以潦草从事，零件草图应包括零件图上所要求的全部内容。画草图的要求是：视图和尺寸完全、线型分明、字体清楚、图面整齐、技术要求齐备，必须有图框、标题栏等全部内容，不同之处仅是零件草图无须严格比例及不用仪器绘制，要求在最短的时间内完成作图。之所以这样要求，是因为再根据草图画零件图时，往往不在现场，或已看不到零件，零件草图已成为一项重要的原始资料，草图若画得不好，就给后续画零件图带来很大困难，甚至无法进行工作。

1）绘制图形。根据选定的表达方案，徒手画出视图、剖视等图形，其作图步骤与画零件图相同。但需注意以下两点：

① 零件上的制造缺陷（如砂眼、气孔等），以及由于长期使用造成的磨损、碰伤等，均不应画出。

② 零件上的细小结构（如铸造圆角、倒角、倒圆、退刀槽、砂轮越程槽、凸台和凹坑等）必须画出。

2）标注尺寸。先选定基准，再标注尺寸。具体应注意以下三点：

① 先集中画出所有的尺寸界线、尺寸线和箭头，再依次测量、逐个记入尺寸数字。

② 零件上标准结构（如键槽、退刀槽、销孔、中心孔、螺纹等）的尺寸，必须查阅相应国家标准，并予以标准化。

③ 与相邻零件的相关尺寸（如泵体上螺孔、销孔、沉孔的定位尺寸，以及有配合关系的尺寸等）一定要一致。

3）注写技术要求。零件上的表面粗糙度、极限与配合、几何公差等技术要求，通常可采用类比法给出。具体注写时需注意以下三点：

① 主要尺寸要保证其精度。泵体的两轴线、轴线距底面以及有配合关系的尺寸等，都应给出公差。

② 有相对运动的表面及对形状、位置、方向、跳动要求较严格的线、面等要素，要给出既合理又经济的表面粗糙度或几何公差要求。

③ 有配合关系的孔与轴，要查阅与其相结合的轴与孔的相应资料（装配图或零件图），以核准配合制度和配合性质。只有这样，经测绘而制造出的零件，才能顺利地装配到机器上去并达到其功能要求。

4）填写标题栏。一般可填写零件的名称、材料及绘图者的姓名和完成时间等。

草图的绘制方法和步骤参阅零件图的绘制，此处不做详述。如图8-82所示为通盖零件的零件草图。

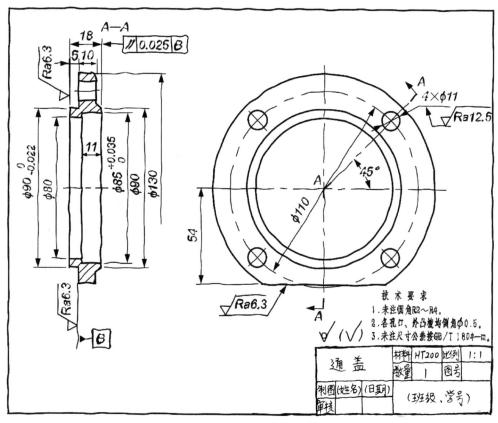

图 8-82　通盖零件的零件草图

（4）根据零件草图绘制零件工作图　由于零件草图是绘制零件工作图的依据，因此，两者的内容必须一致，即零件草图应保证图形正确、尺寸完整，并注写技术要求和标题栏等相关内容。比较图 8-82 和前文图 8-1 的图示效果可知，两者的区别仅在于绘图比例及手段的不同，而其他内容和要求应完全相同。

2. 常用的测量方法

（1）常用测量工具　测量零件尺寸时，由于零件的复杂程度和精度要求不同，需要使用多种不同的测量工具和仪器，才能比较准确地确定零件上各部分的尺寸。这里仅介绍几种常见的测量工具，如钢直尺、内卡钳、外卡钳、游标卡尺等，如图 8-83 所示，供学习测绘草图时参考。

（2）测量尺寸的方法　在测绘零件时，正确测量零件上各部分的尺寸，对确定零件的形状大小是非常重要的。在实际工作中，使用的测量工具、仪器及测量方法很多，这里仅介绍几种常用的测量方法。

1）测量直线尺寸。对于直线尺寸，通常用钢直尺或游标卡尺直接量取，如图 8-84 所示。

2）测量回转体的内、外径。若用外卡钳测量外径，外卡钳应与被测量零件的轴线垂直；若用内卡钳测量内径，内卡钳应沿轴线方向放入，然后轻松转动，量出最大尺寸即为内孔直径的尺寸。用卡钳测量，还需再用钢直尺量出其数值。若用游标卡尺测量内、外径，则可直接读出尺寸数值，如图 8-85 所示。

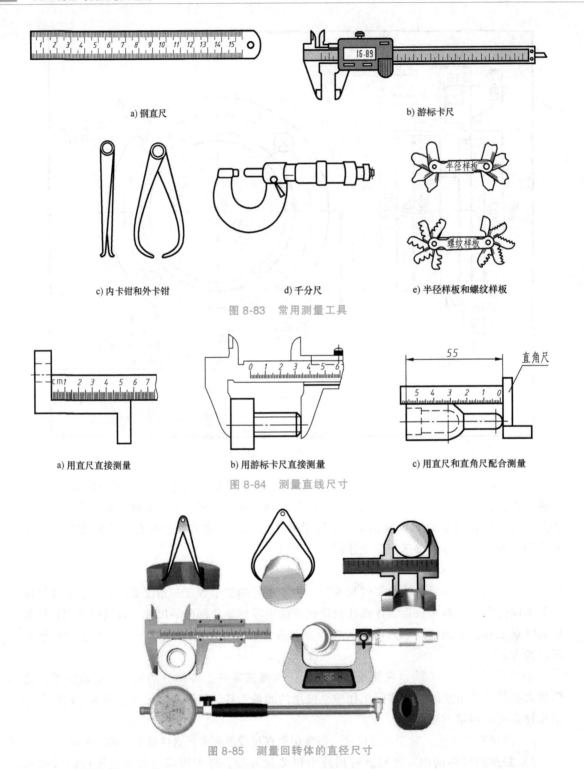

a) 钢直尺　　　　　　　　　　　　　　　　　　b) 游标卡尺

c) 内卡钳和外卡钳　　　　　　　d) 千分尺　　　　　　　e) 半径样板和螺纹样板

图 8-83　常用测量工具

a) 用直尺直接测量　　　　b) 用游标卡尺直接测量　　　　c) 用直尺和直角尺配合测量

图 8-84　测量直线尺寸

图 8-85　测量回转体的直径尺寸

3）测量壁厚。当被测零件的壁厚能直接量取时，可采用钢直尺或游标卡尺测量；若不宜直接量取时，可采用间接法测量，即使用钢直尺和内、外卡钳配合测量，用二次测量方法再经过计算获得尺寸，如图 8-86 所示。

4）测量阶梯孔的直径，如图 8-87 所示。

5）测量孔间距，如图 8-88 所示。

6）测量中心高，如图 8-89 所示。

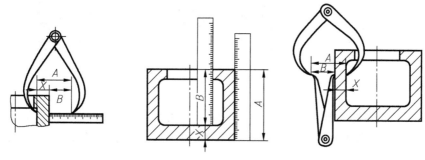

图 8-86 测量壁厚（壁厚 $X = A - B$）

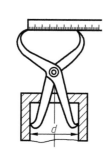 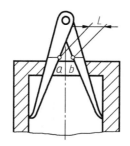 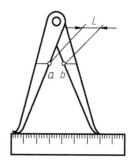

图 8-87 测量阶梯孔的直径

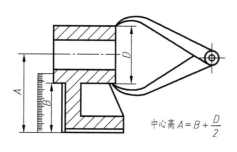

中心高 $A = B + \dfrac{D}{2}$

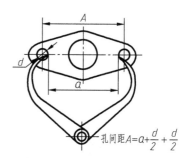

孔间距 $A = a + \dfrac{d}{2} + \dfrac{d}{2}$

图 8-88 测量孔中心距和孔间距

7）测量圆角和角度。测量圆角可应用半径样板，如图 8-90 所示。测量时找出与被测零件相吻合的样板，从而读出圆角半径的大小。测量螺纹的螺距时，若用螺纹样板测量，应找出与被测螺纹牙型吻合的样板，从而读出螺距。对外螺纹可用钢直尺直接测量螺距。此外也可将螺纹的牙尖拓印在纸上，然后用钢直尺测量印痕间的距离即为螺距数值。测量角度如图 8-91 所示。

8）测量曲线轮廓或曲面半径。

① 铅丝法：将铅丝弯成与被测的曲线或曲面部分的实形相吻合的形状，然后将铅丝放在纸上画出曲线，最后适当分段用中垂线法求得各段圆弧的中心，再量得半径，如图 8-92 所示。

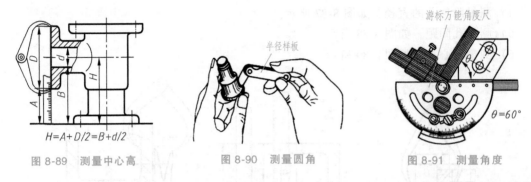

图 8-89　测量中心高　　　图 8-90　测量圆角　　　图 8-91　测量角度

② 拓印法：在零件的被测部位，覆盖一张纸，用手轻压纸面，或用铅心或用复写纸，在纸面上轻磨，即可印出曲面轮廓，得到真实的平面曲线，再求出各段圆弧半径，如图 8-93 所示。

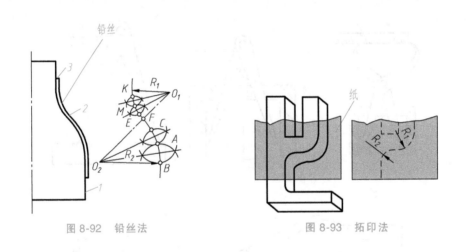

图 8-92　铅丝法　　　　　　　　图 8-93　拓印法

模 块 小 结

　　零件图是设计部门提交给生产部门的重要技术文件，是制造和检验零件的依据。绘制零件图时，视图表达方法应根据零件的结构形状和特点，适当、灵活地选用。一般用视图表达外形，用剖视图表达内形，用断面图表达个别部分的断面形状，用其他表示法和简化画法表达一些特殊的部分，应处理好零件的内外结构形状的表达、集中与分散的表达，以及虚线的表达问题。

　　零件图的尺寸标注，除了组合体的尺寸注法中已提出的要求外，更重要的是要切合生产实际。必须正确地选择尺寸基准。基准要满足设计和工艺要求，基准一般选择接触面、对称面、轴线等。零件上对设计所要求的重要尺寸必须直接注出，其他尺寸可按加工顺序、测量方便或形体分析进行标注。零件间配合部分的尺寸数值必须相同。此外还要注意不要注成封闭尺寸链。

　　图样上的图形和尺寸还不能完全反映出对零件的质量要求。因此，零件图上还应有技术要求，包括尺寸公差、几何公差、表面粗糙度等。

思 考 题

1. 选择零件主视图的原则是什么？
2. 零件图样中有哪些常用的简化画法和规定画法？

专业小故事：只给你 6 个螺钉（德国）

"飞机安装环节要求非常严格，假如有 6 个螺孔，那么技师就只能拿到 6 个螺钉；如果掉了一个螺钉，死活都要找出来。"德国海里派克直升机责任有限公司首席执行官柳青说。

海里派克直升机上使用的螺钉并非我们日常生活中使用的螺钉，而是德国有关部门认证和许可生产的螺钉，价格是普通螺钉的 10 倍，甚至更高。

柳青解释说，在飞机制造行业，工程人员需要非常严谨。如果一个螺钉不小心丢了，特别是关键部位的螺钉，很可能会留下严重的安全隐患。

一枚小小的螺钉，折射出德国制造业传承的"工匠精神"。

所谓"工匠精神"，就是一名工匠要有良好的敬业精神，对每件产品、每道工序都凝神聚力、精益求精、追求极致，"即使做一颗螺钉也要做到最好"。

贝希斯坦是德国享誉世界的钢琴制造商。他的公司成立 162 年来，贝希斯坦始终秉承精益求精的精神来制造钢琴，每一台钢琴都当作艺术品来打磨。

为了保证制琴技师的专业水准，贝希斯坦建立了一套学徒培养制度，2012 年在全球仅招收 2 名学徒，2013 年才开始增至每年 6 名。公司服务部主管、钢琴制作大师维尔纳·阿尔布雷希特说，学徒们需要进行 3 年半的轮岗学习，每个学徒会在每个部门待上 1 周至 1 个月，每个部门都派最优秀的老技师亲自教授钢琴制造技能。

贝希斯坦不仅培养钢琴制作师，还为在全世界出售的钢琴培养服务技工。阿尔布雷希特说："德国的职业培训体系非常独特，许多人都认为贝希斯坦的钢琴制作师培训是最好的。"

法兰克福财经管理大学经济学家博飞说，德国制造业的研发人员不需要考虑"性价比"，他们所追求的是生产出质量最好的产品。简单地说，就是"但求最好，不怕最贵"。这也是为什么一些德国制造的产品在国际市场上能够占据高端市场的领先地位。

博飞长期跟踪、研究德国中小企业。他说，眼光长远是德国中小企业的鲜明特点，一两年甚至三五年的行业环境变化，不会影响他们对自身产品的专注。因为专注，德国企业主往往穷其一生打造一件精品，甚至子承父业，世代相传。

德国除了有人们耳熟能详的奔驰、宝马、奥迪、博世和西门子等知名品牌之外，还有数以千计普通消费者没有听说过的中小企业，它们大部分"术业有专攻"，一旦选定行业，就一门心思扎根下去，心无旁骛，在一个细分产品上不断积累优势，在各自领域成为"领头羊"。

模块九

装 配 图

学习目标：

　　基本掌握装配图的表达方法，以及绘制装配图的方法和步骤；掌握阅读装配图的方法，具有由装配图拆画零件图的能力；熟悉装配体的测绘过程和具体步骤；培养空间想象能力与空间思维能力；培养爱国情怀和民族自信心；培养认真负责、一丝不苟、严谨专注的精神。

　　装配图是表达机器或部件的工作原理、装配关系、结构形状和技术要求的图样。设计时一般先根据设计要求画出装配图，然后再根据装配关系画出零件图。装配机器或部件时，装配图用以指导装配生产活动。因此，装配图是制订装配工艺流程，进行装配、调试、检验、安装、使用和维修的主要依据，是表达设计思想、指导生产和进行技术交流的重要技术文件。

　　"绘制装配图"和"识读装配图"两者相比，对职业院校的学生来讲后者更为重要。学习"绘制装配图"的主要目的就是通过"绘制"来了解、熟悉装配图的基本内容和表达方法，以提高识读装配图的能力，更加容易地理解、读懂装配图。本模块将首先通过学习有关标准结构、标准件、常用件在装配图中的连接装配画法，了解装配图的基本表达形式，而后再完整地学习装配图的绘制方法和步骤。

　　由于装配图是生产过程中使用的实用图样，因此，学习中要十分注意理论知识与实际运用相结合，利用一切可能的机会，深入生产现场，多看、多思考，提高自己的绘图、识图能力。

单元一　绘制装配图的方法步骤

一、装配图的内容

机械装配
图的画法

　　表达机器（或部件）**的图样称为装配图**。机器（或部件）都是由若干零件按一定的相互位置、连接方式、配合性质等装配关系组合而成的装配体。因此，装配图也可以说是表达装配体整体结构的图样。

一张完整的装配图应包括下列基本内容：

（1）一组视图　用一组视图表示机器（或部件）的工作原理和结构特点、零件的相互位置、装配关系以及重要零件的结构形状。

图 9-1 是滑动轴承装配图，它用三个视图表达了各个零件的装配关系、工作原理和结构特点。

（2）必要的尺寸　装配图上只要求注出表示机器（或部件）的规格、性能、装配、检验及安装所需要的一些尺寸。如图 9-1 所示滑动轴承的装配图中，φ50H8 为规格尺寸，180、85 等为安装尺寸，φ60H8/k6、65H9/f9 等为装配尺寸，240、160 为总体尺寸。

（3）技术要求　在装配图中应注出机器（或部件）的装配方法、调试标准、安装要求、检验规则和运转条件等技术要求，如图 9-1 中的文字说明。

（4）零件序号、明细栏　在装配图上，应对每个不同的零件（或组件）编写序号，在明细栏中依次填写零件的序号、名称、件数、材料等内容。

（5）标题栏　标题栏的内容有：机器或部件的名称、比例、图号及设计、制图、审核人员的签名等。

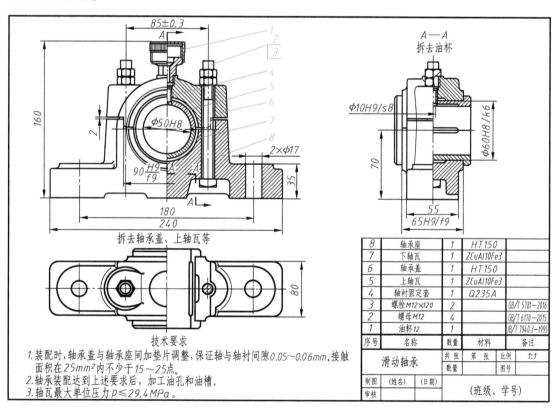

8	轴承座	1	HT150	
7	下轴瓦	1	ZCuAl10Fe3	
6	轴承盖	1	HT150	
5	上轴瓦	1	ZCuAl10Fe3	
4	轴衬固定套	1	Q235A	
3	螺栓M12×120	2		GB/T 5781—2016
2	螺母M12	2		GB/T 6170—2015
1	油杯12	1		JB/T 7940.3—1995
序号	名称	数量	材料	备注

技术要求

1. 装配时，轴承盖与轴承座间加垫片调整，保证轴与轴衬间隙0.05～0.06mm，接触面积在25mm²内不少于15～25点。
2. 轴承装配达到上述要求后，加工油孔和油槽。
3. 轴瓦最大单位压力P≤29.4MPa。

图 9-1　滑动轴承装配图

二、装配图的规定画法和特殊表达方法

前面所学过的机件的各种表达方法：基本视图、剖视图、断面图等，都可以用来表达装配图。另外，对装配图还有一些规定画法、特殊画法和简化画法。

1. 装配图的规定画法

为了在读装配图时能迅速区分不同零件，并正确理解零件之间的装配关系，在画装配图时，应遵守下述规定。

1) 相邻零件的接触表面和公称尺寸相同的配合表面只画一条线；不接触表面和非配合表面，即使间隙很小也要画两条线。

2) 剖视图中，两个或两个以上金属零件相邻，剖面线的倾斜方向应相反，或者方向一致但间隔不等。同一零件在各视图中的剖面线方向和间隔必须一致。当剖面宽度小于 2mm 时，允许将剖面涂黑以代替剖面线。

3) 当剖切面通过轴、杆等实心零件和螺钉、螺母、垫圈、销、键等标准件的轴线时，这些零件按不剖绘制。当剖切面垂直于这些零件的轴线时，则仍应画剖面线。若这些零件上的孔、槽等需要表达，可采用局部剖视图表示。

装配图的规定画法如图 9-2 所示。

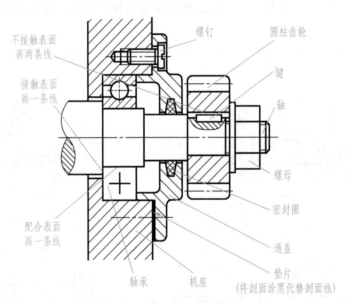

图 9-2 装配图的规定画法

2. 装配图的特殊画法

由于装配体是由若干个零件装配而成的，有些零件彼此遮盖，有些零件有一定的活动范围，还有些零件或组件属于标准产品，因此，为了使装配图既能正确完整而又简练清楚地表达装配体的结构，国家标准中还规定了一些特殊的表达方法。

(1) 沿零件结合面剖切的画法　为了表示被遮挡零件的装配关系，可假想拆卸相关零件后绘制，拆卸画法一般不加标注，需要说明时，可加注"拆去××"等，如图 9-1 所示滑动轴承装配图中的左视图就是拆去零件油杯后画出的，俯视图中的右侧拆去了螺母和轴承盖、上轴瓦。

为了表示被遮挡零件的装配关系，还可假想沿零件的结合面进行剖切，结合面上不画剖面线，但被剖切的零件应画剖面线。如图 9-3 中的 $A—A$ 剖视图，被切断的螺栓剖面上应绘制剖面线。

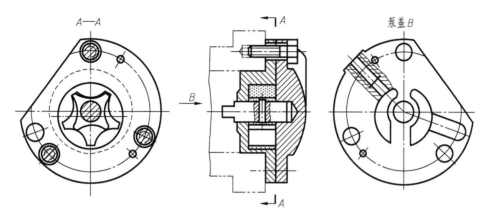

图 9-3　沿零件结合面剖切的画法

（2）假想画法

1）当需要表示某些零件运动范围或极限位置时，可用双点画线画出该零件的极限位置，如图 9-4 所示。

2）当需要表达与部件有关但又不属于该部件的相邻零件或部件时，可用双点画线画出相邻零件或部件的轮廓。如图 9-3 所示，主视图中的双点画线就表示转子油泵安装的部件。

3. 夸大画法

在装配图中，非配合面的微小间隙、薄片零件、细弹簧等，如无法按实际尺寸画出时，可不按比例而夸大画出。如图 9-2 中的垫片就采用了夸大画法。

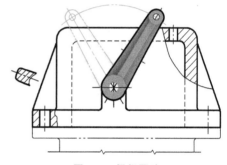

图 9-4　假想画法

4. 单独表示某个零件

在装配图中，当某个零件的形状未表达清楚而又对理解装配关系有影响时，可单独画出该零件的某一视图，并进行必要的标注。

5. 简化画法

1）在装配图中，零件的工艺结构，如小圆角、倒角、退刀槽等可省略不画。螺栓的六角头和六角螺母可采用图 9-5 所示的简化画法。

2）装配图中的螺纹联接件等若干相同的零件组，允许仅详细画一处，其余则用点画线标明其位置，如图 9-5 所示。

3）在剖视图中表示轴承时，可采用轴承的特征画法和规定画法，如图 9-5 所示。

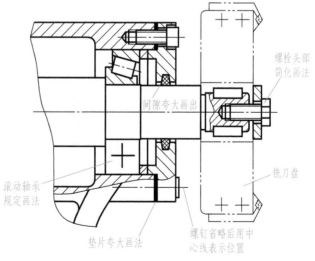

图 9-5　夸大画法、简化画法

6. 展开画法

对于某个投射方向其投影重叠的若干零件，为了表达它们的传动关系和装配关系，可按顺序将其展开在一个平面内画出其剖视图，这种画法称为展开画法。图 9-6 就是为了表达多级齿轮变速箱内齿轮的传动顺序和装配关系，按其传动顺序沿各轴线剖切而画出的剖视图。在用展开画法时，展开图的上方要注明"×—×展开"。

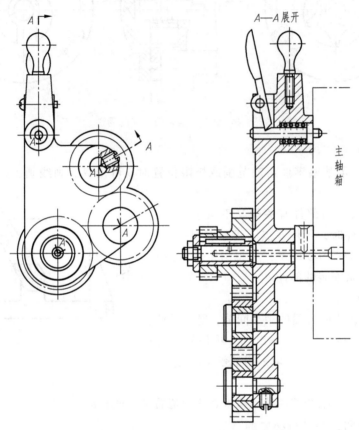

图 9-6　展开画法

三、装配图表达方案的选择

画装配图要着重表达部件的整体结构，特别要把部件所属零件的相对位置、连接方法、装配关系表达清楚，尽可能清晰地反映部件的传动路线、工作原理、操纵方式等。不追求把零件的形状完全表示清楚。因此，在选择装配图表达方案时，应按上述基本要求进行。下面以图 9-7 所示球阀为例，说明选择装配图表达方案的大致步骤：

1. 对所要表达的部件进行分析

了解装配体的用途，分析其结构、工作原理、传动路线、各零件在装配体中的作用及零件间的连接关系及配合性质。

（1）分析结构　球阀主要由阀盖、阀体和阀芯组成，阀芯是球形的，是用来启闭和调节流量的部件。在图 9-7 所示的位置阀门全部开启，如将扳手按顺时针方向旋转 90°时阀门全部关闭。该球阀总共由 13 种零件组成，其中有两种标准件。

（2）分析工作原理　球阀装配体的关键零件是阀芯4，分析时应从其运动、密封、包容等关系逐一分析。

运动关系：扳手→阀杆→阀芯。

密封关系：因为泵、阀类部件都要考虑防漏问题，所以球阀用两个密封圈（3号零件）作为第一道防线；用调整垫（5号零件）为阀体、阀盖之间密封，用填料垫、中填料、上填料、填料压紧套（8、9、10、11号零件）作为第二道防线，防止从转动的阀杆（12号零件）处漏油。

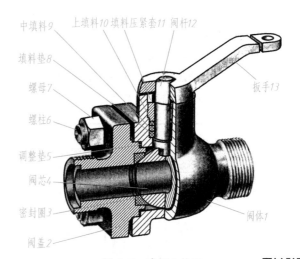

图9-7　球阀立体图

绘制球阀
装配图

包容关系：阀体和阀盖是球阀的主体零件，它们之间以四组双头螺柱联接，阀芯通过两个密封圈（3号零件）定位于阀中，通过填料压紧套与阀体的螺纹旋合，将填料垫、中填料、上填料固定于阀体中。

（3）分析装配关系　分析零件之间的相对位置、配合关系和连接方式，了解装配体的功能所采取的相应措施，从而更深一步了解部件，并能分析出装配体的装拆顺序。

相对位置：球阀中，阀体在外，阀盖在阀体的左边，阀芯在阀体腔中，扳手在阀体之上。

连接方式：阀盖和阀体通过四组双头螺柱联接；阀芯上的凹槽与阀杆下部的凸榫配合；阀杆上部的四棱柱与扳手的方孔连接。

配合关系：阀杆与阀体、阀盖与阀体、阀杆与填料压紧套等均采用基孔制的过盈配合（H11/d11），以保证它们之间的连接可靠。

球阀的安装顺序：首先将密封圈→阀芯→密封圈安装到阀体内腔，再将双头螺柱旋入阀体，把调整垫、阀盖装上并拧紧螺母，然后从阀体的上方装入阀杆、填料垫、中填料、上填料，安装并拧紧填料压紧套，最后将扳手的方孔套在阀杆的四棱柱上完成安装。

2. 确定主视图

一般应选择符合部件工作位置的方位，把反映主要或较多装配关系的投射方向作为主视图的投射方向。因为主视图是部件表达方案的核心，应能清楚地反映主要装配干线上各零件的相对位置、装配关系、工作原理及装配体的形状特征。

由于球阀的工作位置变化较多，故将其水平放置作为主视图的投射方向，以反映球阀各零件从左到右、从上向下的位置关系、装配关系和结构形状，并结合其他视图表达球阀的工作原理和传动路线。

球阀主视图方向垂直于内腔各孔的轴线，应采用全剖视图。这样既符合工作位置，又把各零件的位置、装配关系表达得很清楚，很容易分析出其工作原理。

3. 确定其他视图

主视图没有表达而又必须表达的部分，或表达不够完整、清晰的部分可选用其他视图补充说明。一般情况下，部件中的每种零件至少应在视图中出现一次。

如图 9-8 所示，用前后对称的剖切平面剖开球阀，得到全剖的主视图，清楚地表达了各零件间的位置关系、装配关系和工作原理，但球阀的外形和其他的一些装配关系并未表达清楚。故选择左视图补充表达，并以半剖视进一步表达装配关系；选择俯视图关作 *B—B* 局部剖视，反映扳手与限位凸块的装配关系和工作位置。

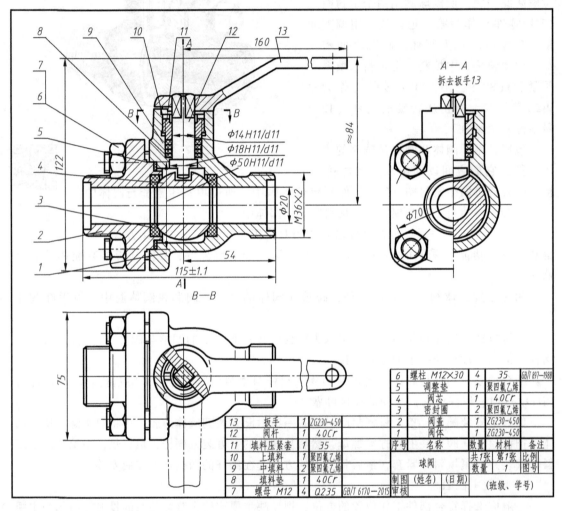

图 9-8　球阀装配图

4. 对表达方案进行调整

最后，对已确定的表达方案进行调整。在调整时要注意以下两点：

（1）**分清主次，合理安排**　一个部件可能有多条装配线，在表达时一定要分清主次，把主要装配线表示在基本视图上。对于次要的装配线如果不能兼顾，可以表示在单独的剖视图或局部剖视图上。每个视图或剖视图所表达的内容应该有明确的目的。

（2）**注意联系，便于读图**　所谓联系是指在工作原理或装配关系方面的联系。为了读图方便，在视图表达上要防止过于分散零碎的方案，尽量把一个完整的装配关系，表示在一个或几个相邻的视图上。

四、装配图的尺寸标注和技术要求

1. 装配图的尺寸标注

装配图的作用与零件图不同，所以在装配图中标注尺寸时，不必把制造零件所需的尺寸都标出来，只需标注以下几类尺寸：

（1）性能（或规格）尺寸　表示机器或部件的工作性能或规格的尺寸。这类尺寸是设计产品的主要数据，是在绘图前就确定了的，如图 9-1 所示滑动轴承装配图中的 $\phi50H8$。

（2）装配尺寸　表示机器或部件中各零件装配关系的尺寸。有以下两种：

1）配合尺寸：表示两个零件之间配合性质的尺寸，如图 9-8 中的 $\phi14H11/d11$、$\phi18H11/d11$，图 9-1 中的 $\phi60H8/k6$、$90H9/f9$。

2）相对位置尺寸：表示装配机器和拆画零件图时需要保证的零件间相对位置的尺寸，如啮合齿轮的中心距就是相对位置尺寸。

（3）安装尺寸　表示将机器或部件安装到其他设备或基础上所需的尺寸，如图 9-1 所示滑动轴承装配图中的 180 及孔的尺寸 $\phi17$，用于表示安装滑动轴承的孔的位置和大小。

（4）外形尺寸　表示机器或部件外形轮廓的大小，即总长、总宽及总高。它反映了机器或部件的大小，提供了包装、运输、安装等时所需的空间大小信息，如图 9-1 所示滑动轴承装配图中的尺寸 240 和 160。

（5）其他重要尺寸　在设计中确定的，而又未包括在上述几类尺寸中的一些重要尺寸，如运动零件的极限尺寸、主要零件的重要尺寸等。

上述五类尺寸，并不一定都标注，要看具体要求而定。此外，有的尺寸往往同时具有多种作用。因此，对装配图中的尺寸需要具体分析，然后进行标注。

2. 装配图的技术要求

由于装配体的性能、用途各不相同，因此其技术要求也不同，拟订装配体的技术要求时，应具体分析，一般从以下三个方面考虑：

（1）装配要求　指为保证装配体的性能，装配过程中的注意事项，装配后应满足的要求。

（2）检验要求　指对装配体基本性能的检验、试验、验收方法的说明等。

（3）使用要求　对装配体的使用、维护、保养要求及注意事项等。

上述各项，不是每一张装配图都要求全部注写，应根据具体情况而定。装配图的技术要求通常用文字注写在明细栏上方或图纸下方空白处。

五、装配图中的零部件序号

为了便于读图，在装配图中，要对所有零部件编写序号，并在标题栏上方画出零件明细栏，按图中序号把各零件填写在明细栏中。

1. 零部件序号

（1）基本要求

1）装配图中所有的零部件均应编写序号。

2）装配图中一个部件（如油杯、滚动轴承、电动机等）可以只编写一个序号；同一装配图中相同的零部件用一个序号，一般只标注一次；多次出现的相同的零部件，必要时可以重复标注。

3）装配图中零部件的序号，应与明细栏中的序号一致。

（2）零部件序号的标注方法　从所要标注的零部件的可见轮廓内涂一圆点，从圆点画指引线，在指引线的另一端用细实线画一水平线或圆圈；在水平线上或圆圈内注写该零、部件的序号，序号的字号要比装配图中所注尺寸数字的字号大一号或两号，如图 9-9b、c 所示。

也允许采用不画水平线或圆圈的形式，序号注写在指引线附近，序号的字号要比装配图中所注尺寸数字的字号大一号或两号，如图 9-9d 所示。同一装配图中的序号形式应当一致。

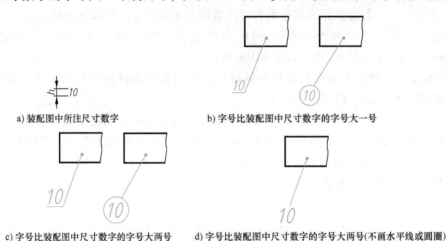

a) 装配图中所注尺寸数字　　　　　　　b) 字号比装配图中尺寸数字的字号大一号

c) 字号比装配图中尺寸数字的字号大两号　　d) 字号比装配图中尺寸数字的字号大两号(不画水平线或圆圈)

图 9-9　零部件序号的标注方法

对于很薄的零件或涂黑的剖面不便画圆点时，可用箭头指向该零件的轮廓线，如图 9-10 所示。

（3）零部件序号标注时的注意事项

1）零部件的序号应注在图形轮廓线的外边。

2）必要时指引线可以画成折线，但只能曲折一次。

3）指引线不能相交。

4）指引线通过有剖面线的区域时，不应与剖面线平行。

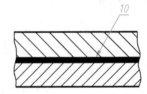

图 9-10　薄零件或涂黑剖面的序号标注方法

5）一组紧固件以及装配关系清楚的零件组，可以采用公共指引线，如图 9-11 所示。

6）装配图中相同的零件在各视图中只有一个序号，不能重复。

7）零件序号应按水平或竖直方向排列整齐。按顺时针或逆时针方向顺次排列，如图 9-1 和图 9-8 所示。如果在整个图上无法连续时，可只在每个水平或竖直方向顺次排列。

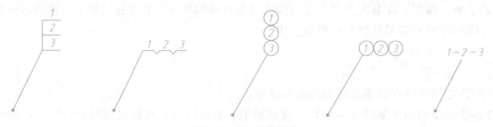

图 9-11　公共指引线

实际标注时，一般是先按一定的位置画好水平线或圆圈，然后依相邻零件顺序，画出指引线与其相连。

2. 零部件的明细栏

装配图中零部件的明细栏的格式由 GB/T 10609.2—2009 规定。明细栏的内容一般由序号、代号、名称、数量、材料质量（单件、总计）、备注等组成，也可以按实际需要增加或减少。

明细栏一般配置在标题栏上方，外框和内格竖线为粗实线，序号以上横线为细实线，按由下而上的顺序填写（便于增加零件时可继续向上画格），格数根据需要而定。当由下而上延伸位置不够时，可紧靠在标题栏的左边自下而上延续，如图 9-8 所示的明细栏。

装配图中明细栏各部分的尺寸与格式举例如图 9-12 和图 9-13 所示。

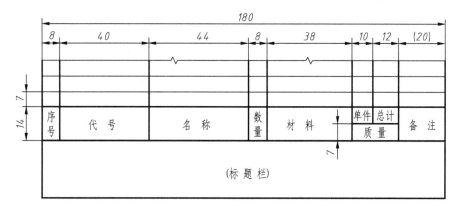

图 9-12　明细栏的格式（一）

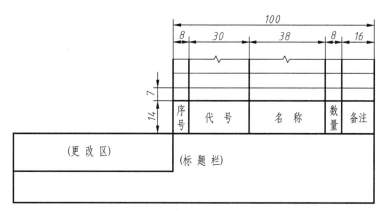

图 9-13　明细栏的格式（二）

当装配图中不能在标题栏的上方配置明细栏时，可作为装配图的续页按 A4 幅面单独给出，但填写顺序是自上而下延伸。还可连续加页，但应在明细栏下方配置标题栏。

六、常见的装配结构及合理性

为了使零件装配成机器（或部件）后能满足设计要求，并考虑到便于加工和装拆，在设计时必须注意装配结构的合理性，下面是几种常见的装配工艺结构的正误比较。

常见装配结构

1. 配合面与接触面

两零件的接触表面，同方向一般只允许有一对接触面，这样既可保证接触良好，又可降低加工要求，如图 9-14 所示。

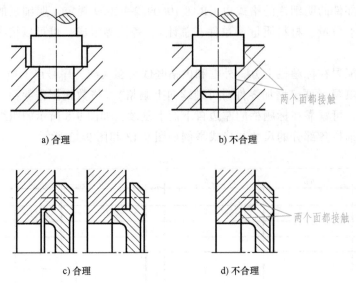

两个面都接触

a) 合理　　　　　　　　　　b) 不合理

两个面都接触

c) 合理　　　　　　　　　　d) 不合理

图 9-14　两零件同方向只允许一对接触面

2. 相配合零件转角处工艺结构

为了确保两零件转角处接触良好，应将转角设计成圆角、倒角或退刀槽，如图 9-15 所示。

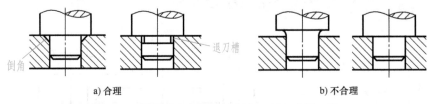

倒角　　　　　　　　　　退刀槽

a) 合理　　　　　　　　　　b) 不合理

图 9-15　零件转角处设计成圆角、倒角或退刀槽

3. 减少加工面积的工艺结构

两零件在保证可靠性的前提下，应尽量减少加工面积，即接触面常做成凸台或凹坑，如图 9-16 所示。

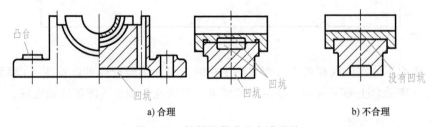

凸台

凹坑　　　　　　　　凹坑　　凹坑　　　　　没有凹坑

a) 合理　　　　　　　　　　　　　　b) 不合理

图 9-16　接触面做成凸台或凹坑

4. 圆锥面配合处结构

1）圆锥面接触应有足够的长度，同时不能再有其他端面接触，以保证配合的可靠性，如图 9-17 所示。

2）定位销孔应做成通孔，以便于取出，如图 9-17 所示。

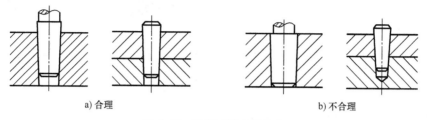

a) 合理　　　　　　　　　　　b) 不合理

图 9-17　圆锥面配合处结构

5. 紧固件装配工艺结构

螺栓、螺钉联接时考虑装拆方便，应注意留出装拆空间，如图 9-18 所示。

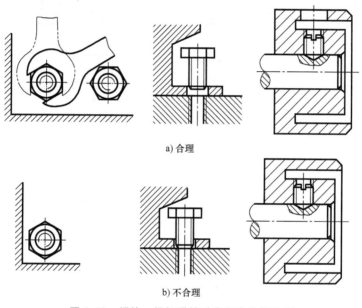

a) 合理

b) 不合理

图 9-18　螺栓、螺钉联接时应留出装拆空间

6. 并紧及防松结构

轮孔长应大于该段轴长，以保证螺母、垫圈并紧，如图 9-19 所示。为了防松可采用开槽六角螺母和开口销。

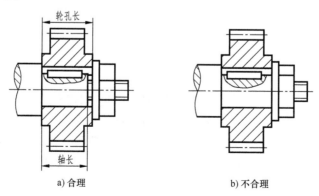

a) 合理　　　　　　　　　　　b) 不合理

图 9-19　轮孔长应大于该段轴长

7. 滚动轴承轴向定位

轴上零件应有可靠的定位装置，以保证零件不在轴上移动。图 9-20a 是采用轴肩定位，用弹性挡圈固定轴承；图 9-21a 中的滚动轴承左侧用轴肩定位，右侧用压盖压紧。

8. 考虑零件装、拆方便

要考虑零件装、拆方便，如图 9-20a 和图 9-21a 中轴肩直径应小于轴承的内圈直径。

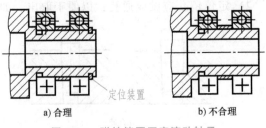

a) 合理　　　　　　b) 不合理

图 9-20　弹性挡圈固定滚动轴承

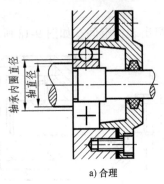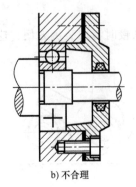

a) 合理　　　　　　　　　　b) 不合理

图 9-21　轴肩和压盖定位轴承（轴肩直径应小于轴承内圈直径）

9. 填料密封结构

填料密封结构的填料与轴之间不应留有间隙；而端盖与轴之间应留有间隙（以免轴转动时与端盖摩擦，损坏零件）；同时填料压盖不要画成压紧的极限状态，应还有压紧的余地，如图 9-22 所示。

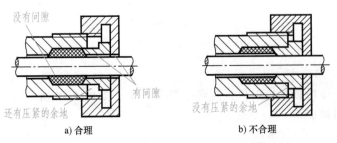

a) 合理　　　　　　　　　　b) 不合理

图 9-22　填料密封结构

机械装配
图的绘制

七、画装配图的步骤

装配图的画图顺序通常有由内而外和由外而内两种方法。

由内而外：从内向外画就是从内部的主要装配干线出发，逐次向外扩展。其优点是从最内层实形零件（或主要零件）画起，按照装配顺序逐步向四周扩展，层次分明，并可避免绘制外部零件上被内部零件挡住的轮廓线，图形清晰。

由外而内：从外向内画就是从机器或部件的机体出发，逐次向里画出各个零件。其优点是便于从整体的合理布局出发，绘制并确定主要零件的结构形状和尺寸，其余部分也很容易决定下来。

由内而外的画法符合设计过程，而由外而内的画法符合装配顺序，两种方法应根据不同装配体的结构灵活选用或结合运用。下面以图9-1所示的滑动轴承为例，说明画装配图的步骤。

（1）分析部件 装配图的作用是表达机器或部件的工作原理、装配关系以及主要零件的结构、形状。因此在画装配图以前，要对所绘制的机器或部件的工作原理、装配关系以及主要零件的形状、零件与零件之间的相对位置、定位方式等做仔细分析。

图9-1所示的滑动轴承是用来支承轴的一种装置，其主体部分为轴承座和轴承盖，通常采用螺栓进行联接，且两者之间装有上下轴承所支承的轴，其在轴承孔中转动，并通过轴承盖顶部的油杯注入润滑油，而为保证轴瓦不随轴一起转动，则需在油孔中插入固定套。

（2）确定表达方案 滑动轴承的主视图按工作位置选取，以表达各零件之间的连接装配关系，同时也表达了主要零件的结构形状。由于结构对称，主视图采用了半剖，既清楚地表达了轴承座与轴承盖由螺栓联接和止口位置的装配关系，也表达了轴承座与轴承盖的外形结构。俯视图采用了拆卸画法，表示了多个零件的外部形状。

（3）确定图幅，布置视图 根据装配体的大小和表达方案中图形的个数，确定画图比例和图幅。注意：选定图幅时不仅要考虑到视图的大小和数量，还要考虑零件序号、尺寸、标题栏、明细栏和技术要求的布置。图幅确定后先画出图框，定出标题栏和明细栏的位置。

（4）画装配线 由滑动轴承的装配关系可采用从外向内的绘图方法，作图时按其主要装配关系，依次画出轴承座、下轴瓦、上轴瓦及轴承盖的投影，再逐次表达螺栓联接等细节部分，最后检查无误后描深轮廓，完成三视图。图9-23所示为滑动轴承的画图步骤。

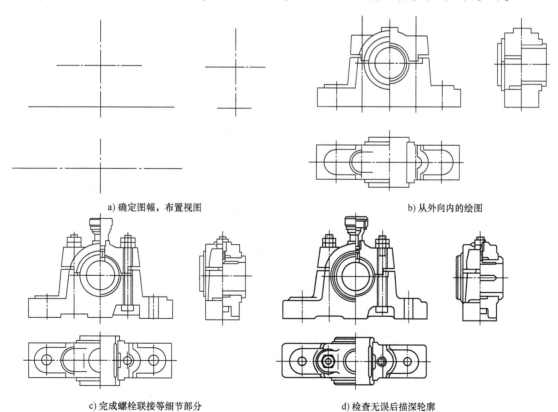

a) 确定图幅，布置视图　　　　　　　　　　　　b) 从外向内的绘图

c) 完成螺栓联接等细节部分　　　　　　　　　　d) 检查无误后描深轮廓

图9-23 滑动轴承的画图步骤

(5) 标注尺寸　标注性能尺寸、装配尺寸、安装尺寸和外形尺寸以及其他重要尺寸。

(6) 编写序号　为便于读图及图样的管理，对装配图中的每个零件都必须按顺序编写序号。如图 9-1 所示主视图中八个编号，通常由圆点作为起点，然后引出指引线，在其末端以细实线画出横线或圆，并写上零件序号。

(7) 填写标题栏和明细栏　一般情况下，明细栏位于标题栏的上方，首先依次填入上述零件序号，并且两者必须保持一致，然后分别说明每个代号所指零件的名称和材料等信息。最后填写技术要求完成装配图。

具体画装配图时还要注意以下几点：

1) 各视图间要符合投影关系，各零件、各结构要素也要符合投影关系。

2) 先画起定位作用的基准件，再画其他零件。

3) 先画出部件的主要结构形状，再画次要结构。

4) 画零件时应随时检查装配关系，检查零件之间有无干扰，发现问题及时纠正。

单元二　读装配图及拆画零件图

装配图的
阅读

一、读装配图

读装配图是工程技术人员必须具备的基本技能，读装配图的意义如下：

1) 依据装配图绘制零件工作图。

2) 依据装配图将零件组装成部件或整机。

3) 保养和维修时参照装配图拆卸和重装。

4) 进行技术交流。

读装配图的目的是了解机器（或部件）的性能、工作原理，搞清各零件的装配关系、各零件的主要结构形状和作用。

下面以图 9-24 所示拆卸器装配图为例，说明读装配图的一般步骤。

(1) 概括了解　首先看标题栏，从部件（或机器）的名称可大致了解其用途。从画图的比例，结合图上的总体尺寸可想象出该装配体的总体大小。再看明细栏，结合图中的序号了解零件的数目，估计部件的复杂程度。图 9-24 是拆卸器装配图，主要用于固定在轴上零件的拆卸。从画图的比例和图样的尺寸分析，它是一个小型的装置，共包含 8 个零件。可见其为比较简单的装配体。

(2) 分析视图，了解零件间的装配关系　了解各个视图、剖视、断面等的相互关系及表达意图，为下一步深入读图做准备。

主视图主要表达拆卸器的结构形状，并采用了全剖视，但压紧螺杆 1、把手 2、抓子 7 等紧固件或实心零件按规定均未剖，为了表达它们与其相邻零件的装配关系，又做了三个局部剖视。因为轴与套不是该装配体上的零件，所以用细双点画线画出其轮廓（假想画法），以体现其拆卸功能。为了节省图纸幅面，较长的把手则采用了折断画法。

俯视图采用了拆卸画法（拆去了把手 2、沉头螺钉 3 和挡圈 4），并取了一个局部剖视，以表示销轴 6 与横梁 5 的配合情况，以及抓子 7 与销轴 6 和横梁 5 的装配情况。同时，也将主要零件的结构形状表达得很清楚。

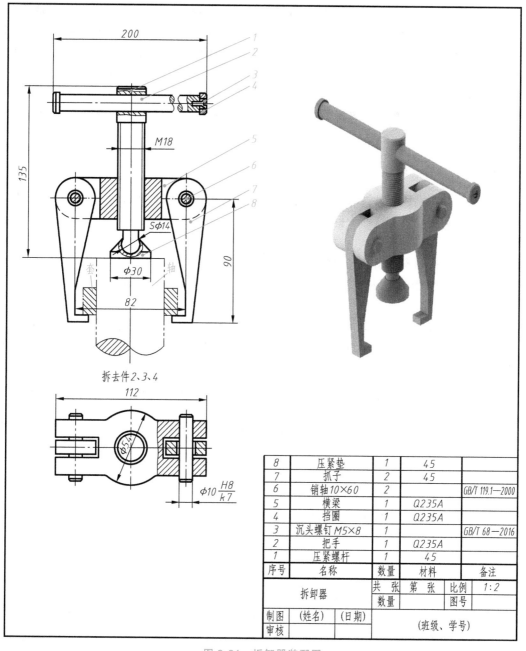

8	压紧垫	1	45		
7	抓子	2	45		
6	销轴10×60	2		GB/T 119.1—2000	
5	横梁	1	Q235A		
4	挡圈	1	Q235A		
3	沉头螺钉M5×8	1		GB/T 68—2016	
2	把手	1	Q235A		
1	压紧螺杆	1	45		
序号	名称	数量	材料	备注	
拆卸器		共 张 第 张		比例	1:2
		数量		图号	
制图	(姓名)	(日期)	(班级、学号)		
审核					

图 9-24 拆卸器装配图

（3）分析工作原理和传动路线 分析时，应从机器或部件的传动入手。该拆卸器的运动应由把手开始分析，当沿顺时针方向转动把手时，则使压紧螺杆转动。由于螺纹的作用，横梁即同时沿螺杆上升，通过横梁两端的销轴，带着两个抓子上升，被抓子勾住的零件也一起上升，直到将其从轴上拆下。

（4）分析尺寸和技术要求 尺寸82是规格尺寸，表示此拆卸器能拆卸零件的最大外径不大于82mm。尺寸112、200、135、$\phi54$是外形尺寸。尺寸$\phi10H8/k7$是销轴与横梁孔的配合尺寸，是基孔制、过渡配合。

（5）分析装拆顺序　由图9-24可分析出，整个拆卸器的装配顺序是：先把压紧螺杆1拧过横梁5，将压紧垫8固定在压紧螺杆的球头上，在横梁5的两旁用销轴6各穿上一个抓子7，最后穿上把手2，再将把手的穿入端用沉头螺钉3将挡圈4拧紧，以防止把手从压紧螺杆上脱落。

拆卸器的立体形状如图9-24中右图所示，读者在看装配图过程中可以参阅。

经过以上步骤，对整个拆卸器的结构、功能、装配关系、尺寸大小等就有了全面的认识，完成了读图过程。

由装配图
拆画
零件图

二、由装配图拆画零件图

在设计新机器时，经常是先画出装配图，确定主要结构，然后根据装配图来画零件图，这称为拆画零件图，简称拆图。拆图的过程，也是继续设计零件的过程。

拆画零件图的过程中，要注意以下几个问题：

1）在装配图中没有表达清楚的结构，要根据零件功用、零件结构和装配结构，加以补充完善。

2）装配图上省略的细小结构、圆角、倒角、退刀槽等，在拆画零件图时均应补上。

3）装配图主要是表达装配关系。因此考虑零件视图方案时，不应该简单照抄，要根据零件的结构形状重新选择适当的表达方案。

4）零件图的各部分尺寸大小可以在装配图上按比例直接量取，并补全装配图上没有的尺寸、表面粗糙度、极限配合、技术要求等。

由装配图拆画零件图的步骤，将以从机用虎钳装配图（图9-25）中拆画出活动钳身的零件图为例进行说明。

1. 读装配图

首先要看懂装配图，这是拆图的基础。

（1）概括了解　机用虎钳是安装在机床上的一种夹具。由图9-25所示机用虎钳装配图的明细栏可知，它由10种零件组成，其中标准件三种。

（2）分析视图　了解各个视图的名称、所采用的表达方法和所表达的主要内容及视图间的投影关系。主视图采用全剖视、局部剖视图，反映机用虎钳的工作原理和零件间的装配关系。俯视图采用局部剖视，表达钳口板与固定钳身连接的局部结构并显示机用虎钳的外形。左视图采用半剖视，表达固定钳身、活动钳身与螺母三个零件间的装配关系。断面图用于表达螺杆右端的截面形状，标有比例的图为局部放大图，是为了表达螺杆上的特殊螺纹（矩形螺纹）的牙形；用局部视图表示钳口板的形状。

（3）细读各图　根据表达方案和各视图间的对应关系，读出工作原理、传动线路；分析零件间的相对位置、零件间的连接方式、配合关系以及装拆顺序；分析零件的用途和大致结构；分析尺寸和技术要求。

分析机用虎钳的工作原理：旋转螺杆4使螺母6带动活动钳身7做水平方向左右移动，以夹紧工件进行切削加工。根据图中配合尺寸的配合代号，判别零件配合的基准制、配合种类及轴、孔的公差等级等。螺杆的轴向定位与固定依靠右下方固定钳身的台阶面，活动钳身与螺母通过螺钉5联接，钳口板与固定钳身通过螺钉10联接。

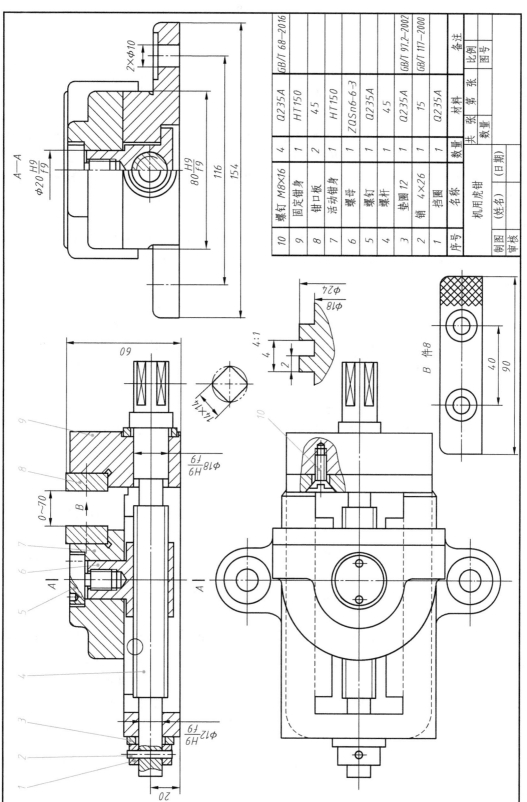

序号	名称	数量	材料	备注
10	螺钉 M8×16	4	Q235A	GB/T 68-2016
9	固定钳身	1	HT150	
8	钳口板	2	45	
7	活动钳身	1	HT150	
6	螺母	1	ZQSn6-6-3	
5	螺钉	1	Q235A	
4	螺杆	1	45	
3	垫圈 12	1	Q235A	GB/T 97.2-2002
2	销 4×26	1	15	GB/T 117-2000
1	挡圈	1	Q235A	

机用虎钳

图 9-25　机用虎钳装配图

综合上述分析，确定装拆顺序：件 2 销→件 1 挡圈→件 3 垫圈→件 4 螺杆→件 5 螺钉→件 7 活动钳身→件 6 螺母→件 10 螺钉→件 8 钳口板。

2. 拆画零件图

（1）分离出零件 根据明细栏中的零件序号，从装配图中找到该零件所在的位置。根据零件的剖面线倾斜方向和间隔，以及投影规律确定零件在各视图中的轮廓范围，并将其分离出来。

（2）构思零件的完整结构 利用配对连接结构形状相同或相似的特点，确定配对连接零件的相关部分形状，对分离出的投影补线。根据视图的表达方法的特点，确定零件相关结构的形状，对分离出的投影补线。根据配合零件的形状、尺寸符号，并利用构形分析，确定零件相关结构的形状。根据零件的作用再结合形体分析法，综合起来想象出零件总体的结构形状。

（3）画图 装配图上的视图选择方案主要从表达装配关系和整个部件情况来考虑。因此，在选择零件的视图时不应简单照抄，而应从零件的形状、作用及加工工艺等各方面考虑，采用更为合适的零件表达方案。

图 9-26 是机用虎钳的活动钳身零件图，其主视图和其他视图的表达方案就与该零件在装配图上的表达方案不一样，其主视图的投射方向是按该零件的加工位置和主工序确定的。

表达方案确定后，即可按照通常的绘图步骤画图。实际绘图时可能会遇到下面的问题：

1）零件的尺寸确定。装配图上对零件的尺寸标注不完全，所以拆画零件图时，要确定零件的所有尺寸。按如下方法确定零件的尺寸：

① 已在装配图上标注出的零件尺寸是与设计、装配有关的尺寸，要全部应用到零件图上。

② 零件上的工艺结构和标准结构的尺寸应查阅有关标准后确定，如齿轮的分度圆尺寸、键槽尺寸等。

③ 除零件上的工艺结构和标准结构尺寸外，装配图上没有的尺寸，可由装配图上按比例大小直接量取、计算或根据实际自行确定，但要注意圆整。

2）完善零件形状。由于装配图主要表达装配关系，因此对某些零件的形状往往表达不完全。按如下方法完善零件形状：

① 根据零件的功用、零件结构知识和装配结构知识补充完善零件形状。某些局部结构甚至要重新设计。

② 补充画出在装配图上省略的零件上的工艺结构，如倒角、退刀槽、圆角、顶尖孔等，在拆图时均应画出。

（4）标注尺寸 按照零件图的尺寸标注要求标注尺寸，包括装配图上已标注出的零件尺寸，查阅国家标准得到的工艺结构尺寸、标准结构尺寸以及自行确定或计算出的尺寸。

（5）确定零件加工的技术要求 根据装配图上该零件的作用及与其他零件的装配关系，结合自己掌握的结构和工艺方面的知识、经验，或者参考同类产品的图样资料，确定零件的各表面的表面结构要求，各要素有无尺寸公差、几何公差要求，以及工艺处理等技术要求，然后将其注写在零件图上。

（6）校核图样，填写标题栏 仔细检查图形、尺寸、技术要求有无错误，确信无误后填写标题栏，完成全图。

图 9-26 所示为活动钳身零件图。

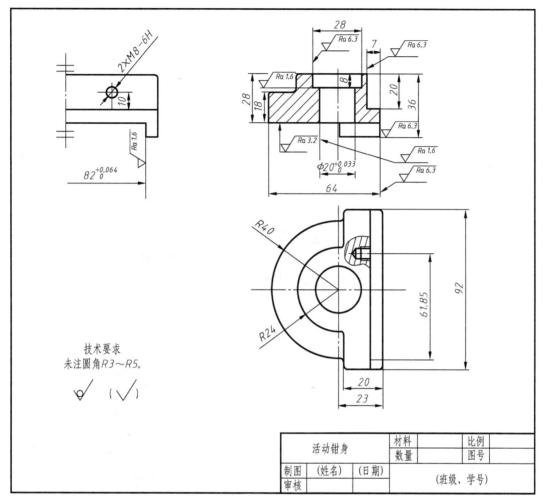

图 9-26　活动钳身零件图

模 块 小 结

　　机械设备装配图可分为总装图和部件装配图，装配体的表达方法是在机件常用表达方法的内容中增加一些特殊的表达方法，机械设备装配图表达方案是根据装配体的结构、传动路线及工作原理等特点，采用国家标准规定的各种表达方法合理组合的。

　　本模块主要介绍装配图的绘制方法和技能，其仅局限于基本尺寸的测量和表达方法的训练，至于实际工作中测绘所需要掌握的其他知识及技能，需要在后续课程和实践环节中继续学习和训练。

思 考 题

1. 装配图中视图的表达目的和零件图中视图的表达目的有什么区别？
2. 装配图中增加了哪些特殊表达方法？拆卸画法用于什么场合？

专业小故事："永不松动"的螺母（日本）

日本有一家只有 **45** 人的小公司，全世界很多科技水平非常发达的国家都要向这家小公司订购小小的螺母。这家公司叫哈德洛克（Hard Lock）工业株式会社。

它生产的螺母号称"永不松动"。按常理大家都知道，螺母松动是很平常的事，可对于一些重要项目，螺母是否松动几乎人命关天。比如像高速行驶的列车，长期与铁轨摩擦，造成的振动非常大，一般的螺母经受不住，很容易松动脱落，如果螺母松动，那么满载乘客的列车可能会有解体的危险。

螺母不松动的原理如图 **9-27** 所示。

日本哈德洛克工业株式会社创始人若林克彦，当年还是公司小职员时，在大阪举行的国际工业产品展会上看到一种防回旋的螺母，作为样品他带了一些回去研究，发现这种螺母是用不锈钢钢丝做卡子来防止松动的，结构复杂价格又高，而且不能保证绝不会松动。

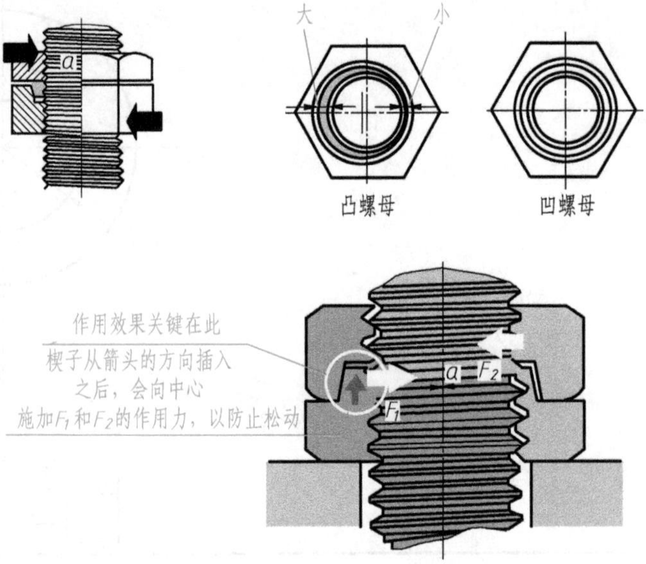

到底怎样才能做出永远不会松动的螺母呢？小小的螺母让若林克彦彻夜难眠。他突然在脑中想到了在螺母中增加榫头的办法。想到就干，结果非常成功，他终于做出了永不会松动的螺母。

哈德洛克螺母永不松动，结

图 9-27　螺母不松动的原理

构却比市面上其他同类螺母复杂得多，成本也高，销售价格更是比其他螺母高了 **30%**，自然，他的螺母不被客户认可。可若林克彦认死理，决不放弃。在公司没有销售额的时候，他兼职去做其他工作来维持公司的运转。

在若林克彦苦苦坚持的时候，日本也有许多铁路公司在苦苦寻觅不松动螺母。若林克彦的哈德洛克螺母获得了一家铁路公司的认可并与之展开合作，随后更多的包括日本最大的铁路公司 **JR** 最终也采用了哈德洛克螺母，并且全面用于日本新干线。走到这一步，若林克彦花了二十年。

如今，哈德洛克螺母不仅在日本，甚至已经在全世界得到广泛应用，迄今为止，哈德洛克螺母已被澳大利亚、英国、波兰、中国、韩国的铁路所采用。

附录

附录 A　螺　纹

表 A-1　普通螺纹的基本牙型和基本尺寸（GB/T 193—2003 和 GB/T 196—2003）　　（单位：mm）

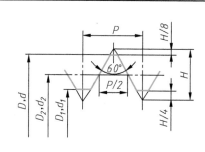

$$H = \frac{\sqrt{3}}{2}P$$

$$D_2 = D - 2 \times \frac{3}{8}H = D - 0.6495P$$

$$d_2 = d - 2 \times \frac{3}{8}H = d - 0.6495P$$

$$D_1 = D - 2 \times \frac{5}{8}H = D - 1.0825P$$

$$d_1 = d - 2 \times \frac{5}{8}H = d - 1.0825P$$

标记示例：

右旋粗牙普通螺纹，公称直径为 24mm，螺距为 3mm 的标记：M24

左旋细牙普通螺纹，公称直径为 24mm，螺距为 2mm 的标记：M24×2-LH

公称直径 D、d		螺距 P		粗牙小径	公称直径 D、d		螺距 P		粗牙小径
第一系列	第二系列	粗牙	细牙	D_1、d_1	第一系列	第二系列	粗牙	细牙	D_1、d_1
3		0.5	0.35	2.459		22	2.5	2,1.5,1	19.294
	3.5	(0.6)		2.850	24		3		20.752
4		0.7	0.5	3.242		27	3		23.752
	4.5	(0.75)		3.688	30		3.5	(3),2,1.5,1	26.211
5		0.8		4.134		33	3.5	(3),2,1.5	29.211
6		1	0.75	4.917	36		4	3,2,1.5	31.670
8		1.25	1,0.75	6.647		39	4		34.670
10		1.5	1.25,1,0.75	8.376	42		4.5	4,3,2,1.5	37.129
12		1.75	1.25,1	10.106		45	4.5		40.129
	14	2	1.5,1.25,1	11.835	48		5		42.587
16		2	1.5,1	13.835		52	5		46.587
	18	2.5	2,1.5,1	15.294	56		5.5		50.046
20		2.5		17.294					

注：1. 优先选用第一系列，括号内尺寸尽可能不用。第三系列未列入。

　　2. 中径 D_2、d_2 未列入。

表 A-2　梯形螺纹（GB/T 5796.2—2005 和 GB/T 5796.3—2005）　　（单位：mm）

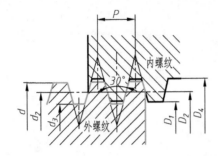

标记示例

1）公称直径为40mm、螺距为7mm、中径公差带代号为7H的左旋梯形内螺纹：

Tr40×7LH-7H

2）公称直径为40mm、螺距为7mm、中径公差带代号为7e的右旋双线梯形外螺纹：

Tr40×14(P7)-7e

公称直径 d		螺距 P	中径 $d_2 = D_2$	大径 D_4	小径		公称直径 d		螺距 P	中径 $d_2 = D_2$	大径 D_4	小径	
第一系列	第二系列				d_3	D_1	第一系列	第二系列				d_3	D_1
8		1.5	7.25	8.30	6.20	6.50		26	3	24.50	26.50	22.50	23.00
	9	1.5	8.25	9.30	7.20	7.50			5	23.50	26.50	20.50	21.00
		2	8.00	9.50	6.50	7.00			8	22.00	27.00	17.00	18.00
10		1.5	9.25	10.30	8.20	8.50		28	3	26.50	28.50	24.50	25.00
		2	9.00	10.50	7.50	8.00			5	25.50	28.50	22.50	23.00
	11	2	10.00	11.50	8.50	9.00			8	24.00	29.00	19.00	20.00
		3	9.50	11.50	7.50	8.00		30	3	28.50	30.50	26.50	27.00
12		2	11.00	12.50	9.50	10.00			6	27.00	31.00	23.00	24.00
		3	10.50	12.50	8.50	9.00			10	25.00	31.00	19.00	20.00
	14	2	13.00	14.50	11.50	12.00	32		3	30.50	32.50	28.50	29.00
		3	12.50	14.50	10.50	11.00			6	29.00	33.00	25.00	26.00
16		2	15.00	16.50	13.50	14.00			10	27.00	33.00	21.00	22.00
		4	14.00	16.50	11.50	12.00		34	3	32.50	34.50	30.50	31.00
	18	2	17.00	18.50	15.50	16.00			6	31.00	35.00	27.00	28.00
		4	16.00	18.50	13.50	14.00			10	29.00	35.00	23.00	24.00
20		2	19.00	20.50	17.50	18.00	36		3	34.50	36.50	32.50	33.00
		4	18.00	20.50	15.50	16.00			6	33.00	37.00	29.00	30.00
	22	3	20.50	22.50	18.50	19.00			10	31.00	37.00	25.00	26.00
		5	19.50	22.50	16.50	17.00		38	3	36.50	38.50	34.50	35.00
		8	18.00	23.00	13.00	14.00			7	34.50	39.00	30.00	31.00
24		3	22.50	24.50	20.50	21.00			10	33.00	39.00	27.00	28.00
		5	21.50	24.50	18.50	19.00	40		3	38.50	40.50	36.50	37.00
		8	20.00	25.00	15.00	16.00			7	36.50	41.00	32.00	33.00
									10	35.00	41.00	29.00	30.00

表 A-3 55°密封管螺纹（GB/T 7306.1—2000 和 GB/T 7306.2—2000）（单位：mm）

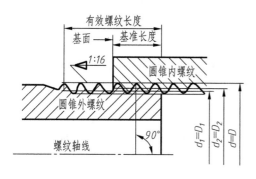

标记示例

1）尺寸代号为 $1\frac{1}{2}$ 的右旋圆锥内螺纹：

$$Rc1\frac{1}{2}$$

2）尺寸代号为 $1\frac{1}{2}$ 的左旋圆锥外螺纹：

$$R_1 1\frac{1}{2}\text{-LH}（与圆柱内螺纹配合）$$

$$R_2 1\frac{1}{2}\text{-LH}（与圆锥内螺纹配合）$$

3）尺寸代号为 $1\frac{1}{2}$ 的右旋圆柱内螺纹：

$$Rp1\frac{1}{2}$$

尺寸代号	每 25.4mm 内所含的牙数 n	螺距 P	牙高 h	基本直径或基准平面内的基本直径			基准距离（基本）	外螺纹的有效螺纹不小于
				大径（基准直径）$d=D$	中径 $d_2=D_2$	小径 $d_1=D_1$		
1/16	28	0.907	0.581	7.723	7.142	6.561	4	6.5
1/8	28	0.907	0.581	9.728	9.147	8.566	4	6.5
1/4	19	1.337	0.859	13.157	12.301	11.445	6	9.7
3/8	19	1.337	0.856	16.662	15.806	14.950	6.4	10.1
1/2	14	1.814	1.162	20.955	19.793	18.631	8.2	13.2
3/4	14	1.814	1.162	26.441	25.279	24.117	9.5	14.5
1	11	2.309	1.479	33.249	31.770	30.291	10.4	16.8
$1\frac{1}{4}$	11	2.309	1.479	41.910	40.431	38.952	12.7	19.1
$1\frac{1}{2}$	11	2.309	1.479	47.803	46.324	44.845	12.7	19.1
2	11	2.309	1.479	59.614	58.135	56.656	15.9	23.4
$2\frac{1}{2}$	11	2.309	1.479	75.184	73.705	72.226	17.5	26.7
3	11	2.309	1.479	87.884	86.405	84.926	20.6	29.8
4	11	2.309	1.479	113.030	111.551	110.072	25.4	35.8
5	11	2.309	1.479	138.430	136.951	135.472	28.6	40.1
6	11	2.309	1.479	163.830	162.351	160.872	28.6	40.1

注：第五列中所列的是圆柱螺纹的基本直径和圆锥螺纹在基准平面内的基本直径；第六、七列只适用于圆锥螺纹。

表 A-4　55°非密封管螺纹（GB/T 7307—2001）		（单位：mm）

标记示例

1）尺寸代号为 $1\frac{1}{2}$ 的右旋圆柱内螺纹：

$$G1\frac{1}{2}$$

2）尺寸代号为 $1\frac{1}{2}$ 的用于低压管路的右旋圆柱内螺纹：

$$G1\frac{1}{2}D$$

3）尺寸代号为 $1\frac{1}{2}$ 的 A 级右旋圆柱外螺纹：

$$G1\frac{1}{2}A$$

4）尺寸代号为 $1\frac{1}{2}$ 的 B 级左旋圆柱外螺纹：

$$G1\frac{1}{2}B\text{-}LH$$

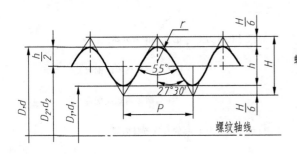

尺寸代号	每25.4mm内所包含的牙数	螺距 P	基本直径			尺寸代号	每25.4mm内所包含的牙数	螺距 P	基本直径		
			大径 $D=d$	中径 $D_2=d_2$	小径 $D_1=d_1$				大径 $D=d$	中径 $D_2=d_2$	小径 $D_1=d_1$
1/8	28	0.907	9.728	9.147	8.566	$1\frac{1}{4}$		2.309	41.910	40.431	38.952
1/4	19	1.337	13.157	12.301	11.445	$1\frac{1}{2}$		2.309	47.803	46.324	44.845
3/8		1.337	16.662	15.806	14.950	$1\frac{3}{4}$		2.309	53.746	52.267	50.788
1/2	14	1.814	20.955	19.793	18.631	2	11	2.309	59.614	58.135	56.656
5/8		1.814	22.911	21.749	20.587	$2\frac{1}{4}$		2.309	65.710	64.231	62.752
3/4		1.814	26.441	25.279	24.117	$2\frac{1}{2}$		2.309	75.148	73.705	72.226
7/8		1.814	30.201	29.039	27.877	$2\frac{3}{4}$		2.309	81.534	80.055	78.576
1	11	2.309	33.249	31.770	30.291	3		2.309	87.884	86.405	84.926
$1\frac{1}{8}$		2.309	37.897	36.418	34.939	$3\frac{1}{2}$		2.309	100.330	98.851	97.372

附录 B 螺 栓

表 B-1　六角头螺栓（GB/T 5780—2016 和 GB/T 5782—2016）　　　（单位：mm）

六角头螺栓—C 级（GB/T 5780—2016）

六角头螺栓—A 级和 B 级（GB/T 5782—2016）

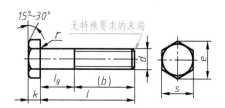

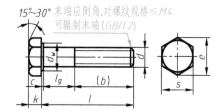

标记示例

螺纹规格为 M12、公称长度 l = 80mm、性能等级为 8.5 级、表面不经处理、产品等级为 A 级的六角头螺栓：

螺栓　GB/T 5782　M12×80

螺纹规格 d			M3	M4	M5	M6	M8	M10	M12	M16	M20	M24	M30	M36	M42
b参考	$l_{公称}$ ≤125		12	14	16	18	22	26	30	38	46	54	66	—	—
	125<$l_{公称}$≤200		18	20	22	24	28	32	36	44	52	60	72	84	96
	$l_{公称}$>200		31	33	35	37	41	45	49	57	65	73	85	97	109
c_{max}			0.4	0.4	0.5	0.5	0.6	0.6	0.6	0.8	0.8	0.8	0.8	0.8	1
d_w min	产品 等级	A	4.57	5.88	6.88	8.88	11.63	14.63	16.63	22.49	28.19	33.61	—	—	—
		B	4.45	5.74	6.74	8.74	11.47	14.47	16.47	22	27.7	33.25	42.75	51.11	59.95
e min	产品 等级	A	6.01	7.66	8.79	11.05	14.38	17.77	20.03	26.75	33.53	39.98	—	—	—
		B、C	5.88	7.50	8.63	10.89	14.20	17.59	19.85	26.17	32.95	39.55	50.85	60.79	71.3
$k_{公称}$			2	2.8	3.5	4	5.3	6.4	7.5	10	12.5	15	18.7	22.5	26
r min			0.1	0.2	0.2	0.25	0.4	0.4	0.6	0.6	0.8	0.8	1	1	1.2
$s_{公称}$			5.5	7	8	10	13	16	18	24	30	36	46	55	65
$l_{范围}$	GB/T 5780		—	—	25~30	30~40	40~80	45~100	55~120	65~160	80~200	100~240	120~300	140~360	180~420
	GB/T 5782		20~30	25~40	25~50	30~60	40~80	45~100	50~120	65~160	80~200	90~240	110~300	140~360	160~440
l 系列			20,25,30,35,40,45,50,55,60,65,70,80,90,100,110,120,130,140,150, 160,180,200,220,240,260,280,300,320,340,360,380,400,420,440												

注：1. A 级用于 d = 1.6~24mm 和 l<10d 或 ≤150mm 的螺栓；B 级用于 d>24mm 和 l>10d 或 >150mm 的螺栓。

　　2. 螺纹规格 d 范围：GB/T 5780—2016 为 M5~M64；GB/T 5782—2016 为 M1.6~M64。

　　3. 公称长度 l 范围：GB/T 5780—2016 为 25~500mm；GB/T 5782—2016 为 12~500mm。

　　4. 材料为钢的螺栓性能等级有 5.6、8.8、9.8、10.9 级，其中 8.8 为常用。

附录 C 螺 柱

表 C-1 双头螺柱（GB/T 897—1988、GB/T 898—1988、GB/T 899—1988、GB/T 900—1988）

（单位：mm）

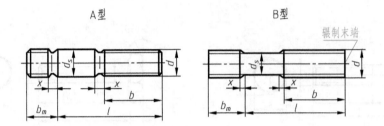

末端按 GB/T 2 规定；$d_s \approx$ 螺纹中径（仅适用于 B 型）；$x_{max} = 2.5P$（P 为粗牙螺纹的螺距）

标记示例

1）两端均为粗牙普通螺纹，$d = 10$mm、$l = 50$mm、性能等级为 4.8 级、不经表面处理、B 型、$b_m = 1.25d$ 的双头螺柱：

螺柱 GB/T 898 M10×50

2）旋入机体一端为粗牙普通螺纹，旋螺母一端为螺距 $P = 1$mm 的细牙普通螺纹，$d = 10$mm、$l = 50$mm、性能等级为 4.8 级、不经表面处理、A 型、$b_m = 1.25d$ 的双头螺柱：

螺柱 GB/T 898 AM10-M10×1×50

螺纹规格 d	b_m				l/b
	GB/T 897 $b_m = 1d$	GB/T 898 $b_m = 1.25d$	GB/T 899 $b_m = 1.5d$	GB/T 900 $b_m = 2d$	
M5	5	6	8	10	$\dfrac{16 \sim 22}{10}, 25 \sim 50/16$
M6	6	8	10	12	$20 \sim 22/10, 25 \sim 30/14,$ $32 \sim 75/18$
M8	8	10	12	16	$20 \sim 22/12, 25 \sim 30/16,$ $32 \sim 90/22$
M10	10	12	15	20	$25 \sim 28/14, 30 \sim 38/16,$ $40 \sim 120/26, 130/32$
M12	12	15	18	24	$25 \sim 30/16, 32 \sim 40/20,$ $45 \sim 120/30, 130 \sim 180/36$
(M14)	14	18	21	28	$30 \sim 35/18, 38 \sim 45/25,$ $50 \sim 120/34, 130 \sim 180/40$
M16	16	20	24	32	$30 \sim 38/20, 40 \sim 55/30,$ $60 \sim 120/38, 130 \sim 200/44$
(M18)	18	22	27	36	$35 \sim 40/22, 45 \sim 60/35,$ $65 \sim 120/42, 130 \sim 200/48$

（续）

螺纹规格 d	b_m				l/b
	GB/T 897 $b_m = 1d$	GB/T 898 $b_m = 1.25d$	GB/T 899 $b_m = 1.5d$	GB/T 900 $b_m = 2d$	
M20	20	25	30	40	$35 \sim 40/25, 45 \sim 65/35,$ $70 \sim 120/46, 130 \sim 200/52$
（M22）	22	28	33	44	$40 \sim 45/30, 50 \sim 70/40,$ $75 \sim 120/50, 130 \sim 200/56$
M24	24	30	36	48	$45 \sim 50/30, 55 \sim 75/45,$ $80 \sim 120/54, 130 \sim 200/60$
（M27）	27	35	40	54	$50 \sim 60/35, 65 \sim 85/50,$ $90 \sim 120/60, 130 \sim 200/66$
M30	30	38	45	60	$60 \sim 65/40, 70 \sim 90/50,$ $95 \sim 120/66, 130 \sim 200/72,$ $\dfrac{210 \sim 250}{85}$
（M33）	33	41	49	66	$65 \sim 70/45, 75 \sim 95/60,$ $100 \sim 120/72, 130 \sim 200/78,$ $\dfrac{210 \sim 300}{91}$
M36	36	45	54	72	$65 \sim 75/45, 80 \sim 110/60,$ $\dfrac{120}{78}, 130 \sim 200/84,$ $210 \sim 300/97$
（M39）	39	49	58	78	$70 \sim 80/50, 85 \sim 110/65,$ $120/84, \dfrac{130 \sim 200}{90},$ $210 \sim 300/103$
M42	42	52	63	84	$70 \sim 80/50, 85 \sim 110/70,$ $\dfrac{120}{90}, 130 \sim 200/96,$ $210 \sim 300/109$
M48	48	60	72	96	$80 \sim 90/60, 95 \sim 110/80,$ $\dfrac{120}{102}, 130 \sim 200/108,$ $210 \sim 300/121$
l 系列	16,（18）,20,（22）,25,（28）,30,（32）,35,（38）,40,45,50,（55）,60,（65）,70,（75）,80,（85）,90, （95）,100,110,120,130,140,150,160,170,180,190,200,210,220,230,240,250,260,280,300				

注：尽可能不采用括号内的规格。

附录 D 螺 钉

表 D-1 开槽圆柱头螺钉（GB/T 65—2016）、开槽盘头螺钉（GB/T 67—2016）

（单位：mm）

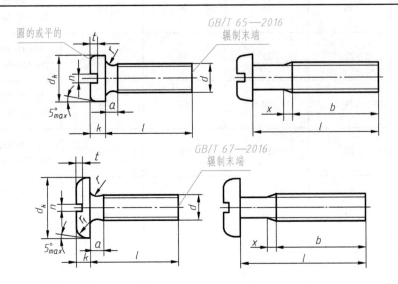

无螺纹部分杆径约等于螺纹中径或允许等于螺纹大径

标记示例

1) 螺纹规格为 M5、公称长度 l=20mm、性能等级为 4.8 级、表面不经处理的 A 级开槽圆柱头螺钉：

螺钉　GB/T 65　M5×20

2) 螺纹规格为 M5、公称长度 l=20mm、性能等级为 4.8 级、表面不经处理的 A 级开槽盘头螺钉：

螺钉　GB/T 67　M5×20

螺纹规格 d	P	b min	n 公称	r min	l 系列	GB/T 65			GB/T 67			
						d_k max	k max	t min	d_k max	k max	t min	r_f 参考
M3	0.5	25	0.8	0.1	4~30	5.5	2.0	0.85	5.6	1.8	0.7	0.9
M4	0.7	38	1.2	0.2	5~40	7	2.6	1.1	8	2.4	1	1.2
M5	0.8	38	1.2	0.2	6~50	8.5	3.3	1.3	9.5	3	1.2	1.5
M6	1	38	1.6	0.25	8~60	10	3.9	1.6	12	3.6	1.4	1.8
M8	1.25	38	2	0.4	10~80	13	5	2	16	4.8	1.9	2.4
M10	1.5	38	2.5	0.4	12~80	16	6	2.4	20	6	2.4	3

注：1. 长度 l 系列：2、3、4、5、6、8、10、12、(14)、16、20、25、30、35、40、45、50、(55)、60、(65)、70、(75)、80，有括号的尽可能不采用。

2. 公称长度 l≤40mm 的螺钉和 M3、l≤30mm 的螺钉，制出全螺纹（b=l-a）。

3. P 为螺距。

表 D-2　十字槽盘头螺钉（GB/T 818—2016）、十字槽沉头螺钉（GB/T 891.1—2016）

（单位：mm）

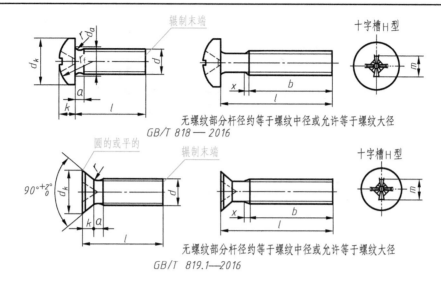

无螺纹部分杆径约等于螺纹中径或允许等于螺纹大径
GB/T 818 — 2016

无螺纹部分杆径约等于螺纹中径或允许等于螺纹大径
GB/T 819.1—2016

标记示例

1）螺纹规格为 M5、公称长度 *l* = 20mm、性能等级为 4.8 级、表面不经处理的 H 型 A 级十字槽盘头螺钉：

螺钉　GB/T 818　M5×20

2）螺纹规格为 M5、公称长度 *l* = 20mm、性能等级为 4.8 级、表面不经处理的 H 型十字槽沉头螺钉：

螺钉　GB/T 819.1　M5×20

螺纹规格 *d*			M1.6	M2	M2.5	M3	M4	M5	M6	M8	M10
P			0.34	0.4	0.45	0.5	0.7	0.8	1	1.25	1.5
a		max	0.7	0.8	0.9	1	1.4	1.6	2	2.5	3
b		min	25	25	25	25	38	38	38	38	38
x		max	0.9	1	1.1	1.25	1.75	2	2.5	3.2	3.8
十字槽槽号 No.			0	0	1	1	2	2	3	4	4
l 系列			3,4,5,6,8,10,12,(14),16,20,25,30,35,40,45,50,(55),60								
GB/T 818	d_k		3.2	4	5	5.6	8	9.5	12	16	20
	k		1.3	1.6	2.1	2.4	3.1	3.7	4.6	6.0	7.5
	r	min	0.1	0.1	0.1	0.1	0.2	0.2	0.25	0.4	0.4
	l 范围		3~16	3~20	3~25	4~30	5~40	6~45	8~60	10~60	12~60
	全螺纹长度		25	25	25	25	40	40	40	40	40
GB/T 819.1	d_k		2.7~3.0	3.5~3.8	4.4~4.7	5.2~5.5	8.04~8.40	8.94~9.30	10.87~11.30	15.37~15.80	17.78~18.30
	k		1	1.2	1.5	1.65	2.7	2.7	3.3	4.65	5
	r	max	0.4	0.5	0.6	0.8	1	1.3	1.5	2	2.5
	l 范围		3~16	3~20	3~25	4~30	5~40	6~50	8~60	10~60	12~60
	全螺纹长度		30	30	30	30	45	45	45	45	45

注：材料为钢，螺纹公差为 6g，性能等级为 4.8 级，产品等级为 A。

表 D-3　内六角圆柱头螺钉（GB/T 70.1—2008）　　　　（单位：mm）

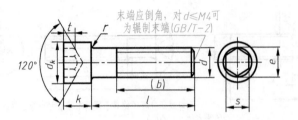

标记示例

螺纹规格 d=M5、公称长度 l=20mm、性能等级为 8.8 级、表面氧化的 A 级内六角圆柱头螺钉：

螺钉　GB/T 70.1　M5×20

螺纹规格 d	M3	M4	M5	M6	M8	M10	M12	M14	M16	M20
P(螺距)	0.5	0.7	0.8	1	1.25	1.5	1.75	2	2	2.5
$b_{参考}$	18	20	22	24	28	32	36	40	44	52
d_{kmax}	5.5	7	8.5	10	13	16	18	21	24	30
k_{max}	3	4	5	6	8	10	12	14	16	20
t_{min}	1.3	2	2.5	3	4	5	6	7	8	10
$s_{公称}$	2.5	3	4	5	6	8	10	12	14	17
e_{min}	2.87	3.44	4.58	5.72	6.86	9.15	11.43	13.72	16.00	19.44
r	0.1	0.2	0.2	0.25	0.4	0.4	0.6	0.6	0.6	0.8
公称长度 l	5~30	6~40	8~50	10~60	12~80	16~100	20~120	25~140	25~160	30~200
l≤表中数值时，制出全螺纹	20	25	25	30	35	40	45	55	55	65
l 系列	2.5,3,4,5,6,8,10,12,16,20,25,30,35,40,45,50,55,60,65,70,80,90,100,110,120,130,140,150,160,180,200,220,240,260,280,300									

注：GB/T 70.1—2008 中螺纹规格 d=M1.6~M64 本表仅摘选部分内容。

表 D-4　开槽锥端紧定螺钉（GB/T 71—2018）、开槽平端紧定螺钉（GB/T 73—2017）、
开槽长圆柱端紧定螺钉（GB/T 75—2018）　　　　　　（单位：mm）

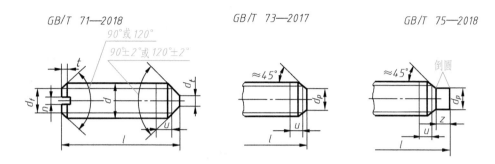

公称长度为短螺纹时,应制成120°;u 为不完整螺纹的长度,$u \leqslant 2P$

标记示例

螺纹规格 d=M5、公称长度 l=12mm、钢制、硬度等级为 14H 级、表面不经处理、产品等级为 A 级的开槽平端紧定螺钉：

螺钉　GB/T 73　M5×12

螺纹规格 d		M1.6	M2	M2.5	M3	M4	M5	M6	M8	M10	M12
P(螺距)		0.35	0.4	0.45	0.5	0.7	0.8	1	1.25	1.5	1.75
$n_{公称}$		0.25	0.25	0.4	0.4	0.6	0.8	1	1.2	1.6	2
t_{max}		0.74	0.84	0.95	1.05	1.42	1.63	2	2.5	3	3.6
d_{tmax}		0.16	0.2	0.25	0.3	0.4	0.5	1.5	2	2.5	3
d_{pmax}		0.8	1	1.5	2	2.5	3.5	4	5.5	7	8.5
z_{max}		1.05	1.25	1.5	1.75	2.25	2.75	3.25	4.3	5.3	6.3
l	GB/T 71	2~8	3~10	3~12	4~16	6~20	8~25	8~30	10~40	12~50	14~60
	GB/T 73	2~8	2~10	2.5~12	3~16	4~20	5~25	6~30	8~40	10~50	12~60
	GB/T 75	2.5~8	3~10	4~12	5~16	6~20	8~25	8~30	10~40	12~50	14~60
l 系列		2,2.5,3,4,5,6,8,10,12,(14),16,20,25,30,35,40,45,50,55,60									

注：1. l 为公称长度。

　　2. 括号内的规格尽可能不采用。

附录 E 螺 母

表 E-1 1 型六角螺母—C 级（GB/T 41—2016）、1 型六角螺母—A 级和 B 级（GB/T 6170—2015）

（单位：mm）

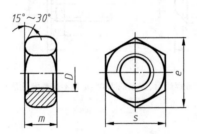

标记示例

螺纹规格 D = M12、性能等级为 5 级、表面不经处理、产品等级为 C 级的 1 型六角螺母：

螺母 GB/T 41 M12

螺纹规格 D = M12、性能等级为 8 级、表面不经处理、产品等级为 A 级的 1 型六角螺母：

螺母 GB/T 6170 M12

螺纹规格 D		M3	M4	M5	M6	M8	M10	M12	M16	M20	M24	M30	M36	M42
e_{min}	GB/T 41	—	—	8.63	10.89	14.20	17.59	19.85	26.17	32.95	39.55	50.85	60.79	71.30
	GB/T 6170	6.01	7.66	8.79	11.05	14.38	17.77	20.03	26.75	32.95	39.55	50.85	60.79	71.30
s_{max}	GB/T 41	—	—	8	10	13	16	18	24	30	36	46	55	65
	GB/T 6170	5.5	7	8	10	13	16	18	24	30	36	46	55	65
m_{max}	GB/T 41	—	—	5.6	6.4	7.9	9.5	12.2	15.9	19.0	22.3	26.4	31.9	34.9
	GB/T 6170	2.4	3.2	4.7	5.2	6.8	8.4	10.8	14.8	18	21.5	25.6	31	34

注：A 级用于 D≤16mm 的螺母，B 级用于 D>16mm 的螺母。产品等级 A、B 由公差取值决定，A 级公差数值小。材料为钢的螺母：GB/T 6170—2015 的性能等级有 6、8、10 级，8 级为常用；GB/T 41—2016 的性能等级为 5 级。这两类螺母的螺纹规格为 M5～M64。

附录 F　垫　　圈

表 F-1　小垫圈—A 级（GB/T 848—2002）、平垫圈—A 级（GB/T 97.1—2002）、

平垫圈（倒角型）—A 级（GB/T 97.2—2002）、大垫圈—A 级（GB/T 96.1—2002）、

大垫圈—C 级（GB/T 96.2—2002）　　　　　　　　　　　（单位：mm）

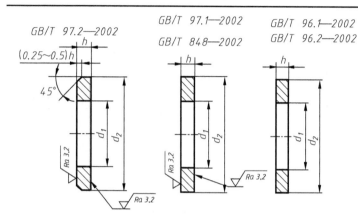

GB/T 97.2—2002

GB/T 97.1—2002
GB/T 848—2002

GB/T 96.1—2002
GB/T 96.2—2002

标记示例

标准系列、公称规格 8mm、由钢制造的硬度等级为 200HV 级、不经表面处理、产品等级为 A 级的平垫圈：

垫圈　GB/T 97.1　8

公称规格（螺纹大径 d）	小垫圈　A 级（GB/T 848）			平垫圈　A 级（GB/T 97.1）平垫圈　倒角型　A 级（GB/T 97.2）			大垫圈　A 级（GB/T 96.1）大垫圈　C 级（GB/T 96.2）			
	d_1 公称（min）	d_2 公称（max）	h 公称	d_1 公称（min）	d_2 公称（max）	h 公称	d_1 公称（min）（GB/T 96.1）	d_1 公称（min）（GB/T 96.2）	d_2 公称（max）	h 公称
1.6	1.7	3.5	0.3	1.7	4	0.3				
2	2.5	4.5		2.2	5					
2.5	2.7	5	0.5	2.7	6	0.5				
3	3.2	6		3.2	7		3.2	3.4	9	0.8
4	4.3	8		4.3	9	0.8	4.3	4.5	12	1
5	5.3	9	1	5.3	10	1	5.3	5.5	15	
6	6.4	11		6.4	12		6.4	6.6	18	1.6
8	8.4	15	1.6	8.4	16	1.6	8.4	9	24	2
10	10.5	18		10.5	20	2	10.5	11	30	2.5
12	13	20	2	13	24	2.5	13	13.5	37	3
16	17	28	2.5	17	30	3	17	17.5	50	
20	21	34	3	21	37		21	22	60	4
24	25	39	4	25	44	4	25	26	72	5
30	31	50		31	56		33	33	92	6
36	37	60	5	37	66	5	39	39	110	8
42				45	78	8				
48				52	92					
56				62	105	10				
64				70	115					

注：1. GB/T 95—2002、GB/T 97.1—2002 的公称规格 d 的范围为 1.6~64mm；GB/T 96.1~2—2002 的公称规格 d 的范围为 3~36mm；GB/T 97.2—2002 的公称规格 d 的范围为 5~64mm；GB/T 848—2002 的公称规格 d 的范围为 1.6~36mm。

2. GB/T 848—2002 主要用于带圆柱头的螺钉，其他用于标准的六角头螺栓、螺钉和螺母。

附录 G　键

表 G-1　普通平键型式尺寸（GB/T 1096—2003）、平键 键和键槽的剖面尺寸（GB/T 1095—2003）

（单位：mm）

标记示例

GB/T 1096　键 16×10×100：宽度 b=16mm，高度 h=10mm，长度 L=100mm 的普通 A 型平键
GB/T 1096　键 B16×10×100：宽度 b=16mm，高度 h=10mm，长度 L=100mm 的普通 B 型平键
GB/T 1096　键 C16×10×100：宽度 b=16mm，高度 h=10mm，长度 L=100mm 的普通 C 型平键

轴	键 基本尺寸				键槽 宽度 b						深度				半径 r	
公称直径 d	宽度 b (h8)	高度 h 矩形(h11) 方形(h8)	长度 L (h14)	倒角或倒圆 s	基本尺寸 b	正常联接 轴 N9	正常联接 毂 JS9	松联接 轴 H9	松联接 毂 D10	紧密联接 轴和毂 P9	轴 t_1 基本尺寸	轴 t_1 极限偏差	毂 t_2 基本尺寸	毂 t_2 极限偏差	min	max
6~8	2	2	6~20	0.16~0.25	2	−0.004 −0.029	±0.0125	+0.025 0	+0.060 +0.020	−0.006 −0.031	1.2	+0.1 0	1	+0.1 0	0.08	0.16
>8~10	3	3	6~36		3						1.8		1.4			
>10~12	4	4	8~45		4						2.5		1.8			
>12~17	5	5	10~56	0.25~0.40	5	0 −0.030	±0.015	+0.030 0	+0.078 +0.030	−0.012 −0.042	3.0		2.3		0.16	0.25
>17~22	6	6	14~70		6						3.5		2.8			

轴径 d	键 b	键 h	键长 L	键倒角或半径	键槽宽 b	b极限偏差					深度 轴 t	深度 毂 t₁	深度极限偏差	半径 r (min)	半径 r (max)
>22~30	8	7	18~90	0.25~0.40	8	0 / -0.036	±0.018	+0.036 / 0	+0.098 / +0.040	-0.015 / -0.051	4.0	3.3	+0.2 / 0	0.16	0.25
>30~38	10	8	22~110	0.25~0.40	10	0 / -0.036	±0.018	+0.036 / 0	+0.098 / +0.040	-0.015 / -0.051	5.0	3.3	+0.2 / 0	0.16	0.25
>38~44	12	8	28~140	0.25~0.40	12	0 / -0.043	±0.0215	+0.043 / 0	+0.120 / +0.050	-0.018 / -0.061	5.0	3.3	+0.2 / 0	0.25	0.40
>44~50	14	9	36~160	0.40~0.60	14	0 / -0.043	±0.0215	+0.043 / 0	+0.120 / +0.050	-0.018 / -0.061	5.5	3.8	+0.2 / 0	0.25	0.40
>50~58	16	10	45~180	0.40~0.60	16	0 / -0.043	±0.0215	+0.043 / 0	+0.120 / +0.050	-0.018 / -0.061	6.0	4.3	+0.2 / 0	0.25	0.40
>58~65	18	11	50~200	0.40~0.60	18	0 / -0.043	±0.0215	+0.043 / 0	+0.120 / +0.050	-0.018 / -0.061	7.0	4.4	+0.2 / 0	0.25	0.40
>65~75	20	12	56~220	0.60~0.80	20	0 / -0.052	±0.026	+0.052 / 0	+0.149 / +0.065	-0.022 / -0.074	7.5	4.9	+0.2 / 0	0.25	0.40
>75~85	22	14	63~250	0.60~0.80	22	0 / -0.052	±0.026	+0.052 / 0	+0.149 / +0.065	-0.022 / -0.074	9.0	5.4	+0.2 / 0	0.25	0.40
>85~95	25	14	70~280	0.60~0.80	25	0 / -0.052	±0.026	+0.052 / 0	+0.149 / +0.065	-0.022 / -0.074	9.0	5.4	+0.2 / 0	0.40	0.60
>95~110	28	16	80~320	0.60~0.80	28	0 / -0.052	±0.026	+0.052 / 0	+0.149 / +0.065	-0.022 / -0.074	10.0	6.4	+0.2 / 0	0.40	0.60
>110~130	32	18	90~360	1.00~1.20	32	0 / -0.062	±0.031	+0.062 / 0	+0.180 / +0.080	-0.026 / -0.088	11.0	7.4	+0.2 / 0	0.40	0.60
>130~150	36	20	100~400	1.00~1.20	36	0 / -0.062	±0.031	+0.062 / 0	+0.180 / +0.080	-0.026 / -0.088	12.0	8.4	+0.2 / 0	0.40	0.60
>150~170	40	22	100~400	1.00~1.20	40	0 / -0.062	±0.031	+0.062 / 0	+0.180 / +0.080	-0.026 / -0.088	13.0	9.4	+0.3 / 0	0.70	1.00
>170~200	45	25	110~450	1.00~1.20	45	0 / -0.062	±0.031	+0.062 / 0	+0.180 / +0.080	-0.026 / -0.088	15.0	10.4	+0.3 / 0	0.70	1.00
>200~230	50	28	125~500	1.00~1.20	50	0 / -0.062	±0.031	+0.062 / 0	+0.180 / +0.080	-0.026 / -0.088	17.0	11.4	+0.3 / 0	0.70	1.00

b,h 基本尺寸：2,3,4,5,6,8,10,12,14,16,18,20,22,25,28,32,36,40,45,50,56,63,70,80,90,100

L 基本尺寸：6,8,10,12,14,16,18,20,22,25,28,32,36,40,45,50,56,63,70,80,90,100,110,125,140,160,180,200,220,250,280,320,360,400,450,500

注：1. 因最新标准未提供选键的基本尺寸用轴公称直径尺寸范围这部分，为此本书保留了旧准这部分，以便于作为选键的参考。

2. 除键宽度 b 的极限偏差（h8）和高度 h 的极限偏差矩形（h11）（基本尺寸在 2~6mm 范围内无极限偏差）、方形（h8）（基本尺寸在 7~100mm 范围内无极限偏差）外，其他范围的基本尺寸的极限偏差以及长度 L 的极限偏差（h14）均可从轴的基本偏差值表中查取。

3. 轴和轮毂上键槽宽 b 的极限偏差（N9、H9、P9 和 JS9，D9 除外）均可从轴的基本偏差值表中查取。

	表 G-2　半圆键	（单位：mm）

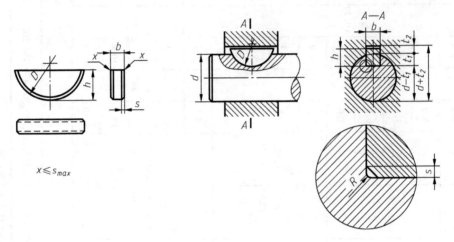

键的型式和尺寸（GB/T 1099.1—2003）　　　键和键槽的剖面尺寸（GB/T 1098—2003）

$x \leqslant s_{max}$

标记示例

GB/T 1099.1　键 6×10×25：宽度 $b=6$mm、高度 $h=10$mm、直径 $D=25$mm 的普通型半圆键

轴径 d		键的基本尺寸			键槽深度		s 小于
键传递转矩用	键传动定位用	b	h	D	轴 t_1	毂 t_2	
3~4	3~4	1.0	1.4	4	1.0	0.6	
>4~5	>4~6	1.5	2.6	7	2.0	0.8	
>5~6	>6~8	2.0	2.6	7	1.8	1.0	0.25
>6~7	>8~10		3.7	10	2.9		
>7~8	>10~12	2.5	3.7	10	2.7	1.2	
>8~10	>12~15	3.0	5.0	13	3.8	1.4	
>10~12	>15~18		6.5	16	5.3		
>12~14	>18~20	4.0	6.5	16	5.0	1.8	
>14~16	>20~22		7.5	19	6.0		
>16~18	>22~25	5.0	6.5	16	4.5	2.3	0.4
>18~20	>25~28		7.5	19	5.5		
>20~22	>28~32		9	22	7.0		
>22~25	>32~36	6	9	22	6.5	2.8	
>25~28	>36~40		10	25	7.5		
>28~32	40	8	11	28	8.0	3.3	0.6
>32~28	—	10	13	32	10.0		

注：1. 在零件图中轴槽深用 t_1 标注，轮毂槽深用 t_2 标注。

　　2. 轴径 d 是旧标准中的数值，供选用键时参考，GB/T 1098—2003 中取消了该项。

附录 H 销

表 H-1 销	(单位：mm)

1. 圆柱销

不淬硬钢和奥氏体不锈钢（GB/T 119.1—2000）

淬硬钢和马氏体不锈钢（GB/T 119.2—2000）

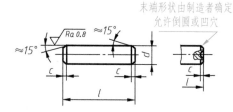 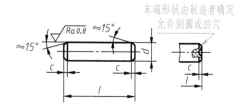

标记示例

1）销 GB/T 119.1 6 m6×30：公称直径 $d=6$mm、公差为 m6、公称长度 $l=30$mm、材料为钢、不经淬火、不经表面处理的圆柱销

2）销 GB/T 119.2 6×30：公称直径 $d=6$mm、公差为 m6、公称长度 $l=30$mm、材料为钢、普通淬火（A 型）、表面氧化处理的圆柱销

2. 圆锥销（GB/T 117—2000）

A 型（磨削）：锥面表面粗糙度 $Ra=0.8\mu m$
B 型（切削或冷镦）：锥面表面粗糙度 $Ra=3.2\mu m$

标记示例

销 GB/T 117 6×30：公称直径 $d=6$mm、公称长度 $l=30$mm、材料为 35 钢、热处理硬度 28~38HRC、表面氧化处理的 A 型圆锥销

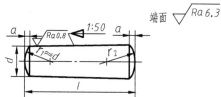

	d	0.8	1	1.2	1.5	2	2.5	3	4	5	6	8	10	12	16	20
圆柱销	$c\approx$	0.16	0.2	0.25	0.3	0.35	0.4	0.5	0.63	0.8	1.2	1.6	2	2.5	3	3.5
	l GB/T 119.1	2~8	4~10	4~12	4~16	6~20	6~24	8~30	8~40	10~50	12~60	14~80	18~95	22~140	26~180	35~200
	GB/T 119.2	—	3~10	—	4~16	5~20	6~24	8~30	10~40	12~50	14~60	18~80	22~100	26~100	40~100	50~100
圆锥销	d	0.8	1	1.2	1.5	2	2.5	3	4	5	6	8	10	12	16	20
	$a\approx$	0.1	0.12	0.16	0.2	0.25	0.3	0.4	0.5	0.63	0.8	1	1.2	1.6	2	2.5
	l（商品规格范围）	5~12	6~16	6~20	8~24	10~35	10~35	12~45	14~55	18~60	22~90	22~120	26~160	32~180	40~200	45~200
	l（公称）系列	2,3,4,5,6,8,10,12,14,16,18,20,22,24,26,28,30,32,35,40,45,50,55,60,65,70,75,80,85,90,95,100,120,140,160,180,200														

附录Ⅰ 轴 承

表 I-1 深沟球轴承（GB/T 276—2013）

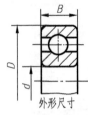

外形尺寸

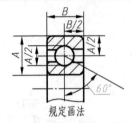

规定画法

标记示例

滚动轴承 6012 GB/T 276—2013

轴承型号	外形尺寸/mm			轴承型号	外形尺寸/mm		
	d	D	B		d	D	B
6004	20	42	12	6304	20	52	15
6005	25	47	12	6305	25	62	17
6006	30	55	13	6306	30	72	19
6007	35	62	14	6307	35	80	21
6008	40	68	15	6308	40	90	23
6009	45	75	16	6309	45	100	25
6010	50	80	16	6310	50	110	27
6011	55	90	18	6311	55	120	29
6012	60	95	18	6312	60	130	31
6013	65	100	18	6313	65	140	33
6014	70	110	20	6314	70	150	35
6015	75	115	20	6315	75	160	37
6016	80	125	22	6316	80	170	39
6017	85	130	22	6317	85	180	41
6018	90	140	24	6318	90	190	43
6019	95	145	24	6319	95	200	45
6020	100	150	24	6320	100	215	47
6204	20	47	14	6404	20	72	19
6205	25	52	15	6405	25	80	21
6206	30	62	16	6406	30	90	23
6207	35	72	17	6407	35	100	25
6028	40	80	18	6408	40	110	27
6029	45	85	19	6409	45	120	29
6210	50	90	20	6410	50	130	31
6211	55	100	21	6411	55	140	33
6212	60	110	22	6412	60	150	35
6213	65	120	23	6413	65	160	37
6214	70	125	24	6414	70	180	42
6215	75	130	25	6415	75	190	45
6216	80	140	26	6416	80	200	48
6217	85	150	28	6417	85	210	52
6218	90	160	30	6418	90	225	54
6219	95	170	32	6419	95	240	55
6220	100	180	34	6420	100	250	58

（1）0 尺寸系列：6004～6020
（0）3 尺寸系列：6304～6320
（0）2 尺寸系列：6204～6220
（0）4 尺寸系列：6404～6420

注：表中用"（ ）"括住的数字表示在组合代号中省略。

表 I-2　圆锥滚子轴承（GB/T 297—2015）

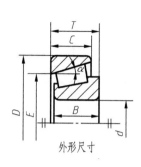

外形尺寸

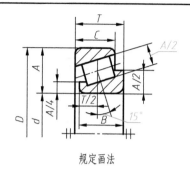

规定画法

标记示例

滚动轴承　30205　GB/T 297—2015

轴承型号	外形尺寸/mm					轴承型号	外形尺寸/mm				
	d	D	T	B	C		d	D	T	B	C
30204	20	47	15.25	14	12	32204	20	47	19.25	18	15
30205	25	52	16.25	15	13	32205	25	52	19.25	18	16
30206	30	62	17.25	16	14	32206	30	62	21.25	20	17
30207	35	72	18.25	17	15	32207	35	72	24.25	23	19
30208	40	80	19.75	18	16	32208	40	80	24.75	23	19
30209	45	85	20.75	19	16	32209	45	85	24.75	23	19
30210	50	90	21.75	20	17	32210	50	90	24.75	23	19
30211	55	100	22.75	21	18	32211	55	100	26.75	25	21
30212	60	110	23.75	22	19	32212	60	110	29.75	28	24
30213	65	120	24.75	23	20	32213	65	120	32.75	31	27
30214	70	125	26.25	24	21	32214	70	125	33.25	31	27
30215	75	130	27.25	25	22	32215	75	130	33.25	31	27
30216	80	140	28.25	26	22	32216	80	140	35.25	33	28
30217	85	150	30.50	28	24	32217	85	150	38.50	36	30
30218	90	160	32.50	30	26	32218	90	160	42.50	40	34
30219	95	170	34.50	32	27	32219	95	170	45.50	43	37
30220	100	180	37	34	29	32220	100	180	49	46	39
30304	20	52	16.25	15	13	32304	20	52	22.25	21	18
30305	25	62	18.25	17	15	32305	25	62	25.25	24	20
30306	30	72	20.75	19	16	32306	30	72	28.75	27	23
30307	35	80	22.75	21	18	32307	35	80	32.75	31	25
30308	40	90	25.25	23	20	32308	40	90	35.25	33	27
30309	45	100	27.25	25	22	32309	45	100	38.25	36	30
30310	50	110	29.25	27	23	32310	50	110	42.25	40	33
30311	55	120	31.50	29	25	32311	55	120	45.50	43	35
30312	60	130	33.50	31	26	32312	60	130	48.50	46	37
30313	65	140	36	33	28	32313	65	140	51	48	39
30314	70	150	38	35	30	32314	70	150	54	51	42
30315	75	160	40	37	31	32315	75	160	58	55	45
30316	80	170	42.50	39	33	32316	80	170	61.50	58	48
30317	85	180	44.50	41	34	32317	85	180	63.50	60	49
30318	90	190	46.50	43	36	32318	90	190	67.50	64	53
30319	95	200	49.50	38	38	32319	95	200	71.50	67	55
30320	100	215	51.50	47	39	32320	100	215	77.50	73	60

02 尺寸系列（30204~30220）、03 尺寸系列（30304~30320）、22 尺寸系列（32204~32220）、23 尺寸系列（32304~32320）

表 I-3 推力球轴承（GB/T 301—2015）

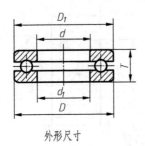

外形尺寸

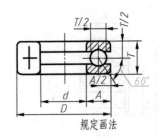

规定画法

标记示例

滚动轴承 51210 GB/T 301—2015

轴承型号		外形尺寸/mm					轴承型号		外形尺寸/mm				
		d	D	T	d_1	D_1			d	D	T	d_1	D_1
11尺寸系列（51000型）	51104	20	35	10	21	35	13尺寸系列（51000型）	51304	20	47	18	22	47
	51105	25	42	11	26	42		51305	25	52	18	27	52
	51106	30	47	11	32	47		51306	30	60	21	32	60
	51107	35	52	12	37	52		51307	35	68	24	37	68
	51108	40	60	13	42	60		51308	40	78	26	42	78
	51109	45	65	14	47	65		51309	45	85	28	47	85
	51110	50	70	14	52	70		51310	50	95	31	52	95
	51111	55	78	16	57	78		51311	55	105	35	57	105
	51112	60	85	17	62	85		51312	60	110	35	62	110
	51113	65	90	18	67	90		51313	65	115	36	67	115
	51114	70	95	18	72	95		51314	70	125	40	72	125
	51115	75	100	19	77	100		51315	75	135	44	77	135
	51116	80	105	19	82	105		51316	80	140	44	82	140
	51117	85	110	19	87	110		51317	85	150	49	88	150
	51118	90	120	22	92	120		51318	90	155	50	93	155
	51120	100	135	25	102	135		51320	100	170	55	103	170
12尺寸系列（51000型）	51204	20	40	14	22	40	14尺寸系列（51000型）	51405	25	60	24	27	60
	51205	25	47	15	27	47		51406	30	70	28	32	70
	51206	30	52	16	32	52		51407	35	80	32	37	80
	51207	35	62	18	37	62		51408	40	90	35	42	90
	51208	40	68	19	42	68		51409	45	100	39	47	100
	51209	45	73	20	47	73		51410	50	110	43	52	110
	51210	50	78	22	52	78		51411	55	120	48	57	120
	51211	55	90	25	57	90		51412	60	130	51	62	130
	51212	60	95	26	62	95		51413	65	140	56	68	140
	51213	65	100	27	67	100		51414	70	150	60	73	150
	51214	70	105	27	72	105		51415	75	160	65	78	160
	51215	75	110	27	77	110		51416	80	170	68	83	170
	51216	80	115	28	82	115		51417	85	180	72	88	177
	51217	85	125	31	88	125		51418	90	190	77	93	187
	51218	90	135	35	93	135		51420	100	210	85	103	205
	51220	100	150	38	103	150		51422	110	230	95	113	225

注：表中轴承型号已按 GB/T 272—2017《滚动轴承 代号方法》编号，其中 51100、51200、51300 和 51400 型分别相当于 GB/T 301—1984 中的 8100、8200、8300 和 8400 型。

附录 J 公 差

表 J-1 公称尺寸至 3150mm 的标准公差数值（GB/T 1800.1—2020）

公称尺寸 /mm		标准公差等级																			
		IT01	IT0	IT1	IT2	IT3	IT4	IT5	IT6	IT7	IT8	IT9	IT10	IT11	IT12	IT13	IT14	IT15	IT16	IT17	IT18
		标准公差数值																			
大于	至	μm													mm						
—	3	0.3	0.5	0.8	1.2	2	3	4	6	10	14	25	40	60	0.1	0.14	0.25	0.4	0.6	1	1.4
3	6	0.4	0.6	1	1.5	2.5	4	5	8	12	18	30	48	75	0.12	0.18	0.3	0.48	0.75	1.2	1.8
6	10	0.4	0.6	1	1.5	2.5	4	6	9	15	22	36	58	90	0.15	0.22	0.36	0.58	0.9	1.5	2.2
10	18	0.5	0.8	1.2	2	3	5	8	11	18	27	43	70	110	0.18	0.27	0.43	0.7	1.1	1.8	2.7
18	30	0.6	1	1.5	2.5	4	6	9	13	21	33	52	84	130	0.21	0.33	0.52	0.84	1.3	2.1	3.3
30	50	0.6	1	1.5	2.5	4	7	11	16	25	39	62	100	160	0.25	0.39	0.62	1	1.6	2.5	3.9
50	80	0.8	1.2	2	3	5	8	13	19	30	46	74	120	190	0.3	0.46	0.74	1.2	1.9	3	4.6
80	120	1	1.5	2.5	4	6	10	15	22	35	54	87	140	220	0.35	0.54	0.87	1.4	2.2	3.5	5.4
120	180	1.2	2	3.5	5	8	12	18	25	40	63	100	160	250	0.4	0.63	1	1.6	2.5	4	6.3
180	250	2	3	4.5	7	10	14	20	29	46	72	115	185	290	0.46	0.72	1.15	1.85	2.9	4.6	7.2
250	315	2.5	4	6	8	12	16	23	32	52	81	130	210	320	0.52	0.81	1.3	2.1	3.2	5.2	8.1
315	400	3	5	7	9	13	18	25	36	57	89	140	230	360	0.57	0.89	1.4	2.3	3.6	5.7	8.9
400	500	4	6	8	10	15	20	27	40	63	97	155	250	400	0.63	0.97	1.55	2.5	4	6.3	9.7
500	630			9	11	16	22	32	44	70	110	175	280	440	0.7	1.1	1.75	2.8	4.4	7	11
630	800			10	13	18	25	36	50	80	125	200	320	500	0.8	1.25	2	3.2	5	8	12.5
800	1000			11	15	21	28	40	56	90	140	230	360	560	0.9	1.4	2.3	3.6	5.6	9	14
1000	1250			13	18	24	33	47	66	105	165	260	420	660	1.05	1.65	2.6	4.2	6.6	10.5	16.5
1250	1600			15	21	29	39	55	78	125	195	310	500	780	1.25	1.95	3.1	5	7.8	12.5	19.5
1600	2000			18	25	35	46	65	92	150	230	370	600	920	1.5	2.3	3.7	6	9.2	15	23
2000	2500			22	30	41	55	78	110	175	280	440	700	1100	1.75	2.8	4.4	7	11	17.5	28
2500	3150			26	36	50	68	96	135	210	330	540	860	1350	2.1	3.3	5.4	8.6	13.5	21	33

表 J-2　轴的

公称尺寸 /mm		上极限偏差 es 所有标准公差等级												基本			
														IT5和IT6	IT7	IT8	IT4至IT7
大于	至	a	b	c	cd	d	e	ef	f	fg	g	h	js	j			
—	3	−270	−140	−60	−34	−20	−14	−10	−6	−4	−2	0		−2	−4	−6	0
3	6	−270	−140	−70	−46	−30	−20	−14	−10	−6	−4	0		−2	−4		+1
6	10	−280	−150	−80	−56	−40	−25	−18	−13	−8	−5	0		−2	−5		+1
10	14	−290	−150	−95	−70	−50	−32	−23	−16	−10	−6	0		−3	−6		+1
14	18																
18	24	−300	−160	−110	−85	−65	−40	−25	−20	−12	−7	0		−4	−8		+2
24	30																
30	40	−310	−170	−120	−100	−80	−50	−35	−25	−15	−9	0	偏差 = ±$\frac{ITn}{2}$, 式中, n 是 标准公差 等级数	−5	−10		+2
40	50	−320	−180	−130													
50	65	−340	−190	−140		−100	−60		−30		−10	0		−7	−12		+2
65	80	−360	−200	−150													
80	100	−380	−220	−170		−120	−72		−36		−12	0		−9	−15		+3
100	120	−410	−240	−180													
120	140	−460	−260	−200													
140	160	−520	−280	−210		−145	−85		−43		−14	0		−11	−18		+3
160	180	−580	−310	−230													
180	200	−660	−340	−240													
200	225	−740	−380	−260		−170	−100		−50		−15	0		−13	−21		+4
225	250	−820	−420	−280													
250	280	−920	−480	−300		−190	−110		−56		−17	0		−16	−26		+4
280	315	−1050	−540	−330													
315	355	−1220	−660	−360		−210	−125		−62		−18	0		−18	−28		+4
355	400	−1350	−680	−400													
400	450	−1500	−760	−440		−230	−135		−68		−20	0		−20	−32		+5
450	500	−1650	−840	−480													
500	560					−260	−145		−76		−22	0					0
560	630																
630	710					−290	−160		−80		−24	0					0
710	800																
800	900					−320	−170		−86		−26	0					0
900	1000																
1000	1120					−350	−195		−98		−28	0					0
1120	1250																
1250	1400					−390	−220		−110		−30	0					0
1400	1600																
1600	1800					−430	−240		−120		−32	0					0
1800	2000																
2000	2240					−480	−260		−130		−34	0					0
2240	2500																
2500	2800					−520	−290		−145		−38	0					0
2800	3150																

注：公称尺寸≤1mm 时，不使用基本偏差 a 和 b。

基本偏差数值（摘自 GB/T 1800.1—2020）　　　　　　　　　　　　　　　（单位：μm）

偏差数值

≤IT3 >IT7	下极限偏差 ei 所有标准公差等级													
k	m	n	p	r	s	t	u	v	x	y	z	za	zb	zc
0	+2	+4	+6	+10	+14		+18		+20		+26	+32	+40	+60
0	+4	+8	+12	+15	+19		+23		+28		+35	+42	+50	+80
0	+6	+10	+15	+19	+23		+28		+34		+42	+52	+67	+97
0	+7	+12	+18	+23	+28		+33		+40		+50	+64	+90	+130
							+39		+45		+60	+77	+108	+150
0	+8	+15	+22	+28	+35		+41	+47	+54	+63	+73	+98	+136	+188
						+41	+48	+55	+64	+75	+88	+118	+160	+218
0	+9	+17	+26	+34	+43	+48	+60	+68	+80	+94	+112	+148	+200	+274
						+54	+70	+81	+97	+114	+136	+180	+242	+325
0	+11	+20	+32	+41	+53	+66	+87	+102	+122	+144	+172	+226	+300	+405
				+43	+59	+75	+102	+120	+146	+174	+210	+274	+360	+480
0	+13	+23	+37	+51	+71	+91	+124	+146	+178	+214	+258	+335	+445	+585
				+54	+79	+104	+144	+172	+210	+254	+310	+400	+525	+690
0	+15	+27	+43	+63	+92	+122	+170	+202	+248	+300	+365	+470	+620	+800
				+65	+100	+134	+190	+228	+280	+340	+415	+535	+700	+900
				+68	+108	+146	+210	+252	+310	+380	+465	+600	+780	+1000
0	+17	+31	+50	+77	+122	+166	+236	+284	+350	+425	+520	+670	+880	+1150
				+80	+130	+180	+258	+310	+385	+470	+575	+740	+960	+1250
				+84	+140	+196	+284	+340	+425	+520	+640	+820	+1050	+1350
0	+20	+34	+56	+94	+158	+218	+315	+385	+475	+580	+710	+920	+1200	+1550
				+98	+170	+240	+350	+425	+525	+650	+790	+1000	+1300	+1700
0	+21	+37	+62	+108	+190	+268	+390	+475	+590	+730	+900	+1150	+1500	+1900
				+114	+208	+294	+435	+530	+660	+820	1000	+1300	+1650	+2100
0	+23	+40	+68	+126	+232	+330	+490	+595	+740	+920	1100	+1450	+1850	+2400
				+132	+252	+360	+540	+660	+820	+1000	1250	+1600	+2100	+2600
0	+26	+44	+78	+150	+280	+400	+600							
				+155	+310	+450	+660							
0	+30	+50	+88	+175	+340	+500	+740							
				+185	+380	+560	+840							
0	+34	+56	+100	+210	+430	+620	+940							
				+220	+470	+680	+1050							
0	+40	+66	+120	+250	+520	+780	+1150							
				+260	+580	+840	+1300							
0	+48	+78	+140	+300	+640	+960	+1450							
				+330	+720	+1050	+1600							
0	+58	+92	+170	+370	+820	+1200	+1850							
				+400	+920	+1350	+2000							
0	+68	+110	+195	+440	+1000	+1500	+2300							
				+460	+1100	+1650	+2500							
0	+76	+135	+240	+550	+1250	+1900	+2900							
				+580	+1400	+2100	+3200							

表 J-3　孔的

基本偏差

公称尺寸/mm		下极限偏差 EI												IT6	IT7	IT8	≤IT8	>IT8	≤IT8	>IT8	≤IT8	>IT8
		所有标准公差等级												J			K		M		N	
大于	至	A	B	C	CD	D	E	EF	F	FG	G	H	JS									
—	3	+270	+140	+60	+34	+20	+14	+10	+6	+4	+2	0		+2	+4	+6	0	0	-2	-2	-4	-4
3	6	+270	+140	+70	+46	+30	+20	+14	+10	+6	+4	0		+5	+6	+10	-1+Δ		-4+Δ	-4	-8+Δ	0
6	10	+280	+150	+80	+56	+40	+25	+18	+13	+8	+5	0		+5	+8	+12	-1+Δ		-6+Δ	-6	-10+Δ	0
10	14	+290	+150	+95	+70	+50	+32	+23	+16	+10	+6	0		+6	+10	+15	-1+Δ		-7+Δ	-7	-12+Δ	0
14	18	+290	+150	+95	+70	+50	+32	+23	+16	+10	+6	0		+6	+10	+15	-1+Δ		-7+Δ	-7	-12+Δ	0
18	24	+300	+160	+110	+85	+65	+40	+28	+20	+12	+7	0		+8	+12	+20	-2+Δ		-8+Δ	-8	-15+Δ	0
24	30	+300	+160	+110	+85	+65	+40	+28	+20	+12	+7	0		+8	+12	+20	-2+Δ		-8+Δ	-8	-15+Δ	0
30	40	+310	+170	+120	+100	+80	+50	+35	+25	+15	+9	0		+10	+14	+24	-2+Δ		-9+Δ	-9	-17+Δ	0
40	50	+320	+180	+130	+100	+80	+50	+35	+25	+15	+9	0		+10	+14	+24	-2+Δ		-9+Δ	-9	-17+Δ	0
50	65	+340	+190	+140		+100	+60		+30		+10	0		+13	+18	+28	-2+Δ		-11+Δ	-11	-20+Δ	0
65	80	+360	+200	+150		+100	+60		+30		+10	0		+13	+18	+28	-2+Δ		-11+Δ	-11	-20+Δ	0
80	100	+380	+220	+170		+120	+72		+36		+12	0		+16	+22	+34	-3+Δ		-13+Δ	-13	-23+Δ	0
100	120	+410	+240	+180		+120	+72		+36		+12	0		+16	+22	+34	-3+Δ		-13+Δ	-13	-23+Δ	0
120	140	+460	+260	+200		+145	+85		+43		+14	0		+18	+26	+41	-3+Δ		-15+Δ	-15	-27+Δ	0
140	160	+520	+280	+210		+145	+85		+43		+14	0		+18	+26	+41	-3+Δ		-15+Δ	-15	-27+Δ	0
160	180	+580	+310	+230		+145	+85		+43		+14	0		+18	+26	+41	-3+Δ		-15+Δ	-15	-27+Δ	0
180	200	+660	+340	+240		+170	+100		+50		+15	0	偏差=±ITn/2, 式中, n 是标准公差等级数	+22	+30	+47	-4+Δ		-17+Δ	-17	-31+Δ	0
200	225	+740	+380	+260		+170	+100		+50		+15	0		+22	+30	+47	-4+Δ		-17+Δ	-17	-31+Δ	0
225	250	+820	+420	+280		+170	+100		+50		+15	0		+22	+30	+47	-4+Δ		-17+Δ	-17	-31+Δ	0
250	280	+920	+480	+300		+190	+110		+56		+17	0		+25	+36	+55	-4+Δ		-20+Δ	-20	-34+Δ	0
280	315	+1050	+540	+330		+190	+110		+56		+17	0		+25	+36	+55	-4+Δ		-20+Δ	-20	-34+Δ	0
315	355	+1200	+600	+360		+210	+125		+62		+18	0		+29	+39	+60	-4+Δ		-21+Δ	-21	-37+Δ	0
355	400	+1350	+680	+400		+210	+125		+62		+18	0		+29	+39	+60	-4+Δ		-21+Δ	-21	-37+Δ	0
400	450	+1500	+760	+440		+230	+135		+68		+20	0		+33	+43	+66	-5+Δ		-23+Δ	-23	-40+Δ	0
450	500	+1650	+840	+480		+230	+135		+68		+20	0		+33	+43	+66	-5+Δ		-23+Δ	-23	-40+Δ	0
500	560					+260	+145		+76		+22	0					0		-26		-44	
560	630					+260	+145		+76		+22	0					0		-26		-44	
630	710					+290	+160		+80		+24	0					0		-30		-50	
710	800					+290	+160		+80		+24	0					0		-30		-50	
800	900					+320	+170		+86		+26	0					0		-34		-56	
900	1000					+320	+170		+86		+26	0					0		-34		-56	
1000	1120					+350	+195		+98		+28	0					0		-40		-65	
1120	1250					+350	+195		+98		+28	0					0		-40		-65	
1250	1400					+390	+220		+110		+30	0					0		-48		-78	
1400	1600					+390	+220		+110		+30	0					0		-48		-78	
1600	1800					+430	+240		+120		+32	0					0		-58		-92	
1800	2000					+430	+240		+120		+32	0					0		-58		-92	
2000	2240					+480	+260		+130		+34	0					0		-68		-110	
2240	2500					+480	+260		+130		+34	0					0		-68		-110	
2500	2800					+520	+290		+145		+38	0					0		-76		-135	
2800	3150					+520	+290		+145		+38	0					0		-76		-135	

注：1. 公称尺寸≤1mm 时，不使用基本偏差 A 和 B。

　　2. 公称尺寸≤1mm 时，不使用标准公差等级>IT8 的基本偏差 N。

　　3. 特例：对于公称尺寸大于 250~315mm 的公差带代号 M6，$ES=-9\mu m$（计算结果不是 $-11\mu m$）。

基本偏差数值（摘自 GB/T 1800.1—2020）　　　　　　　　　　　　　　　　　　（单位：μm）

				数值										Δ 值				
				上极限偏差 ES														
≤IT7					标准公差等级大于 IT7									标准公差等级				
P~ZC	P	R	S	T	U	V	X	Y	Z	ZA	ZB	ZC	IT3	IT4	IT5	IT6	IT7	IT8
在>IT7 的标准公差等级的基本偏差数值上增加一个 Δ 值	−6	−10	−14		−18		−20		−26	−32	−40	−60	0	0	0	0	0	0
	−12	−15	−19		−23		−28		−35	−42	−50	−80	1	1.5	1	3	4	6
	−15	−19	−23		−28		−34		−42	−52	−67	−97	1	1.5	2	3	6	7
	−18	−23	−28		−33		−40		−50	−64	−90	−130	1	2	3	3	7	9
						−39	−45		−60	−77	−108	−150						
	−22	−28	−35		−41	−47	−54	−63	−73	−98	−136	−188	1.5	2	3	4	8	12
				−41	−48	−55	−64	−75	−88	−118	−160	−218						
	−26	−34	−43	−48	−60	−68	−80	−94	−112	−148	−200	−274	1.5	3	4	5	9	14
				−54	−70	−81	−97	−114	−136	−180	−242	−325						
	−32	−41	−53	−66	−87	−102	−122	−144	−172	−226	−300	−405	2	3	5	6	11	16
		−43	−59	−75	−102	−120	−146	−174	−210	−274	−360	−480						
	−37	−51	−71	−91	−124	−146	−178	−214	−258	−335	−445	−585	2	4	5	7	13	19
		−54	−79	−104	−144	−172	−210	−254	−310	−400	−525	−690						
	−43	−63	−92	−122	−170	−202	−248	−300	−365	−470	−620	−800	3	4	6	7	15	23
		−65	−100	−134	−190	−228	−280	−340	−415	−535	−700	−900						
		−68	−108	−146	−210	−252	−310	−380	−465	−600	−780	−1000						
	−50	−77	−122	−166	−236	−284	−350	−425	−520	−670	−880	−1150	3	4	6	9	17	26
		−80	−130	−180	−258	−310	−385	−470	−575	−740	−960	−1250						
		−84	−140	−196	−284	−340	−425	−520	−640	−820	−1050	−1350						
	−56	−94	−158	−218	−315	−385	−475	−580	−710	−920	−1200	−1550	4	4	7	9	20	29
		−98	−170	−240	−350	−425	−525	−650	−790	−1000	−1300	−1700						
	−62	−108	−190	−268	−390	−475	−590	−730	−900	−1150	−1500	−1900	4	5	7	11	21	32
		−114	−208	−294	−435	−530	−660	−820	−1000	−1300	−1650	−2100						
	−68	−126	−232	−330	−490	−595	−740	−920	−1100	−1450	−1850	−2400	5	5	7	13	23	34
		−132	−252	−360	−540	−660	−820	−1000	−1250	−1600	−2100	−2600						
	−78	−150	−280	−400	−600													
		−155	−310	−450	−660													
	−88	−175	−340	−500	−740													
		−185	−380	−560	−840													
	−100	−210	−430	−620	−940													
		−220	−470	−680	−1050													
	−120	−250	−520	−780	−1150													
		−260	−580	−840	−1300													
	−140	−300	−640	−960	−1450													
		−330	−720	−1050	−1600													
	−170	−370	−820	−1200	−1850													
		−400	−920	−1350	−2000													
	−195	−440	−1000	−1500	−2300													
		−460	−1100	−1650	−2500													
	−240	−550	−1250	−1900	−2900													
		−580	−1400	−2100	−3200													

参 考 文 献

[1] 金大鹰. 机械制图 [M]. 5 版. 北京：机械工业出版社，2020.

[2] 涂晶洁. 机械制图：项目式教学 [M]. 2 版. 北京：机械工业出版社，2018.

[3] 胥北澜，邓宇. 机械制图 [M]. 武汉：华中科技大学出版社，2015.

[4] 解春艳，张莉萍. 机械制图 [M]. 上海：上海交通大学出版社，2015.

[5] 叶军，雷蕾. 机械制图 [M]. 4 版. 西安：西北工业大学出版社，2013.

[6] 臧宏琦，刘援越，叶军. 画法几何与机械制图 [M]. 西安：西北工业大学出版社，2014.

[7] 朱冬梅，胥北澜，何建英. 画法几何及机械制图 [M]. 6 版. 北京：高等教育出版社，2008.

[8] 常明. 画法几何及机械制图 [M]. 4 版. 武汉：华中科技大学出版社，2009.

[9] 何铭新，钱可强，徐祖茂. 机械制图 [M]. 6 版. 北京：高等教育出版社，2010.

[10] 陈意平，任仲伟，朱颜. 机械制图 [M]. 沈阳：东北大学出版社，2013.

[11] 孙培先. 画法几何与工程制图 [M]. 北京：机械工业出版社，2004.

[12] 戚美，梁会珍，袁议坤. 机械制图 [M]. 北京：机械工业出版社，2013.

[13] 田凌，冯涓. 机械制图 [M]. 2 版. 北京：清华大学出版社，2013.

[14] 杜淑幸. 机械制图与 CAD [M]. 西安：西安电子科技大学出版社，2010.

[15] 王国顺，谢军. 机械制图实践教程 [M]. 北京：清华大学出版社，2009.

[16] 兰俊平. 机械图样识读与测绘 [M]. 北京：化学工业出版社，2009.